KB105596

수학사 가볍게 읽기

AGNESI TO ZENO :
Over 100 Vignettes from the History of Math
by Sanderson Smith

수학사 가볍게 읽기

Agnesi to Zeno

샌더슨 스미스 지음 · 황선욱 옮김

청문각®

옮긴이 서문

수학사를 다룬 책들이 대부분 연대기 형식으로 구성되어 있고, 서양의 관점에서 기술되어 있어서 일반인들이 편하게 접근하여 읽기가 쉽지 않았고, 특히 우리 입장에서 동양의 수학사에 대한 궁금증을 해소하는 데 부족함을 느껴왔습니다.

원제인 "*Agnesi to Zeno: over 100 vignettes from the History of Math*"에서 알 수 있듯이, 이 책은 수학사적 인물이나 사건 또는 중요 개념을 주제로 하여 108개의 단편 형태로 구성되어 있습니다. 그 시대의 사회, 문화, 종교, 과학적 배경과 관련해 수학사를 이해할 수 있어서 역사의 흐름에 따른 수학사의 이해에는 다소 불편하지만, 비전공자들도 쉽고 편하고 흥미 있게 수학사를 이해할 수 있는 장점을 갖고 있습니다. 특히, 지금까지 수학 사상의 주류를 이루고 있는 유럽 중심의 철학에서 간과되어 온 동양의 수학사적 사건이나 인물들을 많이 다루고 있어 동서양의 수학사 이해와 비교에 큰 도움이 된다고 할 수 있습니다.

이 책이 다른 수학 관련 서적과 크게 다른 점은 여성이 고등 교육을 받는 데 대한 편견과 견제—특히 수학과 과학 분야에서의 성차별을 극복하고 학문적, 사회적으로 큰 업적을 남긴 여성 수학자들을 많이 소개하고 있다는 것입니다. 또한 비록 미국으로 범위가 제한되어 있기는 하지만, 교육 현장에서 학생들에게 수학과 과학의 중요성을 일깨우기 위해 노력하는 수학 교육자들과 기관들도 소개하고 있습니다.

이 책은 역사 이전의 수 개념의 형성에서부터 최근의 혼돈 이론에까지 수학 및 수학 교육의 전반에 관해 다양한 소재를 2쪽 내외의 분량으로 다루고 있습니다. 각 소재의 끝에는 독자들의 관심과 수준에 따라 발전적이 될 수 있는 활동 문제를 3-5개 정도 제시하고 있으며, 수학을 전공하지 않는 대학생들이 수학의 역사와 철학적 근거를 이해하는 교양 과목의 교재로서도 적합합니다. 뿐만 아니라 수학과 학생들을 대상으로 하는 수학사 과목의 교재나 고등학교 수학 시간의 프로젝트 또는 수행 과제 및 교사의 수업 자료로 활용할 수도 있습니다.

이 책을 번역하는 과정에서 지금껏 몰랐거나 잘못 알고 있었던 사실이 너무나 많음을 깨달았으며, 그로 인해 원 저자의 의도를 충실히 전달하지 못하는 과(過)와 우(遇)를 동시에 범하지 않았는지 무척 조심스럽습니다. 이 책을 보면서 잘못된 부분을 발견하면 언제든지 알려주시어 좋은 책을 만들 수 있도록 도와주시기를 부탁드립니다.

미국 NCTM 미팅에서 만났을 때 이 책의 번역을 허락해 주신 키 커리큘럼 출판사의 스티브 라스무센 사장님과 번역판의 출판을 흔쾌히 승낙하신 CMG 출판사와 부족한 원고를 깔끔하게 다듬어주신 편집진 여러분께 감사의 뜻을 전하며, 초벌 번역에 도움을 준 저의 큰 아이 순연이에게도 고마움을 전합니다.

2016년 10월 상도동 교정에서
황선욱

저자 서문

> 우리는 개선할 수 있다. 우리는 더 좋은 결과를 달성하기 위해 아이들이 학교에 더 오래 머물 수 있도록 할 수 있다. 우리는 교육을 실패해서는 안 된다. 만약 실패하면 아이들을 망칠 것이고, 따라서 우리의 미래도 망치게 될 것이다.
>
> — 에스칼란테, 「손들고 꼼짝 마」

수학이 흔히 실생활이나 다른 학문 분야와 동떨어진 과목으로 인식되며 지도되는 현실이 안타깝기도 하고 역설적이기도 하다. 지난 수십 년 동안 많은 학생들이 수학 공부에 흥미를 잃게 된 점을 어떻게 설명할 수 있을까? 또 이 나라의 다양한 연령층의 많은 사람들이 갖고 있는 수학 공포증을 어떤 식으로 설명할 수 있을까? 기초적인 수학 개념의 활용 능력의 부족을 표현하기 위해 파울로스John Allen Paulos가 사용한 용어인 '계산 능력 결핍'은 우리나라 전역을 황폐화시킨 질병이다. 산업 현장에서부터 외국과의 협상에 이르기까지 미국 사회의 모든 국면을 괴롭히는 비효율성에서 수학적 문맹의 결과를 목격할 수 있다. 세이건Carl Sagan은 "우리는 과학과 수학에 크게 의존하는 사회에 살고 있지만, 이 사회에는 과학과 수학을 제대로 아는 사람이 아무도 없다. 이것은 재난을 불러들이는 확실한 처방이다."라고 이야기했다.

다행스럽게도 많은 기관과 개인들이 미국에서의 질 높은 교육과 교육 과정 개선을 위해 노력하고 있다. 여기에는 수학자협회, 국제 민족수학연구회, 수학교사협의회(NCTM), 비판적 수학교육자 연구회, NCTM의 배네커회, 캐나다 수학교육연구회, 수학 분야 대통령상 수상자협의회 등의 기관이 포함되어 있다. 이 모든 기관들의 기본 목적은 수학을 공부하는 것이 모든 학생들과 나라 전체의 번영에 매우 중요하게 관련된다는 사실에 대한 인식을 증진시키는 데 있다. 헌신적인 NCTM 회원들의 작업 성과로 NCTM에서 '학교 수학을 위한 교육 과정과 평가 기준'을 발간하게 되었다. 이 자료에는 21세기를 대비한 미국의 수학 교육에 관해 정부가 인정하는 도달점과 목표가 제시되어 있다. 그러나 미국의 학생들에게 양질의 교육을 폭넓게 제공하기 위해서는 해야 할 일이 여전히 많음을 수학 교육자들은 이미 인식하고 있다. 다른 무엇보다도 수학이 지금까지 인류 존재 가치의 핵심적인 요소였으며, 현재도 그러하며, 앞으로도 그러할 것이라는 (개인적으로 나는 이것을 절대적 진리로 받아들인다) 믿음을 가져야 한다.

이 책은 이러한 생각을 염두에 두고 수학 사상이 발전해 인류 역사에서 이룩한 업적에 대한 글들을 싣고 있다. 또한 연대순으로 짜여져 있으며, 장기간에 걸친 주제를 전략적으로 책 전체에 분포, 구성했다. 각 단편들은 그 자체로 완결된 내용으로 구성되어 있으며, 학교 수업에서 편리하게 활용하고 이해하기 쉬운 내용들을 다루고 있다. 본문에 딸려 있는 활동은 학생들이 다양한 주제를 더 깊이 있게 조사하고, 수업 시간에 생각이나 의견을 교환하고, 책의 다른 부분에 나오는 수학 분야의 내용을 탐구할 수 있도록 구성되어 있다. 또한, 각 단편의 끝에는 1,000개 이상의 다양한 참고문헌이 제시되어 있다(학교 도서관에서는 굵은 글자로 되어 있는 참고문헌을 구입하기를 권한다).

의심할 여지없이 이 책을 쓰는 데 가장 어려웠던 점은 어떤 내용은 포함시키고 어떤 내용은 제외시키는가 하는 것이었다. 이 책에서 다룬 내용은 인류 역사의 과정을 형성하는 중요한 사건만을 조명하면서 수학사의 겉만 대강 훑는 정도이다. 주로 전통적인 서양 중심적이며, 남성 우월적인 수학사 지식을 배웠기 때문에 나는 서양 수학사의 기록에서 쉽게 찾아볼 수 없는 인물이나 사건들을 이 책에서 다루기로 결정했다.

나의 동료 교사 여러분이 이 책의 자료 수집에 직·간접적으로 참여했다. 케이트 학교의 수학 교사들인 도나 데이턴, 댄 골드너, 프랭크 그리핀, 고인이 된 앨런 건서, 롤라 멀드루, 앤디 퍼스, 게리 피어스, 브라이언 야거 등이 정보와 격려와 건설적인 비평을 해주었다. 이 학교의 사서 교사인 패티 앨러백, 베티 베네딕트, 존 윌슨, 베티 우드워스 등은 특히 자료를 찾는 데 큰 도움을 주었다. 다른 과목 담당 교사들 중 도움을 준 사람으로 찰리 버그먼(언어), 패트릭 콜린스(미술), 짐 더럼(영어), 프랭크 엘리스(음악), 데이비드 하비슨(역사), 제인 맥스웰(연기), 케이티 오몰리(영어), 셰릴 파워스(과학) 등을 들 수 있다. 또한 자료를 구하는 데 졸업생인 미아 미첼과 앤서니 스니드도 도움을 주었다. 전국적으로 자료 제공을 도와준 미네소타 주 에디너의 메리 존 에이킨, 뉴저지 주 뉴어크의 윌러드 바스코프, 조지아 주 콜럼버스의 패밀라 코필드, 캘리포니아 주 샌타모니카의 그리첸 데이비스, 펜실베이니아 주 피츠버그의 조앤 멜던, 웨스트버지니아 주 루이스버그의 루시 레슬랜드, 텍사스 주 휴스턴의 다이앤 레스닉 등과 같은 헌신적인 동료 교사들의 많은 도움은 내게는 큰 행운이었다. 또한 키 커리큘럼 출판사의 우수한 편집진에게도 감사한다. 특히, 편집 과정 동안 그리어 엘루어드, 크리스털 밀스, 스티브 라스무센 등이 보여준 편집 전문가적 지식과 지원에 대해 고맙게 생각한다. 원고 교정뿐만 아니라 이 일이 나에게 얼마나 중요한지를 이해해 준 나의 아내 바버라에게 사랑과 감사의 마음을 전한다.

끝으로 이 책을 쓸 기회를 주었을 뿐만 아니라, 더 중요하게는 위대한 수학을 배우며 연구할 기회를 허락해 준 기초교육협의회(CBE)에 심심한 감사의 마음을 전한다. 최근 혼돈 이론에서 발견된 내용에서와 같이 수학에서는 항상 더 많은 것을 배울 것이 있기 때문에 즐겁다고 할 수 있다. CBE를 통한 경험은 내가 수학과 역사를 잘 이해하는 데 도움이 되었으며, 미국에서 더 나은 수학 교육을 위해 일하겠다는 소망을 키워주었다. 학생들과 수학 교사들 모두 이 책을 통해 장래에 좋은 결실을 맺는다면 더 이상 바랄 것이 없다.

샌더스 M. 스미스

출판사 서문

> 다른 분야에서와 마찬가지로 수학에서도 어떤 현상에 대한 의심 속에서 실종된 자기 자신을 찾다보면 종종 새로운 발견에 반쯤 다가 서 있는 경우가 많다.
>
> — 디리클레P. G. L. Dirichlet

샌더슨 스미스가 자신의 초고를 가지고 처음 우리를 찾았을 때부터 이 책은 두 가지 중요한 이유로 우리의 관심을 끌었다. 한 가지 이유는 수학의 문화적, 역사적, 과학적 발달 과정을 학생들에게 가르치기를 권장하는 미국 수학교사협의회(NCTM)의 Standards의 입장을 충분히 담고 있었으며, 다른 또 하나의 이유는 각 주제에 따른 활동 내용이 Standards에서 강조하는 수학 수업에서의 의사 소통의 중요성을 잘 반영하고 있었기 때문이다.

우리는 흥미 있는 주제를 정한 후 수업 시간에 토론하는 여러 가지 활동을 학생들이 좋아할 것이라고 믿으며, 수학에 별 흥미를 느끼지 못하는 학생들도 역사적 인물에 관한 이야기, 수학이 우리의 일상생활에 끼치는 영향, 다른 문화권에서 수학이 이용되고 발전된 방법 등을 재미있게 읽을 것으로 기대한다. 또한, 역사적으로 수학이 발전되어 온 내용을 탐구하면서 모든 학생들은 수학에 대한 이해가 더 깊어질 것으로 확신한다.

독자들도 이제 우리와 같이 이 책에 흥미를 갖기를 기대한다! 그러면 여러분들이 시간 여행을 떠나기 전에 몇 가지 중요한 점을 지적하고자 한다.

이 책에 나오는 자료는 대부분 중등학교 수준에 맞게 고른 것으로서 이 책의 목적은 새로운 역사적 사실을 밝히는 데 있는 것이 아니라, 학생들에게 정보를 정리해 주고 관심을 갖는 주제를 계속 탐구해 나가도록 격려하는 데 있다. 그렇기 때문에 저자는 때때로 그 자체로 몇 권의 분량이 될 만큼 복잡한 일련의 사건을 단순화시키기도 했다.

책의 끝부분에 '관련 자료'를 제시하고 있는데, 그 절의 주제나 내용에 관련된 자료를 참고하는 데 이용할 수 있다.

저자가 권하는 참고문헌 외에, 독자들에게 수학사에 관련된 책을 몇 가지 더 권하고자 한다. Victor J. Katz의 *A History of Mathematics: An Introduction*(New York: Harper Collins College Publishers, 1993), Frank J. Swetz(ed.)의 *From Five Fingers to Infinity: A Journey through the History of Mathematics*(Chicago: Open Court Publishing, 1994), J. Baumgart, et al.의 *Historical Topics for the Mathematics Classroom*(Reston, VA: NCTM, 1989), Ronald Calinger(ed.)의 *Classics of Mathematics*(Oak Park, IL: Moore Publishing, 1982), V.K. Newell, J.H. Gipson, L.W. Rich 및 B. Stubblefield(eds.)의 *Black Mathematicians and Their Works*(Ardmore, PA: Dorrance, 1980), Nitsa Movshovitz-Hadar와 John Webb의 *One Equals Zero and Other Mathematical Surprises: Paradoxes, Fallacies, and Mind Bogglers*(Berkeley, CA: Key Curriculum Press, 1998), D' Arcy Thompson의 *On Growth and Form: The Complete Revised Edition*(Mineola, NY: Dover, 1992) 및 최근에 출판된 수학자들의 여러 가지 전기들.

수학의 역사가 때로는 왜곡된 시각으로 기술된 부분을 볼 수 있을 것이다. 대부분의 옛 문헌들이 서양 중심적이며, 남성 수학자들의 업적에 초점을 맞추었고, 철저하게 학문적인 입장에서 수학을 정의하고 있다. 다시 말하면, 여성들의 영향이나 업적, 서양 문화권 밖의 인물들, 순수 학문적이 아닌 수학 등은 간과되거나 무시되어 왔음을 뜻한다.

이 책을 읽을 때 특별히 재미를 더하는 부분은 수학의 발전에 기여했지만 비교적 덜 알려진 인물들에 관한 이야기를 최대한 많이 발굴해 소개한 점이라 할 수 있다. 이런 관점에서 버클리에 있는 캘리포니아대학의 뱅크스Marty Banks 교수의 시력 측정법 강의는 우리를 특히 고무시켰다. 그로 인해 우리는 이슬람의 내과 의사이자 수학자였던 알하이탐에게 관심을 가질 수 있었는데, 그는 11세기에 쌍안경의 주요 원리인 망막의 상응 개념을 발견했다. 최근에 요크대학의 하워드 교수가 찾아내기 전까지는 알하이탐의 발견이 17세기의 벨기에 수도승인 아귈로니우스의 업적으로 인정되어 왔다(알하이탐에 관한 내용은 27번 글에서 읽을 수 있다). 뱅크스 교수의 이러한 정보 교환은 전통적인 수학사적 주제가 아니면서 또한 이전 것보다 더 정확한 역사를 학생들과 교사들에게 알리고자 하는 우리의 목표를 달성하는 데 도움이 되었다.

이와 같은 맥락에서 수학이란 무엇인가, 어떤 환경이나 상황이 수학적 아이디어를 공식으로 만드는가(단지 전통적인 지식 체계 내에서만 가능한가?), 어떤 사람들이 어떤 편견을 가지고 수학사를 쓰는가, 어떤 사람들이 수학을 연구하는가(수학자나 철학자 같은 사람들만 하는가?), 철학적이나 정치적으로 서로 다른 입장 때문에 이런 질문에 대해 어떻게 다른 답이 제시되는가 등의 의문을 생각해 보기를 바란다. 우리는 수학은 그 역사와 더불어 역동적인 존재이며, '보통' 사람들이 발전시키고 이용하는 수학도 역사적으로 '위대한' 수학자들이 발견하고 응용했던 것만큼 의미가 있다는 점을 이 책을 읽으면서 깨닫기를 희망한다. 또한 독자들이 알려지지 않은 이야기를 탐구해 보기를 권하고 싶다—이렇게 함으로써 이미 들었던 이야기의 내용을 확실하게 알 수 있을 것이다.

우리는 이 책이 여러분에게 많은 도움이 되기를 희망한다. 이 책을 즐기기를 바란다!

그리어 엘루어드와 스티브 라스무센

이 책의 활용에 대해

학생들은 수학의 문화적, 역사적, 과학적 발전과 관련해서 여러 가지 다양한 경험을 해보아야 한다. 그렇게 함으로써 학생들이 현대 사회에서 수학의 역할을 바르게 판단하고, 수학의 응용 분야인 물리학, 생명과학, 사회과학, 인문과학과 수학 사이의 관계를 탐구할 수 있다.
— NCTM, 학교 수학의 교육 과정과 평가 기준

역사는 현명하게, 시는 재치 있게, 수학은 예리하게, 물리학은 통찰력 깊게, 도덕은 성실하게, 논리학과 수사학은 논쟁을 할 수 있도록 우리를 만들어준다.
— 프랜시스 베이컨(1625)

수학은 인간 중심의 학문으로 현실과 동떨어진 것이 아니다. 수학은 우리가 살고 있는 이 세상과 우주를 정확하게 표현하는 데 사용될 수 있는 학문 분야이다. NCTM의 Standards는 낯설어 보이는 내용에 적용하는 공식들을 단지 기계적으로 나열하는 것이 아니라 수학에 관해 가르치기를 강력하게 주장하고 있다. 열정적인 수학 교사들은 학생들로 하여금 수학이 살아 있는 것처럼 느끼게 하는 많은 방법을 찾을 수 있을 것이다. 수업 시간에 영상자료 보여주기, 최신 교육 기자재와 교구 사용하기, 답사 가기, 초청 강연 등은 일상생활에서 수학의 유용성을 알고 이해하는 폭을 넓혀주는 데 사용될 수 있는 몇 가지 방법일 뿐이다.

이 책에는 수업 보조 자료로 유용하게 활용할 수 있는 여러 가지 방법이 소개되어 있다.

- 이 책을 필독서 목록에 포함시킨다. 이 책을 방학 때 학생들이 읽게 하거나, 학기 중에 숙제로 읽게 한다. 또 이 책에 나오는 참고 서적을 읽도록 권장한다.
- 수업 시간에 가르칠 수학 내용과 관련된 역사적 자료를 수업 계획에 포함시킨다. 그것이 '추가로 공부하는 내용' 이 아니라 수학 공부에 있어서 중요한 부분임을 설명한다.
- 하루에 단편 하나씩을 직접 소개하거나, 학생이 발표하도록 한다. 조사 활동을 완수한 학생들에게 가산점을 준다. 정규 시험이나 쪽지 시험에서 이 책에 나오는 문제를 보너스 문제로 출제한다. 매주 하루를 정해서 역사적 주제에 관해 토론하거나 발표하는 시간을 갖는다.
- 학생들과 자유롭게 의논해 수업에 특별히 관계가 있을 만한(또는 이 책에서 다루어지지 않은) 추가 활동을 생각해 낸다.
- 학생들이 조를 짜서 수학자 한 사람을 정해 조사한 다음 수업 시간에 발표하도록 한다 —이때 이 책에 나와 있는 내용을 기초 자료로 활용할 수 있다. 또는 이 책에 나와 있는 내용 외에 더 조사한 것을 조별로 발표하도록 한다.
- 학생들로 하여금 수학사에 이름을 남긴 사람들의 악전고투와 불굴의 인내심에 관해 조사하게 한다. 무엇이 그들로 하여금 편견, 오류, 실패, 좌절, 한계, 비판 등을

극복하게 했는가?

- 과거의 수학자들이 이 책에 나와 있는 결과를 얻거나 발견했을 때 사용했던 방법을 재현할 수 있는 활동 과제를 만든다(이 책의 활동 부분에 몇 가지 방법이 나와 있다). 이를 통해 학생들은 수학 사상 많은 수학자들의 천재성을 알 수 있을 것이다. 또한 학생들 스스로 수학적 독창성이 발휘된 예를 찾기 위해 이 책의 내용과 참고 서적을 조사할 수도 있다. 교사가 조금만 도와주면 이와 같은 활동들을 새로운 개념을 도입하거나, 과거에 학습했던 내용을 강화하고 심화하는 데 이용할 수도 있다.
- 학생들에게 이미 있었거나 지금까지 계속되고 있는 여러 가지 수학적 논쟁을 조사하게 한다. 이 책의 내용과 참고 서적에서 개인이나 수학 학파 간 또는 수학과 다른 분야 사이에 있었던 유명한 논쟁들에 관한 자료를 찾아볼 수 있다.
- 수학은 언어이다. 학생들로 하여금 기호와 용어의 기원에 관해 조사하도록 한다. 일부 단편에 이와 관련된 내용을 다루고 있으며, 이런 형태의 조사에 이용할 수 있는 자료를 참고문헌에서도 찾아볼 수 있다.
- 새로운 수학과 수학 사상이 끊임없이 창조되고 있음을 강조하는 단편들을 이용해, 수학이 정지하여 변하지 않는 학문이 아님을 알도록 한다.
- 인류가 의문을 가졌던 수학 문제들 중에는 수백 년 또는 수천 년이 지나서야 풀린 문제가 많다. 어떤 문제는 아직도 풀리지 않고 있다. 책의 내용이나 참고문헌을 이용해 이런 문제에 대해 조사해 보아라.

수학에는 역사적 사실이 풍부하다 —사실은 수학 그 자체가 역사이다. 우리의 수학 교육에서 그 역사를 제외시킨다면, 수학이란 이상한 과목이라서 '수학적으로 사고하는', 선택된 일부 사람들만 아는 것으로 인식하는 사람들이 계속해서 나오게 될 것이다. 바라건데, 수학이 모든 이에게 중요하다는 사실을 교사가 학생들에게 이해시킬 수 있도록 이 책이 도움이 되었으면 좋겠다.

차례

The Unknown Origin of Counting

알려지지 않은 셈의 기원

1

우리 인간들이 언제, 어디서, 어떻게 처음으로 셈을 하는 과정을 발전시켰는지는 알 수가 없다. 아마도 오래 전부터 우리의 조상들은 수에 관한 감각이 있어 최소한 작은 수에 얼마를 더하거나 빼는 방법을 알고 있지 않았을까 생각한다. 선사시대의 인류는 셈하는 방법으로 일대일 대응one-to-one correspondence의 원리를 이용했던 것으로 보인다. 예를 들면, 양이 몇 마리인가 세기 위해 양치기는 양 한 마리마다 돌멩이 한 개씩을 대응시켰을 것이다.

마카라Makara 왕비의 장례식을 파피루스에 기록한 이집트 상형문자.

셈에 이용되었던 돌멩이들은 모두 사라졌지만, 20세기의 몇몇 고고학적 발견에서 셈을 했던 초기의 흔적을 찾을 수 있었다. 콩고 민주 공화국에서 발견된 2만 5000년 전 화석이 된 뼈에 새겨진 금들이 달의 차고 기울을 기록하기 위했던 것으로 짐작되며, 동유럽에서 발견된 수백 년 된 늑대 뼈에는 수를 셀 때 사용했던 것으로 보이는 금들이 새겨져 있었다. 첫 줄에는 25개, 둘째 줄에는 30개가 새겨진 늑대 뼈의 금은 요즈음 우리가 수를 셀 때와 같이 5개씩을 한 묶음으로 새겨놓았다.

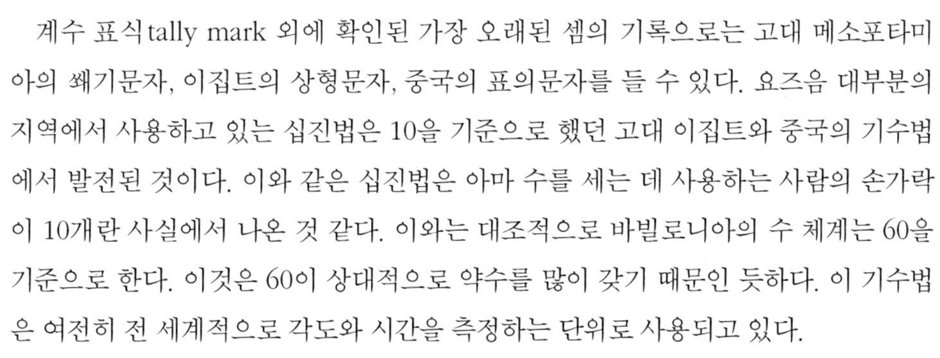

계수 표식tally mark 외에 확인된 가장 오래된 셈의 기록으로는 고대 메소포타미아의 쐐기문자, 이집트의 상형문자, 중국의 표의문자를 들 수 있다. 요즈음 대부분의 지역에서 사용하고 있는 십진법은 10을 기준으로 했던 고대 이집트와 중국의 기수법에서 발전된 것이다. 이와 같은 십진법은 아마 수를 세는 데 사용하는 사람의 손가락이 10개란 사실에서 나온 것 같다. 이와는 대조적으로 바빌로니아의 수 체계는 60을 기준으로 한다. 이것은 60이 상대적으로 약수를 많이 갖기 때문인 듯하다. 이 기수법은 여전히 전 세계적으로 각도와 시간을 측정하는 단위로 사용되고 있다.

고대인들은 큰 수의 개념을 어떤 방법으로 다루었을까? 고대 사회가 큰 수에 익숙했었다는 사실을 보여주는 가장 오래된 증거는 기원전 3,500년 전으로 거슬러 올라간다. 이집트 왕의 권표에 12만 명의 포로와 40만 마리의 소 및 142만 2000마리의 염소를 포획한 기록이 나타나 있다. 이렇게 큰 수의 기록을 통해 왕실의 관리들은 아주 큰 무리의 개체를 여러 개의 작은 무리로 나눈 후, 작은 무리에 속하는 개체의 수를

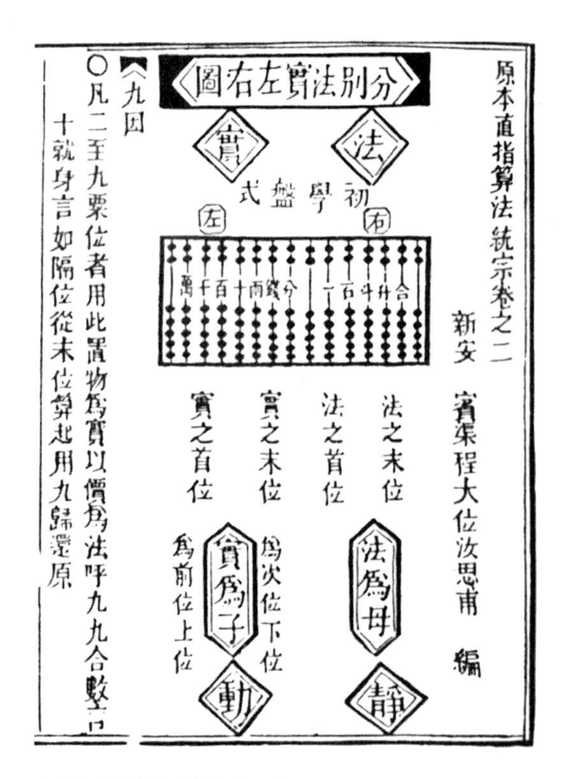

16세기의 책에 나타난 주판 그림.

센 다음 여기에 작은 무리의 수를 곱함으로써 큰 수를 계산하는 방법 등을 알고 있었을 것으로 짐작할 수 있다.

수 자체뿐만 아니라 수에 관한 개념이 고대 사회에서도 중요하게 사용되었음은 의심할 여지가 없다. 그러나 고대인들이 '수란 무엇인가?' 또는 '수가 어떻게 존재하는가?'와 같은 의문에 대해 고민을 했는지는 알 수가 없다. 아마도 이 의문은 영원히 수수께끼로 남지 않을까 싶다.

셈과 수 체계에 관련된 내용은 21, 32, 59, 83, 84번 글에서 더 찾아볼 수 있다. ★

해보기 ACTIVITIES

1. 고대인들이 자기 소유물을 세기 위해 일대일 대응의 개념을 어떻게 이용했는지 설명해 보자. 소떼 등과 같은 많은 수의 소유물을 고대인들은 어떻게 세었다고 생각하는가?

2. 초기의 어떤 사회에서는 손가락과 양손의 여러 가지 위치를 사용해 수를 나타내었다. '손가락 수'를 나타내는 방법과 이를 사용해 간단하게 계산하는 방법에 대해 조사해 보자.

3. 다음에 주어진 **제임스 보즈웰**James Boswell(1740-95)의 글을 읽고 느낀 점을 말해 보자.
   어떤 사람에게 "교회가 당신에게 '2 더하기 3은 10이다'라고 한다면 당신은 어떻게 하시겠어요?"라고 물었을 때, 그 사람은 이렇게 답했다. "나는 그 말을 믿을 것이다. 그래서 이렇게 셀 것이다. 하나, 둘, 셋, 넷, 열." 나는 그 대답이 마음에 들었다.

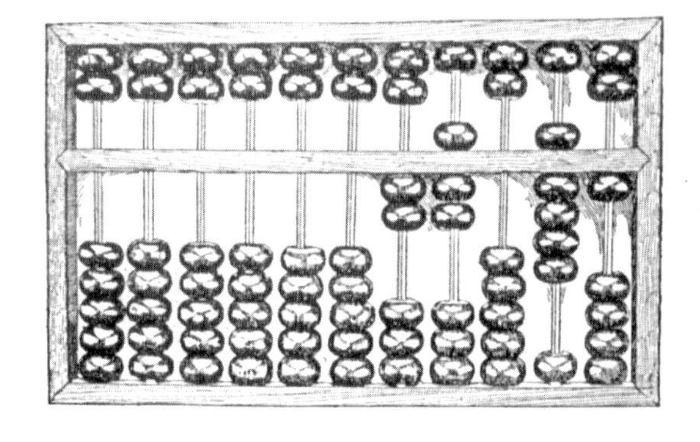

4. 가장 오래된 계산기는 주판이다. 이것은 아직도 아시아의 대부분 지역에서 사용되고 있다. 주판의 모양은 아주 다양한데, 왼쪽 그림은 그 중의 한 예다. 주판으로 셈하는 방법을 설명해 보자.

Ancient References to Pi

원주율에 관한 옛 자료

2

그리스 알파벳 파이(π)는 원의 지름에 대한 둘레의 비의 값인 3.14159…를 나타내는 데 사용된다. 많은 학생들은 이 원주율의 값이 당연한 것이라고 생각하지만, 교과서에 항상 설명이 자세하게 되어 있었던 것은 아니었다. 그러나 원주율의 개념은 오랜 세월을 두고 발전, 응용되어 왔다.

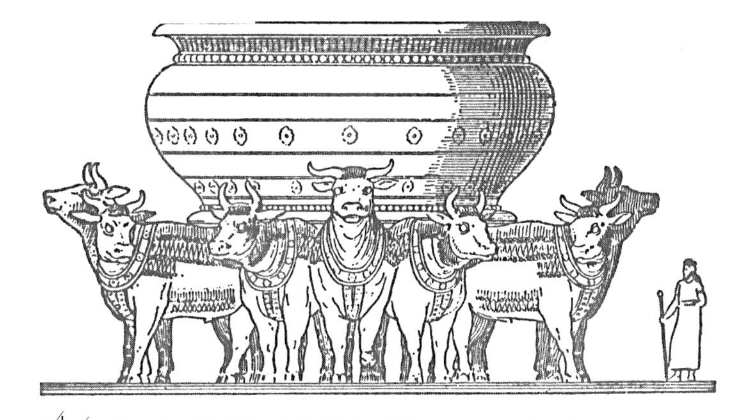

베크만Petr Beckmann의 『π의 역사』(1971)에 나오는 바다 그림.

기원전 1850년 고대 이집트인들은 π의 값으로 $(\frac{4}{3})^4$ 또는 3.1605를 사용했다. 『성경』에 따르면, 약 900년이 지난 후에 **솔로몬**은 이집트인들이 발전시킨 수학을 이용해 왕궁과 도시를 건설했다고 한다.

> 또 바다molten sea를 부어 만들었으니 그 직경이 10큐빗이요 그 모양이 둥글며 그 고는 다섯 큐빗이요 주위는 삼십 큐빗 줄을 두를 만하며
>
> —「열왕기 상」 7:23 (같은 내용이 「역대 하」 4:2에도 나옴)

큐빗cubit은 성인 남자의 팔꿈치에서부터 가운뎃손가락 끝에까지 이르는 길이를 나타내는 측정 단위로, 17-22인치 정도이다. 바다는 12마리의 청동 소가 받치고 있는 높은 물통으로, 제사장들이 성결 의식을 준비할 때 그 속에 들어가서 몸을 씻었다.

> 그 가장자리 아래에는 돌아가며 박이 있는데 매 큐빗에 열 개씩 있어서 바다 주위에 둘렸으니 그 박은 바다를 부어 만들 때에 두 줄로 부어 만들었으며, 그 바다를 열두 소가 받쳤으니 셋은 북을 향하였고 셋은 서를 향하였고, 셋은 남을 향하였고, 셋은 동을 향하였으며 바다를 그 위에 놓았고 소의 뒤는 모두 안으로 두었으며, 바다의 두께는 한 손 넓이만 하고 그 가는 백합화의 식양으로 잔 가와같이 만들었으니 그 바다에는 이천 밧을 담겠더라
>
> —「열왕기 상」 7:24-26

고대 그리스의 **아르키메데스**(기원전 287-212년경)는 원에 외접하는 정다각형과 내

THE ARYABHAṬĪYA
of
ARYABHAṬA

An Ancient Indian Work on
Mathematics and Astronomy

TRANSLATED WITH NOTES BY
WALTER EUGENE CLARK
Professor of Sanskrit in Harvard University

THE UNIVERSITY OF CHICAGO PRESS
CHICAGO, ILLINOIS

인도의 수 체계를 알아내는 데 중요한 자료인
『아리아바티야』는 최초의 대수학 서적 중 하나이다.

접하는 정다각형을 이용해 π의 값이 $\frac{223}{71}$과 $\frac{22}{7}$ 사이에 있음을 알아냈다. 그리고 600년 후 『천문학의 구조 *Siddhantas*』(400)라 하는 인도의 문서 중에서 π의 값을 $3\frac{177}{1250}$ 또는 3.1416으로 나타낸 흔적을 찾아냈다. 5세기의 인도 수학자들도 π의 값을 구하기 위해 아르키메데스의 방법을 사용했으리라 짐작하지만 확실치는 않다.

항상 십진법을 사용한 중국의 수학자들도 π의 값을 구했는데, 718년의 한 문서에는 $\pi = \frac{92}{29} = 3.1724$로 되어 있었다. **유휘**(劉徽, Liu Hui, 250년경)는 아르키메데스처럼 원에 192각형을 내접시켜서 $3.141024 < \pi \leq 3.142704$임을 밝히기도 했다. 후에 그는 이를 발전시켜 3,072각형을 원에 내접시켜서 $\pi = 3.14159$임을 알아냈다.

원주율에 관련된 내용은 80번 글에서 더 찾아볼 수 있다. ★

해보기 ACTIVITIES

1. 인도 수학자인 **아리아바타** Aryabhata(476년경 출생)는 그의 저서 『아리아바티야 *Aryabhatiya*』(499)에서 다음과 같이 말했다. "100에 4를 더해 8을 곱한 후 6만 2000을 더한 값은 지름이 2만인 원의 둘레와 거의 같다." 그는 π의 값을 얼마로 보았는가?

2. 바다는 "그 모양이 둥글며"라고 묘사되어 있는데, 이는 원을 뜻한다. 이 원의 둘레의 길이는 얼마인가? 또, 지름은 얼마인가? 이 계산으로부터 $\pi = 3$임을 밝혀라.

3. 밧bath은 액체의 부피 단위로, 약 6갤런gallon이다. 바다에는 몇 갤런의 물을 담을 수 있는가? 제사장들이 바다에서 목욕을 하기 위해서는 사다리 또는 이와 비슷한 기구가 필요했었음을 무엇으로부터 알 수 있는가? 당신이 찾은 이유가 타당하다고 보는가?

4. 고대 이집트인들은 지름이 d인 원의 넓이를 구하는 공식으로 $(d - \frac{d}{9})^2$을 사용했다. 이 공식에서는 π의 값을 얼마로 사용했는가?

5. 요즈음의 컴퓨터는 π값을 소수점 아래 수천 자리까지 계산할 수 있다. 컴퓨터로 π의 값을 계산할 때 어떤 알고리즘을 사용하는가?

The Pyramids of Egypt and the Americas

3 이집트와 아메리카의 피라미드

이집트인들은 조상들이 사후의 삶을 즐길 수 있도록 영구적인 무덤과 사원을 건설해 그들을 잘 모셨다. 이런 구조물들로 인해 이집트는 고대사뿐만 아니라 수학에 관한 많은 연구를 할 수 있는 현장으로서 학자들의 관심의 대상이 되었다.

클루베리오Philippe Cluverio가 인쇄한 17세기의 고대 이집트 지도.

기원전 2600년경에 세워진 기제Gizeh의 대(大)피라미드의 건설에는 상당한 수학적 · 공학적 기술이 필요했다. 고대 건축가들은 부피, 넓이, 근사값, 직각 등에 관한 그들의 지식을 이용해 피라미드 건설에 필요한 돌의 크기, 모양, 개수, 배열 방법 등을 지금 우리가 '피타고라스의 정리Pythagorean theorem' 라고 부르는 기하학적 사실에 입각해 계산했으리라 추측된다.

유명한 기제의 대건축물 외에도 이집트의 나일 강 근처에는 35개의 거대한 피라미드가 세워져 있다. 이들 피라미드는 이집트 왕의 시신을 미라로 만들어 보존하기 위해 세워졌는데, 시신은 귀금속 등의 값진 물건들로 가득 채워진 비밀스러운 방에 안치되었다(간혹 왕비의 시신을 안치하기 위해 왕의 피라미드 옆에 작은 피라미드를 건설하기도 했다). 어떤 학자들은 피라미드 모서리의 기울기가 태양의 기울기와 평행한 것은 왕의 영혼이 빛을 따라 하늘로 올라가 신이 되게 하려 했다고 생각해, 다른 형상의 구조물과는 달리 피라미드가 왕의 무덤으로 사용되었다고 믿고 있다.

수세기 후(100~900)에 중앙 아메리카와 남아메리카 인디언들은 크기와 웅장함에서 이집트의 것과 대등한 피라미드를 건설했다. 아메리카의 피라미드에는 계단이 있다는 점이 이집트의 피라미드와 구별된다. 이것은 무덤이 아니라 신전의 기단으로 사용되었기 때문에, 많은 수의 계단은 종교적인 의식과 예식을 행하기 위해 제사장이 사원에 오를 수 있도록 하기 위한 것이었다. 멕시코의 팔렌케Palenque에 있는 마야의 '비명(碑銘)의 신전The Temple of the Inscriptions' 은 예외이다. 이 피라미드 안에는 잘 만들어진 무덤이 있는데, 아마도

페루에 있는 '태양의 신전' 의 옛 그림.

피라미드를 세우기 전에 이미 무덤이 만들어졌던 것으로 보인다.

유명한 아메리카의 피라미드로는 모치카Mochica 인디언들이 페루의 북쪽 해안에 건설했던 '태양의 신전'과 중부 멕시코의 테오티우아칸Teotihuacán에 건설한 '태양의 피라미드'(150)를 들 수 있다. 태양의 피라미드 기단은 기제의 피라미드 기단보다 더 크다. ★

해보기 ACTIVITIES

1. 멕시코 유카탄 반도에는 엘 카스티요El Castillo라 부르는 마야의 피라미드가 있다. 꼭대기는 편평하고 4개의 각 면에는 꼭대기에 이르는 91개의 계단이 있다(91계단씩 4개가 있으므로, 모두 364개의 계단이 된다. 여기에 꼭대기 층을 합하면 365층이 되어서 마야력의 365일을 나타낸다). 각 계단 하나의 깊이가 30cm이고, 높이가 26cm일 때, 꼭대기 층의 높이는 몇 cm인가? 또한 이 피라미드의 상승각은 몇 도(°)인가?

2. 자와 컴퍼스만 사용해 종이에 실제 피라미드의 축도를 그려 보아라.

3. 메소포타미아의 피라미드인 지구라트ziggurat에 대해 조사해 보아라. 이것들은 어떻게, 어떤 목적으로 건설되었는가? 그리고 이곳의 피라미드가 이집트나 아메리카의 피라미드와 닮았는가?

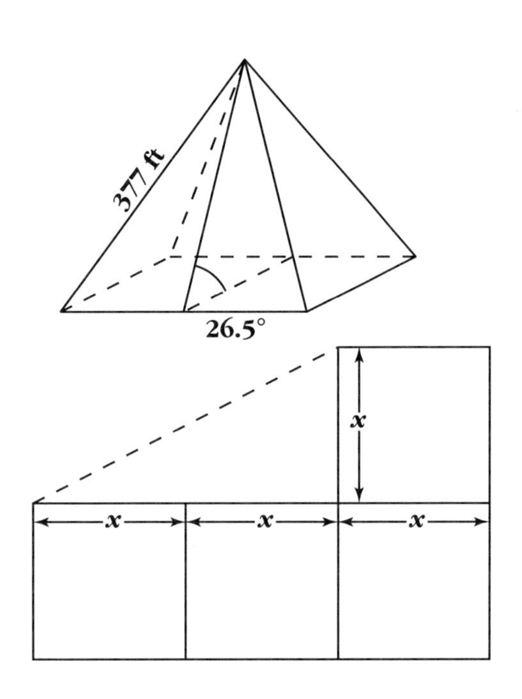

4. 미국 해군연구소의 천문학자인 리처드 워커Richard Walker는 1985년에 오래된 수수께끼 하나를 풀었다. 그는 이집트의 쿠푸 왕(그리스명 Cheops)의 대피라미드 통로가 그때까지 알려진 것처럼 북극성을 향하기 위해 26.5°로 기울어져 있는 것이 아님을 확인했다. 대신 그 기울기는 왼쪽 그림과 같이 돌 4개를 놓을 때 생기는 각도임을 알아냈다. 돌을 이렇게 쌓으면 26.5°의 기울기를 얻을 수 있음을 확인해 보아라.

Chinese Mathematical Activities

중국의 수학

4

중국의 전설에 의하면, 기원전 2000년경에 큰 거북 한 마리가 뤄수이 강[洛水]에서 기어나와 하(夏)나라의 우(禹) 황제에게 모습을 드러냈다고 한다. 거북의 등에는 숫자들이 쓰여 있는 마방진magic square이 그려져 있었다. 중국인들은 이 그림을 「낙서(洛書)」라고 부르는데, 이것이 마력을 지니고 있다고 믿었다. 마방진의 기원이 4,000년 전 중국이라고 믿는 요즈음도 많은 사람들의 호기심의 대상이 되고 있다.

우리가 요즘 '피타고라스의 정리($a^2+b^2=c^2$)' 라고 하는 직각 삼각형과 관련된 유명한 사실을 누가 처음 발견했는지 알 수는 없지만, 이 사실이 전 세계에 알려져 있었음이 틀림없다! 고대 그리스의 철학자 피타고라스Pythagoras(기원전 572-497)가 처음으로 증명해 피타고라스의 정리라 부르게 되었지만, 이는 그가 발견하기 훨씬 전부터 이미 학자들 사이에 알려져 있었다. 그는 바빌로니아에서 전 세계의 학자들과 함께 수학했다. 우리는 12세기 중국의 문헌에 나오는 다음과 같은 문제를 통해 이 정리의 응용의 필요성을 알 수 있다. "지름이 3m인 원형 연못 가운데에 갈대가 하나 자라고 있는데, 30cm의 길이만큼 수면 위로 나와 있다. 이 갈대의 끝을 잡아당겨 보니 그 끝이 연못의 가장자리에 닿는다. 이 연못은 얼마나 깊은가?" 또, 13세기의 책*에서 수학자인 **양휘**(楊輝, Yang Hui)는 다음과 같은 문제를 풀었다. "키가 3m인 대나무가 있는데, 윗부분이 부러져서 뿌리에서부터 30cm 떨어진 곳에 끝이 닿았다. 땅에서 부러진 곳까지의 높이를 구해라."

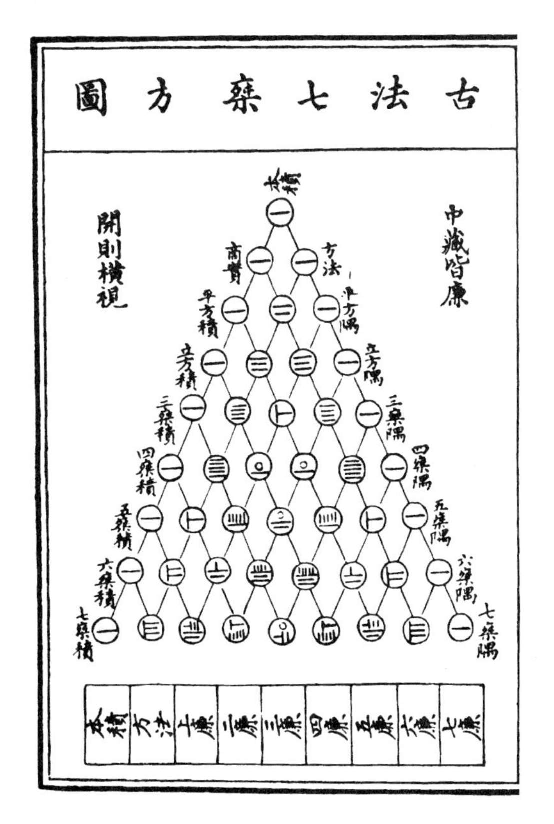

14세기 중국 책에 나오는 파스칼의 삼각형.

이로부터 4세기쯤 후에 수학사에서 가장 유명한 삼각형 중의 하나를 만나게 되는데, 이것을 프랑스의 수학자 파스칼Blaise Pascal(1623-62)의 이름을 따서 '파스칼의 삼각형' 이라고 부른다. 그러나 이것은 파스칼이 태어나기 300여 년 전에 이미 중국인들에게 알려져 있었음이 명백하게 밝혀졌다. 위의 그림은 **주세걸**(朱世傑, Zhu Shijie, 1280-1303)이 쓴 『사원옥감(四元玉鑑, *precious mirror of the four elements*)』(1303)에 나오는

---

* 상해구장산법(詳解九章算法, Hsiang chieh chiu chang suan fa)을 일컬음(옮긴이).

파스칼의 삼각형의 중국식 표기이다.

중국의 수학에 관련된 내용은 8, 22, 26, 48, 71, 89번 글에서 더 찾아볼 수 있다. ★

해보기 ACTIVITIES

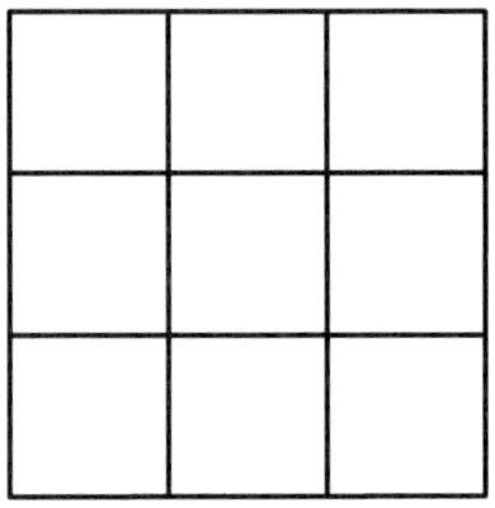

1. 마방진(魔方陣)에서 '魔'는 무슨 뜻인가? 왼쪽의 그림이 마방진이 되도록 빈칸에 낙서 수를 채워넣어라. 이것 외에 다른 3×3 마방진을 만들어보아라.

2. 파스칼의 삼각형의 중국식 표기는 $n=0, 1, 2, 3, 4, 5, 6, 7, 8$일 때, 이항전개식 $(a+b)^n$의 이항계수binomial coefficient를 나타내고 있다. 예를 들면 다음이 성립한다.

$$(a+b)^4 = 1a^4 + 4a^3b + 6a^2b^2 + 4ab^3 + 1b^4$$

이 삼각형의 5째 행에서 중국 사람들이 6을 어떻게 표기했는지 알 수 있다. 중국 사람들이 이항전개식에서 다른 이항계수를 어떻게 나타냈는지 $n=5, 6, 7, 8$일 때, $(a+b)^n$을 전개해 알아보아라.

3. 피타고라스의 정리를 이용해 앞에 나온 대나무와 갈대 문제를 풀어보아라.

The Rhind Papyrus and the St. Ives Puzzle

5 『린드 파피루스』와 세인트 아이브스의 수수께끼

세월의 흐름은 역사적으로 중요한 수많은 유적들을 파괴했지만, 이집트의 몇 가지 문서는 3,000년 이상 견디어 전해졌다. 이 중에서 수학적 특성을 가장 방대하게 포함하고 있는 것이 『**린드 파피루스** *Rhind Mathematical Papyrus*』(기원전 1850년경)이다. 1858년 이집트 학자Egyptologist인 **헨리 린드**Henry Rhind가 매입해 그의 이름을 따서 부르고 있는데, 후에 그의 유언대로 대영박물관에 기증해 지금은 그곳에 보관되어 있다(필사자인 **아메스**Ahmes가 그 당시의 기록을 보고 옮겨 적은 것이기 때문에, 이것을 때로는 『**아메스 파피루스** *Ahmes Papyrus*』라고 부르기도 한다). 가로가 약 5m 50cm, 세로가 약 30cm 크기의 파피루스에 85개의 문제가 상형문자로 기록되어 있다.*

『린드 파피루스』를 통해 고대 이집트 수학에 관한 정보, 특히 셈과 측정 영역에 관한 정보를 많이 얻을 수 있다. 특히, 숫자(를 나타내는 상형문자)의 사용은 수의 표기법 발전에 크게 기여했다. 이집트의 계산법에서는 분자가 1이 아닌 분수는 다루지 않았기 때문에, 『린드 파피루스』에는 분수를 단위분수(분자가 1인 분수)의 합으로 고칠 수 있는 표가 나와 있다. 예를 들면, 다음과 같다.

$$\frac{2}{97} = \frac{1}{56} + \frac{1}{679} + \frac{1}{776}$$

『린드 파피루스』에 나와 있는 대부분의 문제는 해독이 되어 그 해답을 알고 있다. 그런데 다음과 같은 이상한 내용의 79번 문제는 아직 해독하지 못하고 있다.

집	7
고양이	49
생쥐	343
밀 이삭	2401
Hekat 단위로 센 개수	16807
	19607

『린드 파피루스』, 문제 62

• 여러 가지 귀금속이 들어 있는 주머니의 내용물을 알아내는 문제

무게가 같은 금, 은, 납이 들어 있는 주머니 1개를 84sha'ty(화폐의 단위)에 샀다. 금 1deben(무게의 단위)의 가격은 12sha'ty, 은 1deben의 가격은 6sha'ty, 납 1deben의 가격은 3sha'ty일 때, 주머니 속에 들어 있는 각 귀금속의 값은 얼마씩인가?

• 풀이

각 귀금속 1deben의 가격을 모두 더하면 21sha'ty이다. 21에 4를 곱해 84를 만든다(84sha'ty는 주머니 1개를 산 금액이다). 그러면 각 귀금속의 개수는 4임을 알 수 있다.

• 각 귀금속의 값을 다음과 같이 구해라.

12에 4를 곱해 주머니 속에 들어 있는 금의 가격 48sha'ty를 구한다.
6에 4를 곱해 주머니 속에 들어 있는 은의 가격 24sha'ty를 구한다.
3에 4를 곱해 주머니 속에 들어 있는 납의 가격 12sha'ty를 구한다.
21에 4를 곱해 주머니 속에 들어 있는 귀금속 전체의 가격 84sha'ty를 구한다.

• 이 문제를 푸는 또 다른 방법은 무엇인가?

* 고대 이집트의 제사장들은 그들의 기록을 신성 서체로 남겼는데, 이것은 상형문자를 단순화시켜 만든 문자였다. 이집트의 상형문자는 그들이 표현하고자 하는 대상을 그리기 쉬운 모양으로 본떠 만든 문자이다.

각각의 수는 모두 7의 거듭제곱이지만, 『린드 파피루스』에 있는 문제에는 자세한 설명이 없기 때문에 이 수들이 무엇을 뜻하는지 알지 못한다. 역사학자인 칸토어Moritz Cantor는 1907년에 이 자료가 13세기의 수학자인 피보나치Fibonacci가 저술한 『산술의 서 *Liber abacci(Book of Calculation)*』에 나오는 문제 하나와 관련이 있음을 알아냈다. 이 피보나치 문제는 다음과 같은 영국의 오래된 동요 구절로 우리에게 잘 알려져 있다.

> 내가 세인트 아이브스에 가는 길에 부인이 7명인 남자를 만났는데,
> 부인들은 각자 7개의 보따리를 가졌고, 각 보따리 안에는 고양이 7마리가 들어 있고,
> 각 고양이에게는 새끼가 7마리씩 있네.
> 새끼 고양이, 어미 고양이, 보따리와 부인들 모두 해서 얼마가 세인트 아이브스로 갔을까요?

이 동요를 세인트 아이브스의 수수께끼라고 부르는데, 널리 알려진 수수께끼 중의 하나이다. 이 문제의 가능한 답 중의 하나는 1이다. 그 이유는 수수께끼에서 말하듯이 주인공인 '나'는 세인트 아이브스로 가고 있기 때문이다. 주인공인 '내'가 만난 남자와 부인들은 모두 세인트 아이브스로부터 오고 있었을 수 있다. ★

해보기 ACTIVITIES

1. 『린드 파피루스』에서 원의 넓이는 그 지름의 $\frac{8}{9}$만큼의 길이를 한 변으로 하는 정사각형의 넓이와 같다고 보았다. 이 경우에 π의 값을 얼마로 보았는가?

2. $r = \frac{(b+c)}{a}$일 때, $\frac{a}{bc} = \frac{1}{br} + \frac{1}{cr}$임을 설명해 보아라. 이것을 사용해 두 가지 방법으로 $\frac{2}{63}$를 단위분수 두 개의 합으로 나타내어라.

3. 이집트인들은 파피루스라고 하는 종이를 발명했다. 파피루스는 어떻게 만들어지는가?

4. 『린드 파피루스』에 나와 있는 문제들은 신성 서체로 기록되어 있어, 이를 해석하기 위해 상형문자로 옮겨적었다. 두 다리가 왼쪽으로 걸어가는 상형문자는 덧셈을, 오른쪽으로 걸어가는 상형문자는 뺄셈을 나타낸다. 이 외의 다른 상형문자는 어떤 모양이며, 무엇을 나타내는가?

Early Astronomy

초기의 천문학

6

수세기 동안 우리 인간들은 우주와 이에 속해 있는 지구에 관해 이해하려고 노력해 왔다. 우리 조상들의 천체 연구로 인해 천문 과학이 발전해 왔다. 이 천문학은 역법에서부터 우주왕복선에 이르는 발명을 가능하게 했을 뿐 아니라, 수학 개념과 도구에 관한 연구와 개발에 보조를 맞추어왔다.

태양이나 달과 같은 천체의 움직임은 고대인들에게는 대단히 중요했다. 농업 경영의 성패는 계절에 따른 태양의 주기를 얼마나 이해하는가에 달려 있었다. 달의 주기는 다양한 종교 의식의 발생에 영향을 끼쳤다. 일식과 월식은 대단히 중요했기 때문에 자신의 능력을 과시하려는 종교 지도자들이 이를 예측해 이용했고, 또한 민중들은 이를 신의 계시로 받아들였다. 초기의 천문학자들은 천문학적 현상을 오랫동안 기억하기 위해 역법을 고안해 냈다. 예를 들면, 고대 이집트의 제사장은 해마다 시리우스Sirius가 여름날 아침 해 뜨기 바로 직전에 지평선 위에 처음 나타남을 관찰했다. 그 며칠 후 나일 강은 제방을 넘어 범람했고, 사람들은 자신의 가축과 소유물을 더 높은 곳으로 급히 옮겨야 했다. 이런 현상이 여러 번 반복되자 제사장은 강의 범람이 그 별의 출현 시기와 일치함을 알게 되었으며, 관찰한 지 약 50년이 지난 후에는 그 별이 나타나는 시기를 정확하게 예측할 수 있게 되었다. 여름마다 이 별이 처음 나타나는 기간을 계산했더니 365일보다 조금 더 길었는데, 이 '조금'을 4년 동안 모았더니 완전한 하루가 되었다. 그래서 이집트인들은 1년의 길이를 $365\frac{1}{4}$일로 정했는데, 이것은 오늘날 우리가 1년을 365.2422일로 하는 것과 거의 일치한다.

토성을 그리스 농경 신인 크로노스Cronus로 그린 풍자화. 토성은 고대 아시리아에서는 사냥의 신인 니스록Nisroch으로, 바빌로니아에서는 니니Ninih의 신으로 묘사되었다.

남부 멕시코와 과테말라의 마야인들은 태양 · 달 · 행성을 인간의 영역 훨씬 위인 하늘에서 그들의 생명을 관장하는 신들이라고 믿었다. 자신들을 지켜주는 하늘 신들의 움직임을 관찰해 마야 제사장들은 이 천체들이 일정한 주기로 지구 주위를 회전한다는 사실을 발견했다. 이것은 매우 중요한 정보였다. 이 주기를 예견할 수 있음으로 해서 제사장들은 파종과 축제 및 왕국의 각종 행사를 치르는 좋은 시기를 마야 왕권에게 알려줄 수 있었다. 이렇게 함으로써 그들은 자신들의 복잡한 수 구조를 조정해 역사상 가장 정확하고 아름다운 역법 중의 하나를 만들게 되었다.

천문학과 역법에 관련된 내용은 7-9, 11, 23, 26-28, 30, 40-42, 47, 48, 57, 59, 65, 94번 글에서 더 찾아볼 수 있다. ★

해보기 ACTIVITIES

1. 바빌로니아인들은 일식과 월식을 어떻게 미리 예측할 수 있었으며, 어떤 수학적 원리를 사용했는가?

2. 이집트의 내과 의사였던 **트로스**Troth(기원전 3000년경)는 '트로스 역법'으로 알려진 태양력을 고안했다. 이 역법은 어떻게 만들어졌는가?

3. 천문학자 **일행**(一行, Yi Xing, 683-727)이 중국의 수학 발전에 어떻게 공헌했는가?

4. 광년, 별의 등급, 천문 단위 등의 용어들과 관련된 수와 단위를 말해 보아라. 큰개자리Canis Major(Big Dog)의 별인 시리우스는 지구로부터 8.5광년 떨어져 있고, 태양보다 26배나 더 밝다. 시리우스는 지구로부터 몇 km의 거리에 있는가?

큰개자리.

Cosmologies of the Ancient World

고대의 우주론

7

고대로부터 우주의 신비로움은 인간의 호기심을 자극해 왔다. **우주론**cosmology은 철학의 한 분야로서, 우주의 기원과 구조 등을 다룬다. 시대를 거쳐오면서 천문학이나 수학과 같은 다른 분야에서 우리가 이룩한 발전과 더불어 우주론은 진보해 왔다.

초기 우주론은 우주가 신에 의해 창조되었다는 믿음에 기초를 두고 있었다. 이런 믿음의 초기 형태 중 하나는 그리스 신화에 나오는 대지의 여신인 가이아Gaia와 그의 딸 테미스Themis가 혼돈으로부터 질서를 확립했으며, 지구와 생명체를 창조했다는 것이다. 고대 바빌로니아와 아시리아 제국에서는 마르두크Marduk 신이 혼돈의 괴물인 티아마트Tiamet를 두 동강을 내—이 반쪽들로부터 지구와 하늘이 생겼다—이 세상을 창조했다고 믿고 있다.

지금은 태양은 별의 하나이고, 달은 위성임을 알고 있지만, 고대에는 이런 사실을 알 수 있는 기술이 없었다. 그래서 우주의 형상을 종종 인간이나 동물로 묘사했다. 예를

고대 아시리아(지금의 이라크)의 수도였던 니네베Nineveh의 건물 벽에 새겨진 아시리아와 바빌로니아의 마르두크 신.

고대 유대의 우주론.

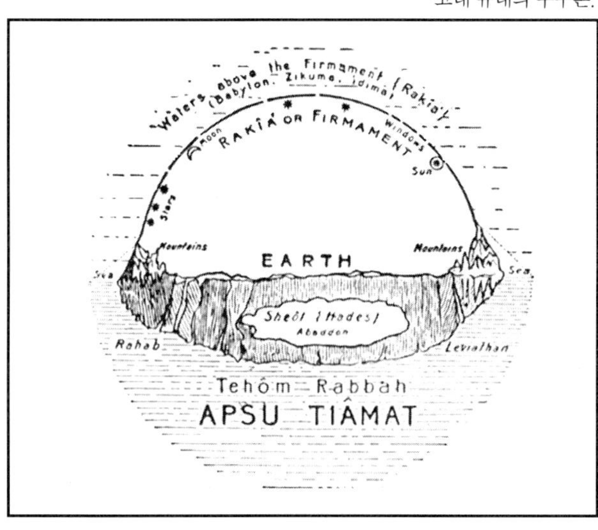

고대 인도의 우주론.

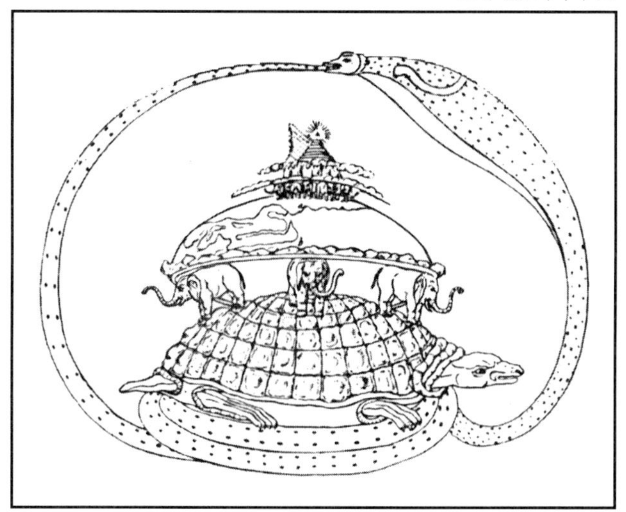

들어, 고대 이집트에서는 우주를 별같이 빛나는 여인의 형상으로 묘사된 하늘이, 둥둥 떠다니는 태양 아래에 기대 서 있는 사람의 형상을 하고 있는 지구를 감싸안고 있는 것으로 보았다. 고대 인도에서는 아쿠파라Akupara라고 불리는 거북이 코끼리를 받치고 있으며, 코끼리는 또 지구를 받치고 있는데, 이 모든 것들은 영원한 탄생과 부활을 상징하는 뱀에 의해 둘러싸여져 있다고 믿었다.

우주론에 관련된 내용은 6, 11, 12, 16, 26, 41, 42, 59, 91번 글에서 더 찾아볼 수 있다. ★

해보기 ACTIVITIES

1. 바빌로니아인들과 아시리아인들이 관측 천문학의 발전에 기여한 내용을 조사하고, 이런 발전이 고대 사람들이 우주를 이해하는 데 어떤 영향을 끼쳤는지 알아보아라.

2. 고대 이집트 과학자들의 우주론과 중세 과학자인 **힐데가르트 폰 빙엔**Hildegard von Bingen 및 르네상스 시대의 천문학자인 **갈릴레오 갈릴레이**Galileo Galilei의 우주론을 비교해 보아라. 이들은 우주를 이해하기 위해 어떤 천문학적 이론과 수학적 이론을 이용했는가?

3. 우주의 기원에 관한 최근의 이론에 대해 조사해 보아라.

Calendars of the Ancient World

고대 세계의 역법

8

고대의 많은 사람들은 농업이나 제사, 국가 경영의 목적으로 천문학적인 사건들을 기록해 왔다. 정확한 역법이 만들어지기까지 수년 간에 걸친 천문 관측이 필요했는데, 사용하기 편리한 시간의 단위를 정하기 위해 역법을 만드는 수학적 기술이 여러 가지 개발되었다.

유럽의 뼈: 프랑스의 Grotte du Tai에서 발견된 2만 5000년 전의 뼛조각이 아마 가장 오래된 태양력일 것이다. 이 뼈에는 1,000개 이상의 금이 새겨져 있는데, 새겨진 금들의 묶음이 1년 단위일 것으로 추측하고 있다.

바빌로니아(기원전 1900-539년경)의 수도였던 바빌론. 유프라테스 강가에 위치했으며, 세계 7대 불가사의의 하나인 공중 정원이 이곳에 있었다. 아아Peter Van der Aa의 *Le grand theatre historique*(암스테르담, 1703)에서 따옴.

바빌로니아의 태음-태양력: 바빌로니아의 역법은 중요한 농사 일정을 맞추기 위해 태양력과 태음력을 조정해 만들었다. 이 역법에서는 한 달의 길이를 29일과 30일이 교대가 되도록 만들었는데, 초승달이 시작되는 날을 매달 1일로 정했다. 따라서 1년은 12개월로 354일이 되었기 때문에 바빌로니아인들은 13년마다 윤년—1년을 13개월로 계산—을 7번 두는 방법을 사용했다.

아프리카의 농사 주기: 한 해 동안 부족민들이 먹을 식량을 확보하기 위해 아프리카의 요루바Yoruba 종족 농부들은 그들이 재배하는 농작물의 성장 양상을 이해하고, 계절의 변화가 이들 농작물에 어떤 영향을 끼치는가를 연구했다. 해를 거듭하면서 농부들은 밤하늘에 떠 있는 달의 움직임과 같은 천문학적 현상과 자연의 주기를 관련짓게 되었다. 이런 과정의 결과로 요루바족은 1년이 13개월인 태음력을 만들었다.

신령한 중국의 달력: 정확한 역법은 고대 중국의 농경사회에서는 필수적이었으므로, 달력 제작자들은 음력과 양력 및 계절의 주기 등을 조정하는 기술을 익혀야 했다. 중국의 달력은 사람들이 천체 주기와 조화를 이루게 하는 도구로 사용했기 때문에, 달력은

79년 베수비오Vesuvius 화산 폭발로 파묻힌 고대 이탈리아의 도시인 헤르쿨라네움 Herculaneum의 대리석 기둥에 새겨진 로마의 달력 그림. 루H. Roux의 『헤르쿨라네움과 폼페이』(파리, 1875)에서 따옴.

실용적인 의미뿐만 아니라 종교적인 의미도 지니고 있었다. 그들은 이른바 공명주기—진동수가 다른 두 파동이 만나서 주기가 일치하는 시간의 간격—에 매혹되었기 때문에 새 왕조가 시작될 때마다 연호를 새로 고쳐서 사용했다.

그리스의 날짜 계산기: 16세기 후반에 그리스의 안티키테라Antikythera 섬 근처에서 그 연대가 기원전 80년경까지 거슬러 올라가는 점성술 달력이 발견되었다. 고대 세계의 가장 복잡한 기계공학적 기구 중 하나로 평가되는 이 날짜 계산기는 31개의 바퀴가 서로 맞물려 있다. 이는 아마도 천체의 위치 변화를 계산하는 데 사용되었던 것으로 추측된다.

크메르의 사원 달력: 899년에서 910년 사이에 크메르 왕국을 지배했던 야소바르만Yasovarman 왕의 묘로 사용되었던 고대 캄보디아 사원의 네 면에는 각각 27개의 탑이 세워져 있다. 이것은 달의 공전주기인 27일을 나타낸다. 그리고 7개의 정원에는 각각 12개의 탑이 세워져 있는데, 이것은 목성의 공전주기인 12년을 의미한다.

역법에 관련된 내용은 6, 30, 40, 48번 글에서 더 찾아볼 수 있다. ★

해보기 ACTIVITIES

1. 고대 사회에서 왜 어떤 지역에서는 음력을 사용했고, 어떤 지역에서는 양력을 사용했는가? 또, 왜 아직도 계절력을 사용하는 지역이 있는가? 이런 역법에는 어떤 특별한 장점이 있는가?

2. 고대 중국의 역법에 관해 조사해 보아라. 중국의 달력 제작자들은 달과 태양의 주기를 어떻게 조화시켰는가?

3. 많은 학자들은 영국의 고대 거석 기념물인 스톤헨지Stonehenge가 그 당시의 어떤 천문학적 사건들과 연결하기 위해 건설된 것으로 믿고 있다. 이 사건들은 무엇인가? 또한 선사시대 사람들에게 이 사건들이 왜 중요했는가?

4. 여기서 다루지 않은 고대 문명에 의해 만들어진 역법에 관해 조사한 내용을 정리하여 발표해 보자.

Thales: A man of Legend

9 전설의 사나이 탈레스

우리가 알고 있는 고대 그리스의 수학자 중 한 사람으로 **밀레투스의 탈레스**Thales of Miletus(기원전 580년경)가 있다. 모든 분야에 뛰어났던 탈레스는 정치가, 변호사, 공학자, 사업가, 철학자, 천문학자로도 알려져 있다. 그의 업적은 아무것도 전해지지 않고 있음에도 불구하고 우리는 그를 기억하고 있다.

탈레스와 관련된 이야기 중 하나는 그가 이집트를 여행했을 때의 일이다. 그때 이집트의 제사장들이 자기 나라의 놀라운 수학 실력을 자랑하기 위해 대피라미드를 구경시켜 주었다. 탈레스는 모래 바닥에 생긴 피라미드와 자신의 그림자 길이를 측정해 계산을 하고는 제사장들에게 피라미드의 높이를 알려주었다고 한다. 닮은 삼각형의 대응변의 길이는 서로 비례한다는 기하학적 정리의 증명에 관한 글을 탈레스가 썼다는 사실을 몰랐던 제사장들은 그가 피라미드의 높이를 그렇게 빨리 계산하는 데 놀라지 않을 수 없었다. 우리가 아는 바와 같이 지식의 교류는 상호적이기 때문에 탈레스가 집으로 돌아갈 때는 새로운 기하학 지식을 습득했을 것이다. 그 중의 일부는 해마다 나일 강이 범람한 후에 이집트의 측량사들이 토지의 경계를 새로 정하는 것을 관찰해 습득했을 것으로 추측된다.

다음은 탈레스가 증명했던 것으로 알려진 기하학적 사실이다.

1. 원은 지름에 의해 이등분된다.
2. 이등변삼각형의 두 밑각의 크기는 같다.
3. 두 직선이 교차할 때 맞꼭지각의 크기는 같다.
4. 대응하는 두 각의 크기와 대응하는 한 변의 길이가 각각 같은 두 삼각형은 서로 합동이다.
5. 반원에 내접하는 각은 직각이다(기록에 의하면 바빌로니아인들은 이 사실을 탈레스보다 1,400년 전에 이미 알고 있었다고 한다).

이것이 비록 아주 기초적인 내용이지만, 탈레스는 실험과 직관뿐만 아니라 논리적 추론을 증명에 이용했던 최초의 수학자였다.

탈레스는 또한 문제 해결 전문가이기도 했다. 영구적인 다리를 건설할 만큼 충분한 시간이 없었음에도 불구하고, 리디아Lydia의 크로이소스Croesus 왕은 적을 추격하기 위해 군대의 장비를 신속하게 강 건너편으로 보내고 싶어했다. 어찌할 바를 몰라 왕은 탈레스를 불렀고, 그는 단숨에 문제를 해결했다. 탈레스는 군대로 하여금 운하를 파게 해 강물의 흐름을 운하 쪽으로 변경하게 했다. 장비를 모두 강 건너편으로 옮긴 후에 군대는 운하를 다시 메워 모든 것을 원래의 상태로 되돌려놓았다.

탈레스가 지식을 넓히기 위해 여행했던 학문의 중심지로는 이집트가 유일한 곳은 아니었다. 그는 바빌로니아의 천문 기술도 습득했는데, 어떤 사람은 기원전 585년 소아시아에서 일어났던 일식을 그가 예측했다고 말하기도 한다. 그가 정말로 그 일식을 예측했는지는 분명하지 않지만, 그 당시 일식은 분명히 일어났었다! 그 일식은 메디아Media와 리디아 두 나라가 전쟁을 준비하고 있을 때 일어났다. 그때 일어난 일식을 목격한 두 나라 군인들은 이것을 나쁜 징조로 여겨 너무 두려워한 나머지 모두 자기 나라로 철수했다고 한다. 현대의 천문학자들이 거꾸로 계산을 해본 결과, 그 일식이 기원전 585년 5월 28일에 있었음을 확인했다. 이 취소된 전쟁은 정확한 날짜가 알려진 역사상 최초의 사건으로 알려져 있다. ★

해보기 ACTIVITIES

1. 탈레스는 해변에서 바다 위에 떠 있는 배까지의 거리를 측정하는 기하학적 방법을 고안해 냈다. 그가 사용한 방법은 무엇이었는가?

2. 탈레스의 방법으로 이집트의 대피라미드의 높이(왼쪽 그림에서 선분 AC)를 계산하라. 여기서 선분 BD는 길이를 아는 막대기이다.

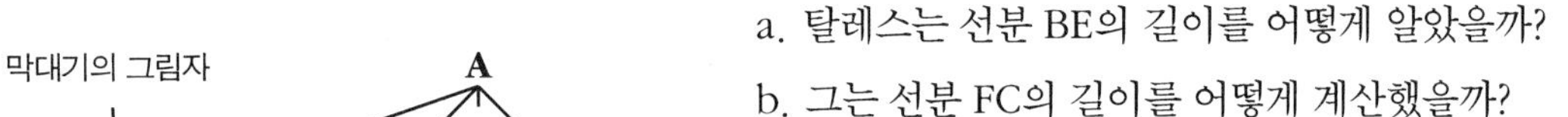

   a. 탈레스는 선분 BE의 길이를 어떻게 알았을까?
   b. 그는 선분 FC의 길이를 어떻게 계산했을까?
   c. 선분 AC의 길이를 계산하기 위해 그는 닮은 삼각형의 어떤 성질을 이용했는가?
   d. 위의 c를 이용해 선분 AC의 길이를 계산하는 비례식을 구하라.

3. 탈레스가 대피라미드의 높이를 측정했던 방법인 그림자를 이용해 근처에 있는 높은 물체의 높이를 측정해 보아라.

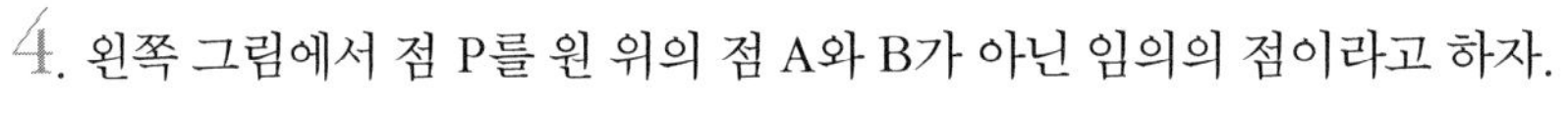

4. 왼쪽 그림에서 점 P를 원 위의 점 A와 B가 아닌 임의의 점이라고 하자.

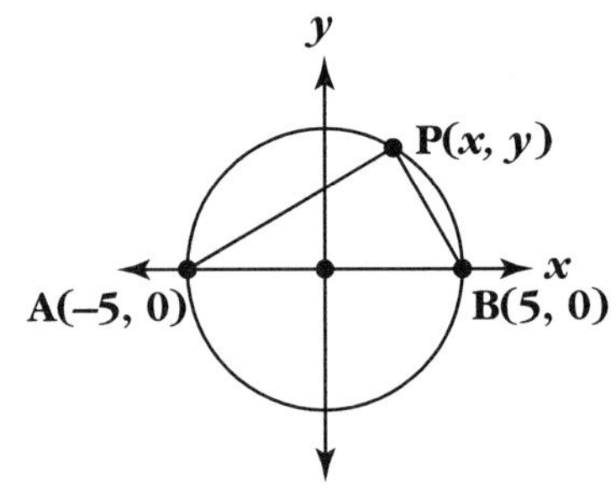

   a. 각 APB의 크기를 구하라.
   b. x와 y의 가능한 정수 값을 모두 구하라.

The Golden Age of Greece

그리스의 황금기 10

고대 문명권에서는 그들이 관찰했던 자연 현상과 인류 존재의 신비가 여러 신들의 손에 의해 결정된다고 믿었다. 그리스 역사에서 특히 창조적인 시기였던 기원전 600-200년경에는 그리스 현인들은 여러 곳을 여행하며 다양하고 풍부한 아이디어와 사고 방법을 흡수했다. 새로운 지식과 기존 지식을 기초로 그들은 인간은 관찰과 실험을 통해 진리를 얻을 수 있는 지능을 지니고 있다는 관점을 넓혀나갔다.

탈레스, 피타고라스, 플라톤, 아리스토텔레스, 유클리드, 에라토스테네스, 아르키메데스 등을 포함한 그리스의 수학자들은 이 세계는 수학적으로 설계되었으며, 인간의 사고력은 이런 구조를 이해할 수 있다는 이론을 발전시켰다. 이들은 수학을 진리를 추구하기 위한 도구로 사용하려 했으며, 우주의 구조는 물론이고 태양과 달 및 행성의 운동을 설명하는 사고 구조를 발전시켰다. 연역법이라 하는 이 사고 구조를 이용해 그들은 어떤 명제의 참과 거짓은 이미 참·거짓을 알고 있는 명제의 논리적 귀결임을 밝혔다. 일련의 명제에는 출발점이 있어야 하므로 그들은 증명 없이 참으로 받아들이는 공리axiom 또는 공준postulate을 설정했다. 다른 모든 명제는 이로부터 논리적으로 얻어진다.

기원후 첫 세기 로마의 그리스 정복과 기독교 탄생과 같은 새로운 기운은 그리스인들의 많은 업적을 파괴하는 결과를 초래했다. 기독교인들과 로마인들은 이성이 아닌 믿음이 진리로 인도한다고 믿었기 때문에, 수천 권의 '이교도적인' 그리스 서적을 불태웠다. 또한 640년 이집트를 정복한 이슬람교도들은 그리스의 저술이 코란의 가르침에 반하는 내용이라고 해 그리스 서적에 대한 파괴가 알렉산드리아에서 다시 행해졌었다. 다행히도 약 1세기 후인

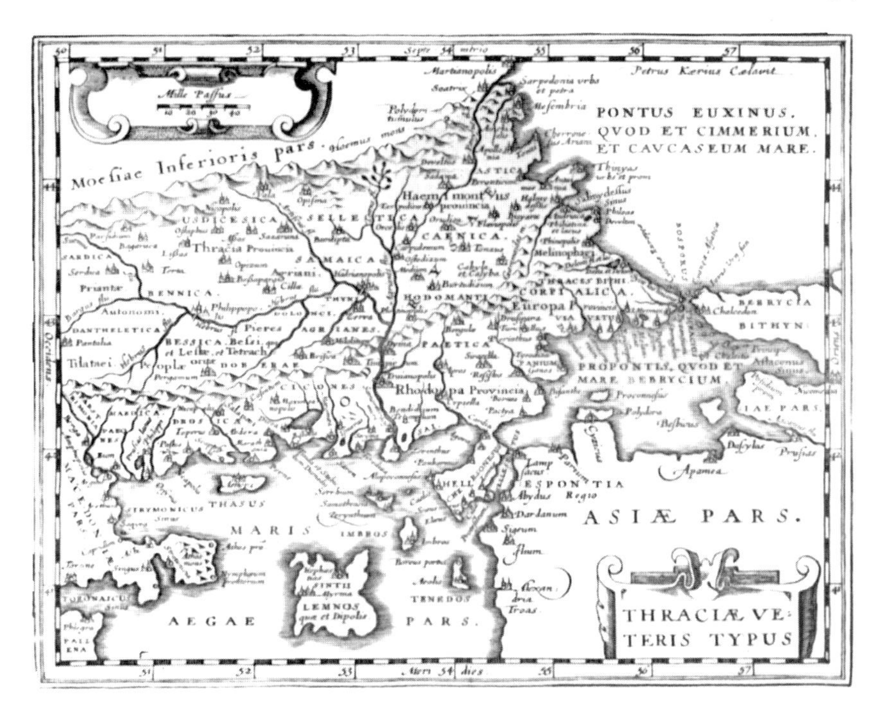

케리우스Peter Kerius의 『세계사』(에든버러, 1776)에 나오는 고대 그리스의 지도.

현재 이라크의 수도인 바그다드는 지식의 중심이 되었고, 도서관도 세워졌다. 사서들은 고대 그리스와 알렉산드리아의 학교와 도서관의 파괴를 피해 도망친 학자들로부터 오래된 그리스 서적들을 많이 수집했다. 이 책들은 9세기 말까지 보존되면서 미래를 위해 아랍어로 번역되었다(이슬람 수학에 관련된 내용은 27, 29, 30, 31, 35, 40번 글에서 더 찾아볼 수 있다).

고대 그리스와 알렉산드리아에 관련된 내용은 9, 11-13, 15-20, 23, 64, 73번 글에서 더 찾아볼 수 있다. ★

해보기 ACTIVITIES

1. 피타고라스와 그의 문하생들은 다음에 주어진 것처럼 수들이 갖는 규칙성에 매료되었다.
   a. 5째와 6째 삼각수triangular number를 찾아라.
   b. 5째와 6째 사각수square number를 찾아라.

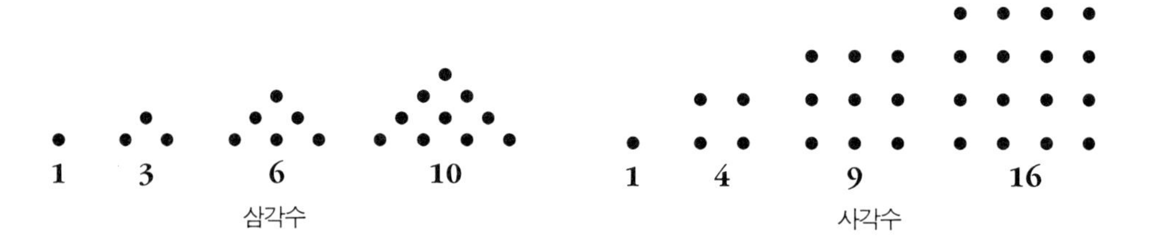

2. 파스칼의 삼각형에서 1번의 삼각수나 사각수를 찾을 수 있는가?

3. 플라톤의 대화록인 『메논*Meno*』에 보면, 한 젊은 노예가 직각이등변삼각형의 빗변에 만든 정사각형의 넓이는 직각을 낀 변으로 만든 정사각형 넓이의 두 배임을 밝혔다고 되어 있다.
   a. 직각이등변삼각형을 작도한 다음, 직각을 낀 변으로 만든 정사각형 두 개를 작도하라. 이 정사각형 두 개를 몇 개의 조각으로 나누어서, 이들 넓이의 합이 직각이등변삼각형의 빗변에 만든 정사각형의 넓이와 같음을 확인하라.
   b. 이 성질이 모든 직각이등변삼각형에 대해 성립함을 증명해 보아라.

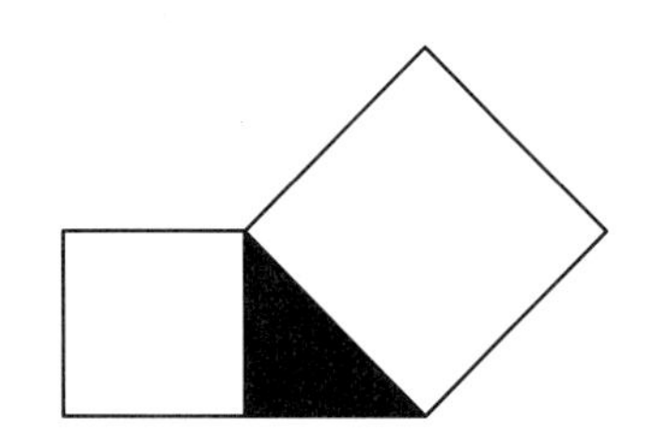

4. **아리스토텔레스**Aristotle(기원전 384-322)에 의해 발견된 중요한 수학적 개념에는 어떤 것들이 있는가?

Early Greek Mathematicians

고대 그리스의 수학자들 11

설 곳만 마련해 주면, 내가 지구를 움직여보이겠다.

— 아르키메데스

내가 아는 수학자 중에서 추론을 할 수 있는 사람을 거의 찾을 수 없었다.

— 플라톤

기원전 600-200년경에 세상의 이치를 설명하려는 노력을 통해 그리스인들은 수학적 사고 구조를 확실하게 갖추었다. 학자들과 사상가들은 멀리 있는 넓은 세상을 여행하며 지식을 축적하고 아이디어를 교환했다. 결국은 신들이 자기 기분에 따라 물질 세계를 조종한다는 믿음에서 생성된 그리스 신화의 상당 부분을 버렸다. 아래에 나오는 각 수학자들의 이야기는 책 한 권을 채울 만큼 방대하지만, 자세한 내용은 여러분들이 직접 조사해 보기를 바라며 여기에서는 몇 가지의 업적만 소개하기로 하겠다.

아낙시만드로스 Anaximander(기원전 610-546): 아낙시만드로스는 자신이 살고 있는 세상과 자신이 미칠 수 없는 세계의 모든 것들의 기원에 매료되었다. 세계에서 가장 오래된 지도 중의 하나를 만든 것 이외에도 그는 태양의 크기 측정을 시도했으며, 행성들이 불과 공기로 이루어진 공 모양일 것이라 추측하기도 했던 천문가였다. 또한 그는 16세기의 천문가 코페르니쿠스가 우주의 중심에서 지구의 위치를 옮겨놓기 전까지 2000여 년 간 그 자리에 고정시켰던 사람이기도 하다. 그는 단순히 현존하는 세상을 탐구하는 데 만족하지 않고 이 세상의 시초에 관심을 갖고 비록 아주 그럴듯하지는 않지만 최초의 포괄적인 진화론의 입장을 과학에 도입하기도 했다. 그렇게 하여 그는 자연 현상에 관한 설명이 초자연 현상으로부터 벗어날 수 있도록 했다. 수학자로서 그는 다소 제한적이기는 하지만 기하학의 정리들을 논리적 흐름에 따라 배열해 정리한 해설서를 저술했다.

플라톤 Plato(기원전 429-347): 기원전 385년에 플라톤은 그리스의 아테네에 아카데미Academy란 학교를 세웠다. 수백 년 간 학문의 중심이 되었던 이 유명한 학교에 지중해 연안 세계로부터 남녀 학자들이 몰려들었다. 수학을 배우면 '진리를 추구하는 영혼을 그리는' 데 아주 유용하다는 플라톤의 믿음은 아카데미의 교육 과정에 큰 영향을 끼쳤다. 실제로 『공화국 *Republic*』에서 그는 "기하학이 추구하는 지식은 영원한 지식이다"라고 기술했다. 실용적 목적(응용 수학)보다는 정신(순수 수학)을 훈련할 목적으로 사용하는 수학을 이렇게 강조했던 이유는 플라톤의 최고 관심사인 철학을 학생들에게 가르치기 위한 것이었다. 플라톤주의Platonism으로 불리는 그의 사고 체계는 그의 사후 수세대에 걸쳐 철학자들에게 영향을 끼쳤다. 피타고라스 학파의 수 이론에 크게 영향을 받았기 때문에, 그는 삼각형을 이용해 물질의 4원소의 정신적 구조를 다음과 같이 표현했다. 정삼각형은 땅의 정신, 직각삼각형은 물의 정신, 이등변삼각형은 불의 정신,

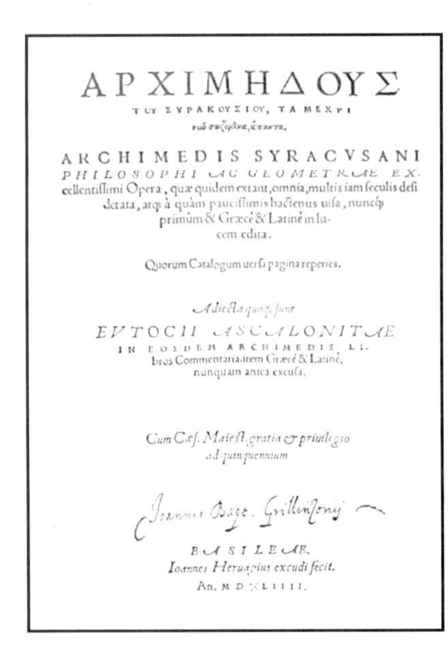
ΑΡΧΙΜΗΔΟΥΣ
ΤΟΥ ΣΥΡΑΚΟΥΣΙΟΥ, ΤΑ ΜΕΧΡΙ

ARCHIMEDIS SYRACVSANI
PHILOSOPHI AC GEOMETRAE EXcellentissimi Opera, quæ quidem extant, omnia, multis iam seculis desiderata, atq; à quàm paucissimis hactenus uisa, nuncq; primùm & Græcè & Latinè in lucem edita.

Quorum Catalogum uersa pagina reperies.

Adiecta quoq; sunt
EVTOCII ASCALONITAE
IN EOSDEM ARCHIMEDIS LIbros Commentaria, item Græcè & Latinè, nunquam antea excusa.

Cum Cæs. Maiest. gratia & priuilegio ad quinquennium

BASILEAE.
Ioannes Heruagius excudi fecit.
An. M D XLIIII.

아르키메데스의 *Archimedis Syracusani philosophi ac geometrae* (바젤, 1544)의 표지.

부등변삼각형은 공기의 정신을 나타낸다.

아르키메데스 Archimedes(기원전 287-212년경): 복잡한 수학 문제를 단순화하기 위해 물리적인 모델을 만든 것으로 알려진 최초의 수학자이다. 아르키메데스는 물리학과 공학 분야에서 이용되는 중요한 수학적 원리를 발전시켰다. 그는 단 한 번의 조작으로 독dock에 있는 배를 바다에 진수시킬 수 있는 지렛대의 원리를 보여주었다는 일화도 전해진다. 그리스의 전기 작가인 플루타크Plutarch(46-120년경)는 다음과 같이 기록하고 있다. "그는 배의 무게에 따라 적절히 조정을 했으며…, 그 배는 많은 노동력과 사람이 많지 않으면 독에서 끌어낼 수 없는 것이었다. 그리고…, 멀찌감치 뚝 떨어져 앉아 큰 힘도 들이지 않고 단지 지렛대를 응용한 도르래의 손잡이를 손에 잡고는 줄을 조금씩 당겼다. 그는 배가 마치 바다에 떠 있는 것처럼 부드럽고 매끄럽게 일직선으로 당겼다." 아르키메데스는 목욕을 하다가 유체 정역학의 제1법칙을 발견하고는 "알아냈다, 알아냈다! Eureka, eureka!" 라고 외치면서 시라쿠스의 거리를 벌거벗은 채로 달렸던 전설적인 수학자이기도 하다. (아르키메데스에 관련된 내용은 2, 60, 80번 글에서 더 찾아볼 수 있다.)

고대 그리스와 알렉산드리아에 관련된 내용은 9, 10, 12, 13, 15-20, 23, 64, 73번 글에서 더 찾아볼 수 있다. ★

해보기

1. 유체 정역학이란 어떤 과학인가? 아르키메데스가 발견한 유체 정역학의 제1법칙은 무엇인가?

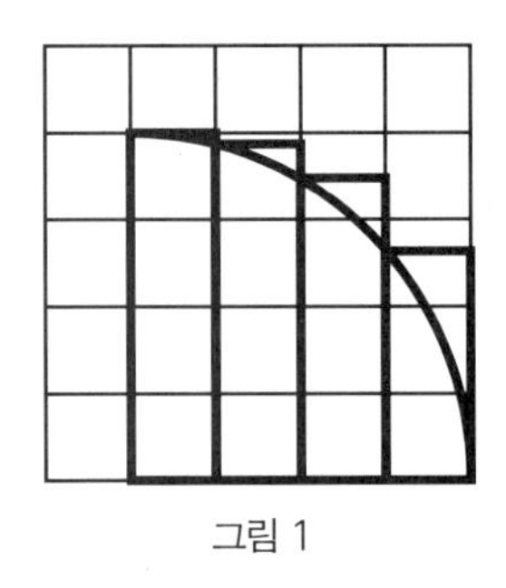
그림 1

그림 2

2. 모눈이 그려진 좌표평면의 제1사분면에 컴퍼스를 사용해 사분원을 그려라. 왼쪽 그림 1과 같이 각 모눈의 왼쪽 끝점을 이용해 직사각형을 그려라. 또, 오른쪽 끝점을 이용해 그림 2와 같이 직사각형을 그려라. 그림 1과 2에 있는 직사각형의 넓이의 합을 각각 구하라. 이 넓이와 사분원의 넓이는 어떻게 비교되는가? 사분원의 넓이를 측정하는 데 이것을 어떻게 이용할 수 있는가? (아르키메데스는 이와 같은 방법으로 아주 복잡한 곡선으로 둘러싸인 영역의 넓이를 계산했다.) 어떻게 하면 더 정밀한 계산을 할 수 있는가?

3. 소아시아의 그리스 영토인 이오니아의 철학자들은 인간사에 이성을 적용시키려는 시도를 했다. 왜 이오니아인들은 그리스 문화를 지배했던 종교적 신념을 자유롭게 버렸는가?

Ideal and Irrational Numbers

이상수와 무리수 12

피타고라스(기원전 572-497)는 직각삼각형에 관한 유명한 정리($a^2+b^2=c^2$)로 잘 알려진 철학자이자 수학자였다. 피타고라스를 따르는 피타고라스 학파 사람들은 자연계의 모든 것은 수로 설명이 가능하다고 믿었다. 실제로 그들에게는 '모든 것은 수이다' 라는 좌우명이 있었다. 특히 그들은 자연수 1, 2, 3, 4를 중요시했는데, 이를 사원수 *tetractys*라 불렀다. 피타고라스 학파의 맹세는 다음과 같았다. "나는 우리의 영혼에 부여된 사원수의 이름으로 맹세하노라." 그들은 기하학의 4가지 요소(점, 직선, 곡면, 입체)를 위시한 여러 가지가 4로 이루어진 것을 알았다.

사원수 네 수의 합이 10이기 때문에 피타고라스 학파는 10을 이상적인 수로 생각했다. 그들은 수와 관련된 천문 이론을 만들기 위해 많은 노력을 했다. 예를 들어, 그들은 10이 우주를 상징한다고 주장했기 때문에 하늘에는 10개의 천체가 있어야 했다. 지구, 태양, 달 및 이미 알려진 5개의 행성이 10개의 천체 중 8개를 이루었다. 자신들의 우주를 완성하기 위해 그들은 '중심 불central fire' 과 '반-지구counter-earth' 를 도입했다. 그러나 인간은 이 두 가지 천체를 볼 수 없다. 왜냐하면 우리가 사는 지구는 그 천체와 마주 보고 있지 않기 때문이다.

피타고라스는 자연을 공부함에 있어 정수와 정수의 비인 유리수의 중요성을 강조했다. 그러나 그의 사후에 그를 따르던 사람들은 간접 증명법을 이용해 $\sqrt{2}$가 정수의 비로 나타내어지지 않음을 밝혔다. 그렇게 함으로써 그들은 무리수—두 정수의 비로 나타내어지지 않는 수를 발견했다.

이 발견은 피타고라스 학파 구성원 사이에서도 대단히 놀라운 일이었다. 왜냐하면 널리 수용되고 있는 피타고라스의 주장 중 상당수는 모든 수는 두 정수의 비로 표시될 수 있다는 묵시적인 가정에 기초를 두고 있기 때문이었다. 피타고라스의 명예를 지키기 위해 그들은 자신들의 발견을 비밀로 간직하기 위해 애를 썼다. 전설에 의하면, 히파수스Hippasus라는 피타고라스 학파의 한 사람이 이 비밀을 외부로 퍼뜨렸다고 해서 항해중에 동료들이 그를

피타고라스 학파의 여자들

여자들이 남자들보다 지적으로 열등하다고 믿었던 시절, 피타고라스 학파는 여자들을 과학과 수학의 여러 분야에 참여할 기회를 제공하면서 대등한 자격으로 수용했다. 피타고라스는 여권론자로 알려져 있는데, 여자들이 학생 또는 교사가 되도록 격려했다.
인생의 말엽에 그는 가장 뛰어난 학생 중 한 명인 테아노Theano라는 학생과 결혼했다. 뛰어난 우주론자이자 의사였던 테아노는 그의 사후에 학파를 이끌었다. 또한 그녀와 그녀의 딸은 정치적 박해에 직면했지만, 그리스와 이집트 전역에 피타고라스의 철학 전파를 멈추지 않았다.

라이쉬Gregor Reisch의 *Margarita philosophica* (1503)에 나오는 피타고라스가 수학 연구를 하고 있는 모습.

바다에 던져버렸다고 한다.

무리수에 관련된 내용은 19, 33, 52번 글에서 더 찾아볼 수 있다. ★

해보기 ACTIVITIES

1. 실수 체계에서 가장 흥미로운 수 중에서 π와 e를 들 수 있다. 이 두 수가 무리수임을 증명하는 과정은 어떻게 되는가?

2. 다음 각 명제가 거짓임을 밝히는 반례를 하나씩 들어라.
   a. 두 무리수의 합은 무리수이다.
   b. 두 무리수의 차는 무리수이다.
   c. 두 무리수의 곱은 무리수이다.
   d. 두 무리수의 몫은 무리수이다.

3. 피타고라스의 삼동수Pythagorean triple는 직각삼각형의 세 변을 이루는 세 정수 a, b, c의 집합을 뜻한다. 즉, $a^2+b^2=c^2$이다. 다음에 주어진 방법은 항상 피타고라스의 삼동수를 만들지만, 모두 만들지는 못함을 밝혀라.
   1보다 큰 홀수를 제곱해라. 합이 이 수가 되는 연속하는 두 정수를 찾아라. 제곱했던 홀수와 연속하는 두 수가 바로 피타고라스의 삼동수를 이룬다.

4. 고대 그리스의 수학자들은 숫자 8에서 어떤 흥미 있는 사실을 발견했는가?

5. a, b, c가 피타고라스의 삼동수이면, 모든 상수 k에 대해 ka, kb, kc도 피타고라스의 삼동수임을 증명하라.

The Paradoxes of Zeno

제논의 역설 13

고대 그리스인들은 기하학의 대가들이었지만 무한의 개념을 피하려 했었다. 어느 누구도 엘리아의 **제논**Zeno of Elea(기원전 450년경)만큼 무한에 대한 의문을 증폭시키는 데 많은 영향을 끼친 사람은 없었다. 그가 논쟁을 좋아했다는 사실 외에 그의 일생에 관해 알려진 것은 거의 없다. 운동은 불가능하며, 우리가 흔히 볼 수 있는 현상 중에는 실제로 일어날 수 없는 것도 있다는 그의 수학적 역설을 보면 그의 특징이 분명해진다.

19세기 로마의 저택에서 발견된 흉상을 본떠 그린 제논의 그림. 그의 이마에 깊게 팬 주름을 통해 역설에 대한 그의 애정을 엿볼 수 있다.

이분법 ***Dichotomy***

어떤 물체가 정해진 거리만큼 이동하려면 먼저 그 거리의 반을 이동해야 한다. 그런데 이 물체는 이렇게 하기 전에 정해진 거리의 처음 $\frac{1}{4}$을 이동해야 한다. 또 그 전에 처음 $\frac{1}{8}$을, … 등과 같이 무한히 계속 이동해야 한다. 그런데 이 무한히 계속되는 일련의 운동을 모두 할 수 없기 때문에 운동은 일어날 수 없다.

아킬레스 ***Achilles***

아킬레스가 거북과 달리기 경주를 하고 있다. 거북이 느리기 때문에 먼저 출발하도록 했다. 일단 달리기 시작해 아킬레스가 거북이 처음 있었던 곳에 도착할 때면 거북 또한 얼마만큼 이동하기 때문에 그는 거북을 절대 따라잡을 수 없다. 이런 식으로 계속 생각을 하면 아킬레스가 거북이 있었던 곳에 도착할 때마다 거북은 조금씩 더 멀리 달려가게 된다. 아킬레스는 절대 거북을 따라잡을 수 없다.

그리스인들은 화살과 같은 물체가 일정 거리를 이동할 수 있음을 알고 있었다. 느리게 달리는 사람이 출발할 때 잠깐은 앞설지 모르지만, 더 빨리 달리는 사람이 그를 따라잡을 수 있음도 그들은 알고 있었다. 그들은 제논의 역설을 어떤 식으로든 설명하려 했으나 설명할 수가 없었다. 그 결과 그들은 무한대infinite와 무한소infinitesimal에 관한 의문만을 점점 더 깊이 갖게 되었다.

제논의 역설은 수세기에 걸쳐서 수학자들의 머리를 아프게 했다. 이 역설로 인한 혼란은 무한도 아주 큰 수가 갖는 성질을 가질 것이라는 생각과 연계되어 있다. 스위스의 수학자 **오일러**Leonhard Euler(1707-83)는 아무 거리낌없이 $\frac{1}{0}$은 무한대이고, $\frac{2}{0}$는 $\frac{1}{0}$의 2배라고 했다. 제논의 역설에 관한 신비는 **칸토어**Georg Cantor(1845-1918)가 집합론과 무한에 관한 그의 이론을 발전시켰던 19세기가 되어서야 풀렸다.

무한에 관련된 내용은 14, 51, 75, 79번 글에서 더 찾아볼 수 있다. ★

해보기 ACTIVITIES

1. 그리스의 철학자 **유불리데스**Eubulides에 의해 제기되었던 다음 논쟁을 분석하라. 한 줌(1grain≒0.064g)의 모래로는 모랫더미를 만들지 못하고, 여기에 한 줌의 모래를 더한 두 줌의 모래로도 모랫더미를 만들지는 못한다. 모랫더미를 이루지 못한 것에 모래 한 줌을 더한다 해도 모랫더미를 만들 수는 없다. 따라서 모랫더미를 만드는 것은 불가능하다.

2. 거북이 아킬레스보다 1,000m 앞서서 출발했고, 아킬레스는 거북보다 10배 더 빨리 달릴 수 있다고 가정하자. 또 달려야 하는 거리를 xm라 하자. 다음 각 사실이 참인 경우, x의 값은 얼마인가?
   a. 아킬레스가 달리기에서 이길 수 있다.
   b. 아킬레스는 달리기에서 이길 수 없다.
   c. 아킬레스와 거북이 비겼다.

3. 왼쪽 그림에서와 같이 거북은 아킬레스보다 Dm 앞에서 출발한다.
   a. 아킬레스는 거북보다 얼마나 더 빠른가?
   b. 아킬레스가 거북을 따라잡는 데 얼마의 시간이 걸리는가?
   c. 출발점에서 아킬레스가 거북을 따라잡는 지점까지의 거리를 D의 식으로 나타내어라.

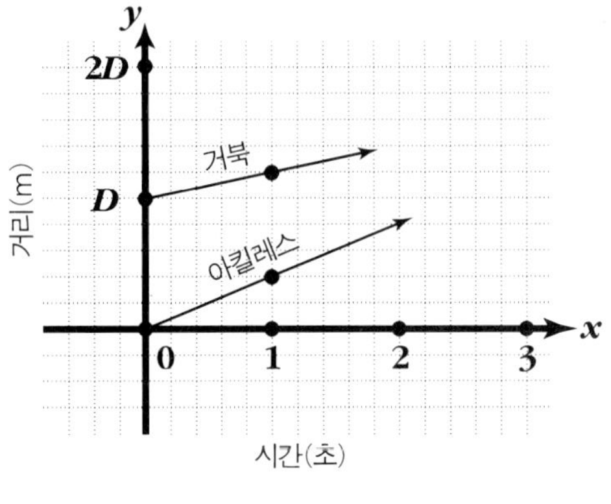

Infinitude of Primes

무수히 많은 소수 14

소수prime number—자기 자신과 1로만 나누어 떨어지는 1보다 큰 양의 정수—는 모든 정수를 생성해 내는 초석으로 생각했기 때문에, 수세대에 걸쳐 수학자들을 매료시켜왔다. **유클리드**(기원전 300년경)는 소수가 무수히 많다는 사실을 깔끔하게 증명했는데, 피타고라스 학파의 영향을 받아 간접증명법을 사용했다.

> 이것은 또한 수에서도 관찰할 수 있는 것이다. 우리가 측정할 수 있는 모든 것을 이성이 측정할 때 사용하는 것이며, (그것은) 원칙적으로 확장과 지속이다. 그리고 우리가 생각하는 무한이라는 것은 그런 것들에 적용시켰을 때조차도 수의 무한함에 불과한 것처럼 보인다. 왜냐하면 우리가 생각하는 영원과 무한이라는 것이, 우리가 상상할 수 있는 지속과 확장의 특정 부분을 무수히 많은 수를 사용, 반복해서 더해 끝없이 계속되는 덧셈으로 나타내는 것 외에 무엇이겠는가?
> - 존 로크John Locke, 인간의 이해에 관한 에세이

다음과 같은 유한 개의 소수만 존재한다고 가정하자.

$$p_1, p_2, p_3, \cdots, p_k$$

여기서 k는 소수의 개수를 나타내는 양의 정수이다. 모든 소수의 곱보다 1이 더 큰 수를 P라 하면 다음이 성립한다.

$$P = p_1 \times p_2 \times p_3 \times \cdots \times p_k + 1$$

그런데 P는 모든 소수보다 크기 때문에 합성수이다. 모든 합성수는 소수의 곱이기 때문에 P를 나누어 떨어지게 하는 소수가 존재한다. 그런데 $p_1, p_2, p_3, \cdots, p_k$ 중 어떤 소수로 P를 나누어도 나머지는 1이 된다. 따라서 이 소수들은 P의 약수가 아니다. 그러므로 $p_1, p_2, p_3, \cdots, p_k$ 외의 소수가 존재해야 하는데, 이것은 $p_1, p_2, p_3, \cdots, p_k$가 모든 소수라는 가정에 모순이 된다. 따라서 소수는 무수히 많다.

가장 큰 소수는 존재하지 않는다는 유클리드의 증명으로 인해 이것을 찾을 필요가 없어졌다. 그러나 몇몇 수학자들은 최신식 컴퓨터를 이용해 지금까지 알려진 최대의 소수보다 더 큰 소수를 주기적으로 찾아낸다. 컴퓨터가 발명되기 전에는 지금까지 알려진 가장 큰 소수를 찾는 것은 엄청난 일이었다. 이런 영예를 75년 간 차지했던 소수는 프랑스의 수학자인 **루카스**Edouard Anatole Lucas에 의해 1876년에 발견되었는데, 그 수는 다음과 같다.

$$2^{127} - 1 = 170,141,183,460,469,231,731,687,303,715,884,105,727$$

무한에 관련된 내용은 13, 51, 75, 79번 글에서 더 찾아볼 수 있다. ★

해보기 ACTIVITIES

1. **골드바흐** Christian Goldbach(1690-1764)는 소수에 관한 가설을 만들었는데, 아직까지 증명되지 않고 있다. 골드바흐의 가설은 무엇인가?

2. 1845년에 만들어진 버트란드Bertrand의 소수에 관한 가설은 무엇인가?

3. 차가 2인 소수의 쌍—이를테면 {3, 5}, {5, 7}, {11, 13} 등을 쌍둥이 소수라고 한다. 쌍둥이 소수에 관한 역사적으로 흥미 있는 일은 무엇인가?

4. 수학자들은 2000년 이상 $k=1, 2, 3, \cdots$에 대한 함수값이 모두 소수인 다항함수 $f(k)$를 찾으려고 노력해 왔다. 상당히 많은 k의 값에 대해 $f(k)$의 값이 소수인 다항함수로 $f(k)=k^2+k+41$이 있다. $f(1)$, $f(2)$, $f(3)$, $f(4)$, $f(5)$의 값을 조사해 이를 확인해 보아라. 50보다 작은 k의 값 중에서 $f(k)$가 소수가 아닌 것을 찾을 수 있겠는가? (이 문제를 대수학적으로 접근하면 아주 명백한 답을 얻을 수 있다!)

5. $f(k)=k^2-79k+1601$이라 하면, $f(k)$의 값은 $k=1, 2, 3, \cdots, N$일 때 소수이다. $f(N)$은 소수이지만, $f(N+1)$은 소수가 아닌 자연수 N의 값을 구하라.

6. 소수를 연속적으로 곱한 값에 1을 더해 만든 수들을 생각하자. 즉, 다음 수열을 생각하자.

$$2+1,\ 2\times3+1,\ 2\times3\times5+1,\ 2\times3\times5\times7+1,\ 2\times3\times5\times7\times11+1,\ \cdots$$

이 수열에서 처음 나타나는 합성수는 무엇인가?

The Elements of Euclid

유클리드의 『원론』 15

역사상 가장 유명한 수학적 업적 중 하나인 **유클리드**의 『**원론** *Elements*』(기원전 300년경)은 기하학, 대수학 및 정수론의 발전에 기여했다. 유클리드 자신의 업적과 그 이전 사람들의 업적을 집대성한 이 책은 체계적이고 논리적인 내용으로 구성되었다는 점에서 매우 중요하다. 『원론』에서 그는 연역적 추론을 통한 체계적인 사고 방법을 개발하려고 했다. 연역법에서 우리는 참인 것으로 받아들이는 몇 가지 기본적인 명제인 공준postulate을 설정한다. 그런 다음 공준 또는 이미 참인 것으로 확인된 몇 가지 사실들의 논리적 결과를 반영하는 명제인 정리theorem를 만든다. 이와 같은 유클리드의 추론 과정은 수학의 모든 분야에 깊은 영향을 끼쳤다.

그런데 유클리드의 업적에도 흠이 있다. 예를 들어, 그의 정의 중 몇 가지는 무정의 용어에 근거를 두고 있지 않기 때문에 실질적인 정의가 아니라는 것이다. 다음 용어의 정의에서 이런 면을 볼 수 있다.

I QVINDICI
LIBRI DEGLI ELEMEN
TI DI EVCLIDE, DI GRE
CO TRADOTTI IN
LINGVA THO.
SCANA.

IN ROMA. M D XXXXV.

Con gratia & priuilegio del S. N. S. Paulo Terzo, & della Serenissima republica Venetiana per cinque anni.

I quindici libri degli elementi di Euclide (로마, 1545)에 나오는 유클리드의 초상.

- **점:** 부분이 없는 것
- **선:** 폭이 없는 길이
- **직선:** 점들이 쭉 곧게 배열되어 있는 선
- **평면각:** 평면에서 직선이 되지 않도록 서로 만나는 두 선의 서로에 대한 기울기

또한, 어떤 경우에는 공준이나 이전에 만들어진 정리 등에 의해 논리적으로 확인되지 않은 성질을 그림만으로도 증명할 수 있다고 유클리드는 가정했다. 이를테면, 선이 삼각형의 꼭지점을 통과하면 그것의 연장선은 그 꼭지점의 대변과 만난다고 가정했다(오른쪽 그림을 보라). 이 가정은 파슈Pasch의 공리로 널리 알려져 있다.

『원론』에 수록된 많은 개념과 생각은 개선되고 현대화되었다. 예를 들면, 요즘은

점 · 선 · 면을 무정의 용어로 받아들이고, 이들을 사용해 다른 정의를 만든다. 유클리드의 개념들이 기하학의 발전에 지대한 영향을 끼쳤기 때문에 여전히 전 세계적으로 기하학 공부의 핵심이 되고 있다. ★

해보기 ACTIVITIES

1. 점을 "두 선의 교점"으로 정의하는 생각은 논리적으로 어떤 문제가 있는가?

2. 유클리드의 제5공준은 무엇인가? 이것이 역사적으로 큰 흥미를 끄는 이유는 무엇인가? (유클리드의 제5공준에 관련된 내용은 63번 글에서 더 찾아볼 수 있다.)

3. 『원론』의 제7권 첫부분에 나오는 유클리드의 호제법(互除法, Euclidean algorithm)은 양의 정수 2개의 최대공약수를 구하는 방법이다. 이것에 대해 조사하고, 이를 이용해 다음에 주어진 수들의 최대공약수를 구하라.
   (a) 1,596; 11,220   (b) 1,064; 9,338; 3,003

4. 소수 p가 xy를 나누어 떨어지게 하면, p가 x를 나누어 떨어지게 하든가 또는 y를 나누어 떨어지게 함을 밝혀라.

Apollonius and Conic Sections

아폴로니오스와 원뿔곡선 16

그리스 천문학자인 **아폴로니오스** Apollonius(기원전 262년경)는 그의 책 『원뿔곡선론 *Conic Section*』으로 유명하다. 원뿔곡선은 평면이 원뿔과 만나서 만들어내는 여러 가지 아름다운 곡선을 뜻한다. 평면이 원뿔의 어느 부분과 어떻게 만나는가에 따라 각기 다른 모양의 곡선이 만들어진다. 바닥과 평행하게(원), 바닥과 비스듬하게(타원), 모선 generating line과 평행하게(포물선), 바닥에 수직으로(쌍곡선)—쌍곡선의 경우에는 평면이 원뿔의 꼭지점에 대해 대칭인 원뿔과도 만난다. 그리스인들은 흥미와 호기심 때문에 원뿔곡선을 연구했는데, 이를 기하학적 구성과 관련된 문제에 이용했다.

플란더스의 마틸다Matilda가 *Bayeaux Tapestry* (1080년경)에 그린 1066년의 혜성 그림.

오늘날 우리는 원뿔곡선이 현대 세계를 나타내는 현실의 일부분임을 알고 있다. 어디에 가도 이것들을 볼 수 있다! 이를테면, 은하계 행성들의 궤적을 관찰할 때 원뿔곡선을 볼 수 있다. 우주에 관한 지식이 많지 않았던 관계로 고대의 학자들은 17세기 수학자들과 과학자들이 인력의 영향을 받아 발사체, 위성, 행성 및 별들이 그리는 궤적을 원뿔곡선으로 나타내리라고는 상상하지 못했을 것이다. **코페르니쿠스** Nicholas Copernicus(1473-1543)는 태양계의 행성들이 원 궤적을 그린다고 생각했었다. 그러나 **케플러** Johannes Kepler(1571-1630)는 타원이 태양 주위를 도는 궤적으로 더 적합하다는 것을 발견했다. 갈릴레이는 지구상에서 탄도는 포물선으로 나타내어짐을 알았다. 1704년에 **핼리** Edmond Halley(1656-1742)는 1456년, 1531년, 1607년 및 1682년에 관측한 혜성들의 자료를 바탕으로, 이것이 태양 주위를 타원궤도를 따라 76년 주기로 움직이는 동일한 혜성이라고 결론지었다(고대 자료를 보면 이 혜성을 중국인들은 기원전 240년에 관측했다고 한다). 그후 핼리는 자신의 이름을 따서 붙인 이 혜성이 1758년에 다시 돌아올 것이라고 정확히 예측하기도 했다.

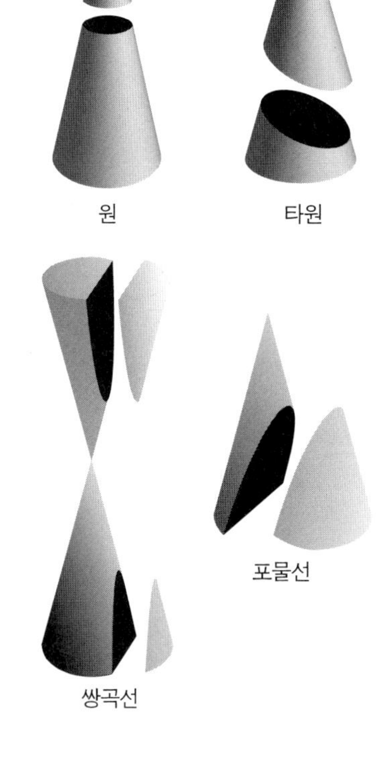

이 세상에 원뿔곡선이 실제로 존재함을 보여주는 예는 이 외에도 무수히 많다. 항공기가 음속을 돌파할 때 나는 폭발음의 파동은 원뿔 모양인데, 이것이 지상에 닿으면 쌍곡선을 그린다. 이 곡선을 따라 각각 다른 위치에 있는 사람들은 같은 시각에 폭발음을 듣게 된다. 위성 안테나와 반사 망원경은 포물선의 좋은 예이다. 타원형으로 만들어진 '게임에서 절대 지지 않는' 포켓볼 당구대에서는 한 초점을 지나 구르는 당구공은 다른 초점에 있는 포켓 속으로 항상 들어가게 되어 있다. ★

해보기 ACTIVITIES

1. 평면에서 포물선은 준선(準線, directrix)이라 부르는 직선과 이 직선 밖에 있는 점—초점focus이라 부른다—으로부터 같은 거리에 있는 점들의 집합이다. 초점이 (0, 5)이고, 준선이 $y=-5$인 포물선 $y=\frac{1}{20}x^2$은 다음과 같다.

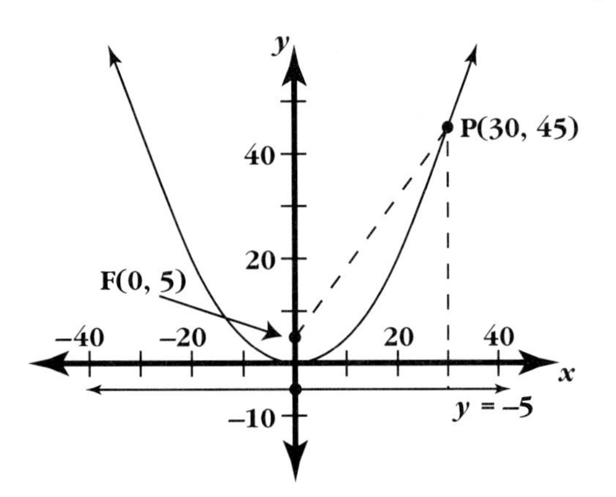

a. 점 P(30, 45)에서부터 준선까지의 거리는 얼마인가? 또 선분 PF의 길이는 얼마인가?

b. 위의 a에서 점 P가 포물선 위에 있다고 할 수 있는가?

c. 점 P의 좌표가 포물선의 방정식을 만족시키는가? 이 방정식을 만족시키는 점 두 개를 더 찾아라. 각 경우에 이 점이 준선과 초점으로부터 같은 거리에 있는지도 확인해 보아라.

2. 평면에서 타원은 초점이라 부르는 두 정점으로부터 거리의 합이 일정한 점들의 집합이다. 초점이 각각 (−6, 0)과 (6, 0)인 타원 $\frac{x^2}{100}+\frac{y^2}{64}=1$은 다음 그림과 같다.

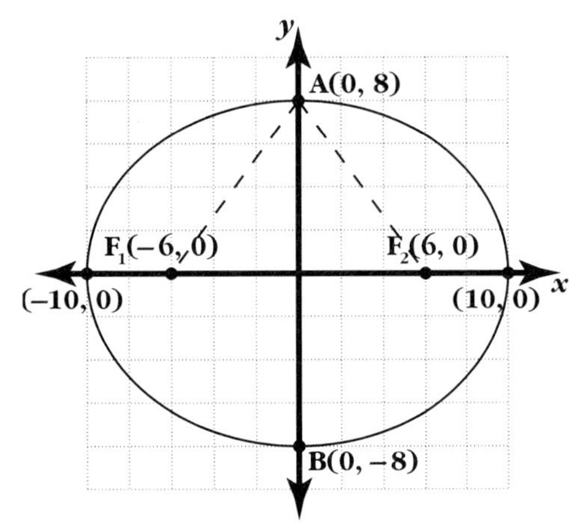

a. 점 A(0, 8)에 대해, $\overline{AF_1}+\overline{AF_2}$의 값은 얼마인가?

b. 점 P(6, 6.4)가 타원의 방정식을 만족시킴을 보여라.

c. $\overline{PF_1}+\overline{PF_2}$의 값을 계산하고, 이것을 a의 값과 비교해 보아라.

d. 타원의 방정식을 만족시키는 점 두 개를 더 찾아라. 각 점에서 두 초점까지 거리의 합을 계산하고, a의 값과 비교해 보아라.

3. 자동차의 전조등과 프랑스의 태양로solar furnace에서 포물면이 어떻게 사용되는지 조사해 보아라.

Eratosthenes' Computation

에라토스테네스의 계산 17

기원전 3세기에 그리스의 수학자 **에라토스테네스**Eratosthenes(기원전 276-194)는 매우 중요한 역할을 해냈다. 그는 알렉산드리아에 있는 도서관의 사서 책임자였다. 기원전 4세기에 설립된 이 도서관은 많은 학자와 학생들이 모여서 철학과 문학에 대해 토론할 수 있는 일종의 대학 역할을 했다. 기원후 4세기에 파괴될 때까지 이 도서관은 수천 가지 주제에 관한 50만 종 이상의 그리스 자료를 수집해 분류함으로써, 이집트뿐만 아니라 전 세계의 학문과 학습의 중심이 되었다.

19세기 판화가인 워커Samuel Walker의 작품인 이집트의 수도였던 알렉산드리아.

에라토스테네스는 도서관 관리를 담당했을 뿐만 아니라 지구 둘레의 측정을 시도했던 유능한 수학자이기도 했다. 단순한 기하학적 사실만을 사용했는데도 그의 측정은 아주 정확했다. 에라토스테네스는 나일 강가에 있는 고도인 시에네Syene(오늘날의 아스완)에서는 하짓날 정오에 수직으로 세운 막대의 그림자가 생기지 않는다는 사실을 관측했다. 같은 시각에 시에네와 같은 경도에 있는 알렉산드리아에서는 수직으로 세운 막대의 끝과 그림자의 끝을 연결한 선이 막대와 이루는 각의 크기가 약 7°12′, 즉 원둘레의 약 50분의 1이 됨을 확인했다. 그는 또한 알렉산드리아와 시에네 사이의 거리는 그리스의 길이 단위로 5,000 *stadia*임을 알아냈다. 그는 태양 광선이 평행하다고 가

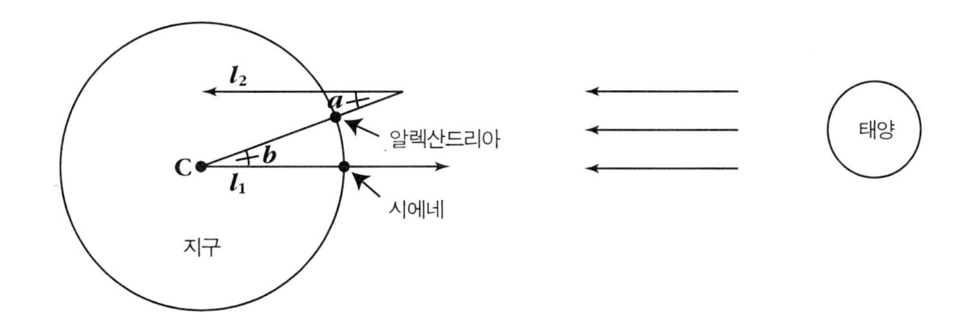

정하고($a=b$로 생각하고), 점 C를 지구의 중심으로 잡아 지구 둘레를 *stadia*의 단위로 계산할 수 있었다.

1*stadium*(*stadia*의 단수형)은 약 516.7피트이다. 에라토스테네스가 계산한 값을 마일 단위로 바꾸면, 지구 둘레를 계산한 그의 측정값의 오차가 2% 이내임을 알 수 있다. ★

해보기 ACTIVITIES

1. 에라토스테네스의 그림에서 지구 둘레를 *stadia* 단위로 계산한 후, 이것을 마일 단위로 바꾸어라. 그 결과를 우리가 알고 있는 지구의 적도 둘레(24,901.55마일)와 비교해 보아라.

2. 그리스 단어 *stadium*의 뜻을 조사해라. 이것이 오늘날 영어에서 사용되는 뜻과 어떤 관계가 있는가?

3. 에라토스테네스는 지구에서 태양까지, 그리고 지구에서 달까지의 거리를 측정하려고 했다. 어떤 방법을 사용했는가? 그의 계산이 얼마나 정밀했는가?

4. 에라토스테네스의 체란 무엇인가? 이것이 소수를 찾는 데 어떻게 사용되는지 설명해 보아라.

Philo, Religion, and Mathematics

필로와 종교, 그리고 수학 18

필로Philo Judaeus(기원전 20-기원후 50)는 알렉산드리아 출신의 신플라톤주의Neoplatonism 종교 철학자였는데, 신을 보는 그의 관점은 그 시대 수학자들을 불안하게 했다. 필로는 유대주의와 기독교적 신앙 및 이슬람교의 기본적 전제인, 세상은 신에 종속되어 있지만 신은 세상과 독립적이라고 믿었다. 그는 신은 전능하다고 주장했는데, 이것은 다음 4가지를 의미했다.

- 신은 이 세상을 무에서 창조해 이 세상을 지배하는 자연법칙을 그 속에 심어놓았다.
- 신은 이 세상을 창조하기 전에 지금과 같은 세상을 창조할지 아니면 다른 형태의 법칙에 지배받는 다른 모습의 세상을 창조할지 생각했다.
- 신은 지금의 세상에서 이 세상에 존재하는 법칙을 무시할 수 있으며, 기적이라고 불리는 것을 창조할 수 있다.
- 신은 이 세상을 파괴할 수 있으며, 그 대신 새로운 세상을 창조할 수 있다.

신학과 천문학을 의인화한 Theologius와 Astronomus 사이의 논쟁으로 묘사된 교회와 세속 사이의 관계. 알리아코Alliaco의 『천문학과 신학 사이의 조약』(아우크스부르크, 1490)에서 따옴.

이러한 관점은 수학이 불변이며, 오류가 없는 외형적 진리라고 믿었던 수학자들의 관점과는 반대되는 입장이었다. 수학적 법칙이 어떤 권능에 의해 폐지될 수도 있다는 가능성이 그들뿐만 아니라 다른 종교 철학자들을 괴롭혔다. 신의 전능함이 '삼각형 내각의 크기의 합은 두 직각의 크기와 같다는 삼각형의 특성으로부터 유도될 수 없는 성질을 만들어내는' 능력을 포함하는지 아닌지에 대해 의견이 나뉘었다.

신을 권력의 정점에 놓는 의견은 수학의 법칙을 조종할 수 있다는 입장이다. 반대의 의견은 신과 수학을 분리해서 생각해 신의 권능을 제한했다.

수학에 대한 플라톤의 입장은 '신'이란 단어와 '수학'이란 단어를 동일시해 수학은 이 세상과 독립적이라고 믿게 했다. 그러므로 수학은 이 세상보다 먼저 존재했으며, 이 세상과 동떨어져 있었고, 비록 이 세상의 종말이 온다 해도 수학만은 계속 존재할 것이다. '세상' 이란 단어는 오랫동안 물리학적 우주 전체를 가리켜왔기 때문에, 초창기의 수학 발전에 기여한 사람들은 항상 존재하는 수학을 발견하기 위해 노력했다. 그들은 가끔 "수학의 법칙이 신의 법칙과 같은가?" 라고 자문하기도 했다. 오늘날에도 어떤 학자들은 이 질문을 놓고 논쟁을 벌이곤 한다. ★

해보기 ACTIVITIES

1. 플라톤주의자와 신플라톤주의자로 누구를 들 수 있는가? 각 그룹의 철학은 또한 무엇인가?

2. 기독교 신앙의 성장은 수학의 발전에 어떤 영향을 끼쳤는가? 요즘 세상의 종교적 신념이 최근의 수학 연구와 발전에 어떠한 식으로 영향을 끼치는가?

3. 비유클리드 기하학의 발견에 대해 필로는 어떤 반응을 보였을 것이라 생각하는가? 수학은 불변이며, 오류가 없는 외형적 진리라고 믿었던 초기 수학자들의 반응은 어떠했을까?

The Formulas of Heron and Brahmagupta

헤론과 브라마굽타의 공식 19

> 태양의 밝은 빛이 별들을 가리듯이, 지식이 많은 사람이 대중 앞에서 대수 문제를 내면 다른 이들의 명예를 가린다. 그가 이 문제를 풀어 보이는 경우에는 더욱 그렇다.
>
> — 브라마굽타

이집트의 수학자인 **헤론**Heron of Alexandria(50-100년경)은 응용 수학의 발전에 커다란 공헌을 했다. 그는 삼각형의 넓이를 세 변의 길이로부터 구하는 헤론의 공식으로 유명하다. a, b, c가 삼각형의 세 변의 길이일 때 $s=\frac{a+b+c}{2}$로 놓으면, 삼각형의 넓이는 $\sqrt{s(s-a)(s-b)(s-c)}$와 같다.

공식에 실제값을 대입해 확인하는 것이 공식을 증명하는 것은 아니지만, 직각삼각형에서 헤론의 공식이 성립하는지 확인할 수 있다. 오른쪽 그림의 직각삼각형의 넓이는 밑변의 길이의 1.5배이다. 즉, 넓이는 $\frac{1}{2}(3)(4)=6$이다. 헤론의 공식을 이용하면, $s=\frac{3+4+5}{2}=6$에서 삼각형의 넓이는 $\sqrt{6(6-3)(6-4)(6-5)}=\sqrt{36}=6$이다.

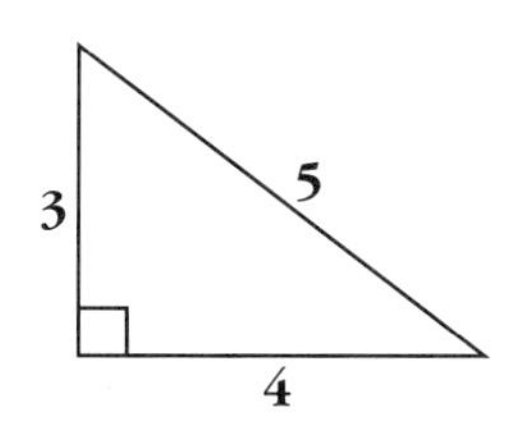

헤론의 공식은 때때로 무리수의 값을 낳기도 했다. 이를테면, 세 변의 길이가 5, 6, 7인 삼각형에 헤론의 공식을 적용하면, 이 삼각형의 넓이는 무리수인 $\sqrt{216}$이 된다. 헤론은 무리수가 존재할 수 없을 뿐만 아니라, 일반적으로 4개 이상의 수들의 곱은 의미가 없다고 믿었던 그리스 동료들의 믿음을 이해하지 못했다. 이런 점에서 그는 시대를 앞서 가는 사람이었다.

약 500년 후에 인도 수학자인 **브라마굽타**Brahmagupta(598년 출생)는 원에 내접하는 사변형cyclic quadrilateral의 넓이를 구하는 공식이 헤론의 공식과 비슷하게 $s=\frac{a+b+c+d}{2}$일 때, $\sqrt{(s-a)(s-b)(s-c)(s-d)}$와 같이 됨을 발견했다. 브라마굽타의 가장 중요한 업적은 『범천(梵天)에 의해 계시된 올바른 천문학 *Brahmasphutasiddhanta* (*Correct astronomical system of Brahma*)』(628)을 저술한 것이다. 중세 인도에서 대부분의 수학적 업적은 천문서의 한 부분으로 만들어졌으며, 수학적 개념과 방법은 천문학 문제를 푸는 데 응용되었다. 이는 『범천(梵天)에 의해 계시된 올바른 천문학』에서도 예외는 아니었는데, 이것은 완전히 운문으로 기록되어 있다. (인도의 수학에 관련된 내용은 2, 24, 28, 82번 글에서 더 찾아볼 수 있다.) ★

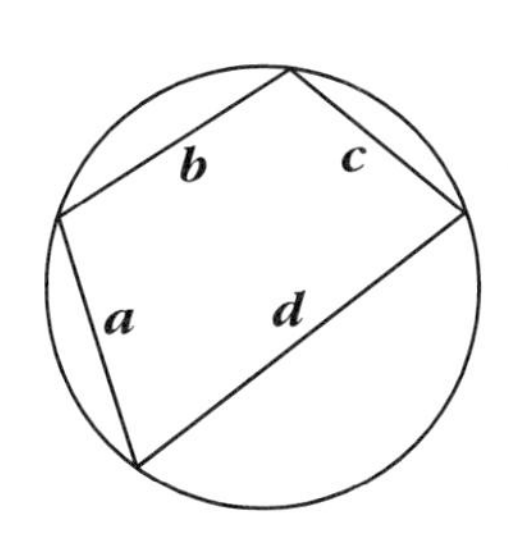

해보기 ACTIVITIES

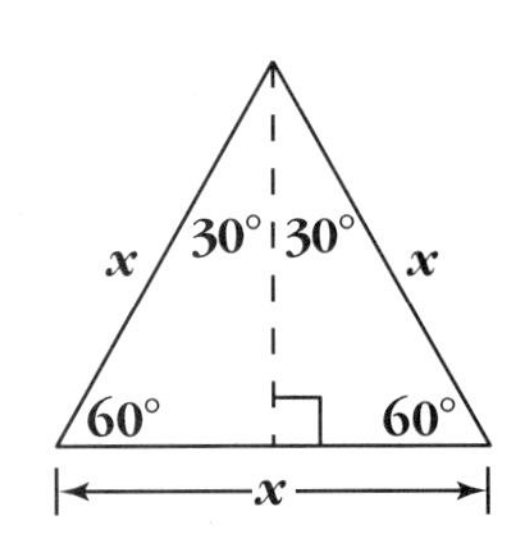

1. 왼쪽 정삼각형의 넓이를 빗변의 길이 x의 식으로 나타내어라. 또 헤론의 공식을 사용해 넓이를 x의 식으로 나타내어라. 이렇게 구한 두 가지 식을 비교해 보아라.

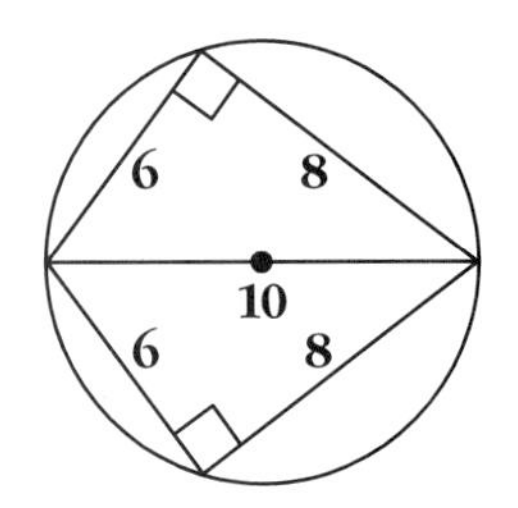

2. 왼쪽 그림은 반지름의 길이가 10인 원에 내접한 사각형을 그린 것이다. 이 사각형의 넓이를 삼각형의 넓이 두 개를 더하는 방법과 브라마굽타의 방법으로 각각 구해 보아라.

B • C

A•

3. 왼쪽 그림과 같이 주어진 세 점 A, B, C에 대해 네 점 A, B, C 및 D가 원에 내접하는 사각형의 꼭지점이 되게 하는 점 D의 자취를 구해 보아라.

4. 직각을 낀 두 변의 길이가 a와 b인 직각삼각형의 넓이는 $\frac{ab}{2}$ 이다. 헤론의 공식을 이용해 이 식을 유도해 보아라.

Diophantus of Alexandria

알렉산드리아의 디오판토스 20

유클리드(기원전 300년경)의 시대에서 **히파티아**(415)의 시대까지, 이집트 북부에 위치한 도시 알렉산드리아는 수학 연구의 세계적인 중심지였다. 그곳에 많은 유명한 수학자들이 모여 연구하며 살았는데, 대수학의 발전에 큰 영향을 끼쳤던 **디오판토스** Diophantus(250년경)도 그들 중 한 사람이었다. 그의 가장 중요한 업적은 수에 관련된 인상적인 정리들과 130여 개의 다양한 문제를 포함하고 있는 『산수론 *Arithmetica*』을 저술한 것이다.

디오판토스의 대수학에서 가장 흥미 있는 부분은 부정방정식에 관한 해법이다. 부정방정식의 예로 $5x+2y=20$을 들 수 있는데, 이것은 미지수의 개수(2)가 방정식의 개수(1)보다 많은 경우이다. 그는 양의 유리수 해만 생각했었기 때문에 그의 해법의 일부는 정수로 제한되어 있었다. 그는 부정방정식의 해를 구하는 방법을 연구하는 과정에서 우리가 '디오판토스의 해석Diophantine analysis'이라고 하는 대수학의 한 분야를 이루었다.

수학에 공헌한 그의 업적이 매우 중요함에도 불구하고, 그가 알렉산드리아에 살았다는 사실과 사망했을 때 그의 나이를 논리적으로 알 수 있다는 사실 외에는 디오판토스의 삶에 대해 우리가 알고 있는 것은 거의 없다. 그의 숭배자들 중 한 사람이 디오판토스의 일생에 관한 대수학적인 수수께끼를 만들었는데, 전설에 의하면 그의 묘비에 다음과 같이 기록되어 있었다고 한다.

1

ΔΙΟΦΑΝΤΟΥ
ΑΛΕΞΑΝΔΡΕΩΣ
ΑΡΙΘΜΗΤΙΚΩΝ Α.

DIOPHANTI ALEXANDRINI
ARITHMETICORVM
LIBER PRIMVS.

VM animaduerterem te (obseruandissime mihi Dionysi) studio discêdi explicationem quæstionum earum quæ in numeris proponuntur teneri; aggressus sum eius rei viam rationémq; fabricari, ex ipsisque fundaméntis, quibus tota res nititur, initio petito, naturá ac vim numerorum constituere. Quod negotiû vt videatur fortasse difficilius (quippe ignotum adhuc) cùm animi incipientium ad bonam de re dextrè conficienda spem concipiendam nequaquá sint procliues: tamen cùm tua alacritas, tum mea demonstratio efficiet, vt facile id comprehendas. Celeriter enim addiscunt, quorum ad discendi cupiditatem doctrina accedit.

ΗΝ εὕρεσιν τῶν ἐν τοῖς ἀριθμοῖς προβλημάτων, τιμιώτατέ μοι Διονύσιε, γινώσκων σε σπουδαίως ἔχοντα μαθεῖν, ὀργανῶσαι τὴν μέθοδον ἐπειράθην, ἀρξάμενος ἀφ' ὧν συνέστηκε τὰ πράγματα θεμελίων, ὑποστῆσαι τὴν ἐν τοῖς ἀριθμοῖς φύσιν τε καὶ δύναμιν. ἴσως μὲν οὖν δοκεῖ τὸ πρᾶγμα δυσχερέστερον, ἐπειδὴ μήπω γνώριμόν ἐστι, δυσέλπιστοι γὰρ εἰς κατόρθωσίν εἰσιν αἱ τῶν ἀρχομένων ψυχαί, ὅμως δ' εὐκατάληπτόν σοι γενήσεται διά τε τὴν σὴν προθυμίαν, καὶ τὴν ἐμὴν ἀπόδειξιν. ταχεῖα γὰρ εἰς μάθησιν ἐπιθυμία προσλαβοῦσα διδαχήν.

IN PRIMVM LIBRVM DIOPHANTI COMMENTARII.

VÆCVNQVE ante primam quæstionem præmisit Diophantus, ea definitionum & principiorum locum obtinent. Sed velut ad altiora festinans, hæc mira breuitate perstrinxit, vt non tam ea explicare voluisse videatur, quàm indicare, tyronesque admonere, vt nonnisi horum cognitione iam probè instructi ad hosce libros euoluẽdos accedãt. Quod sanè non obscuris verbis professus est, definitione decima vndecimaq;, cùm ait eum qui hoc negotij suscipit in additione, subductione, & multiplicatione specierum iam exercitatum esse debere, necnon in æquationibus ritè præparandis apprimè versa-

A

디오판토스의 『산수론』 6권 중 제1권의 한 페이지. 그리스어와 라틴어의 대역본이다.

> 디오판토스의 청년기는 그 일생의 $\frac{1}{6}$ 동안 지속되었다.
>
> 그 후 일생의 $\frac{1}{12}$의 기간 동안 수염을 길렀다.
>
> 그 후 일생의 $\frac{1}{7}$이 지난 후에 디오판토스는 결혼을 했다.
>
> 5년 후 그는 아들을 얻었다.
>
> 그의 아들은 정확하게 아버지 생의 반을 살다갔다.
>
> 디오판토스는 아들이 죽은 지 정확히 4년 후에 죽었다.

이 수수께끼를 풀어서 디오판토스가 몇 살에 죽었는지 말할 수 있겠는가? ★

해보기 ACTIVITIES

1. 디오판토스가 고안한 대수학의 기호를 조사해 보아라.

2. 『산수론』에 나와 있는 다음 문제를 풀어라.

   a. 네 수 중에서 3개를 골라 더한 값이 각각 22, 24, 27 및 20이 되는 네 수를 구해라.

   b. 각 C가 직각인 직각삼각형 ABC에서, 각 A의 이등분선과 변 BC의 교점을 D라 하자. 이때, $\overline{DC} : \overline{CA} : \overline{AD} = 3 : 4 : 5$가 되도록 하는 선분 AB, AD, AC, BD 및 DC의 길이 중에서 가장 작은 정수의 값을 구해라.

3. 온도를 화씨(°F)에서 섭씨(°C)로 변환할 때, $C = \frac{5}{9}(F-32)$의 공식을 사용한다. 이 식의 F에 정수를 대입해 구한 C의 값이 정수가 되도록 반올림하면, 디오판토스의 근사적 해를 구하게 된다. 이와 같이 할 수 있는 공식으로는 어떤 것이 있는가?

African Number Systems and Symbolism

아프리카의 수 체계와 기호의 상징성 21

다양한 인종과 언어가 존재하는 아프리카에는 수의 역사도 다양하게 존재한다. 어떤 문화는 숫자의 상징적 의미에 기초를 둔 전통을 따랐으며, 고대 아프리카의 여러 제국은 번창하는 시장을 관리하기 위해 광범위하게 사용되는 기수법을 필요로 했다. 이 제국들 중에서 가나Ghana는 금 교역을 했으며, 쿠시Kush는 철 생산지였던 메로에Meroë에 위치했고, 케냐와 남아프리카 지역은 목축으로 번창했다.

경제가 아프리카의 여러 가지 수 체계의 발전에 기여했던 사실은 나이지리아의 요루바Yoruba 족의 언어를 보면 확실히 알 수 있다. 이 언어에서 숫자 1을 뜻하는 단어는 *okan*, 3을 뜻하는 단어는 *eta*, 5는 *arun*이다. 요루바 족이 개오지cowrie의 껍데기를 통화로 사용했다는 사실은 이 단어들을 사용한 셈 형태에 다음과 같이 반영되어 있다. *ookan*이란 단어는 하나의 물건을 뜻하고, *eeta*는 세 개의 물건, *aarun*은 다섯 개의 물건을 뜻한다. 여기서 *oo, ee, aa*는 모두 *owo*란 단어의 압축형으로, 이것은 '카우리' 또는 '돈'을 뜻한다. 경제는 또한 이런 수 체계의 학습에 영향을 끼쳐서, 요루바 족의 아이들은 부모들이 시장에서 물건을 사고 파는 모습을 보면서 셈 계산 방법을 배웠다.

케냐의 손가락 셈

아프리카에서는 다양한 수 체계가 사용되었는데, 주로 5, 6, 10 및 20을 기준으로 삼았다. 어떤 종족은 손가락이나 몸짓으로 셈법을 발전시켰다. 다음은 케냐의 타이타Taita 족이 소떼나 다른 상품을 헤아리기 위해 사용했던 몸짓 숫자이다.

1 = 오른손 집게손가락을 펼친 것
2 = 오른손 엄지와 집게손가락을 펼친 것
3 = 오른손 엄지부터 세 손가락을 펼친 것
4 = 오른손 엄지부터 네 손가락을 펼친 것
5 = 오른손 주먹
6 = 오른손 주먹과 왼손 엄지손가락
7 = 오른손 주먹, 왼손 엄지와 집게손가락
8 = 엄지손가락을 제외한 여덟 손가락
9 = 왼쪽 손가락을 오른손으로 감아 쥠
10 = 양손 주먹

이 몸짓은 큰 수를 나타내는 말과 함께 사용되었다. 이를테면, 27을 표현하려면 7을 나타내는 몸짓을 하면서 20을 나타내는 말을 했다.

문화적 전통도 아프리카인들이 개수를 셀 때 수를 이용하는 방법에 영향을 끼쳤으며, 사람들은 수에 관련된 문제를 풀기 위해 다양한 지적 능력에 의존했다. 예를 들어, 여러 아프리카 문화에서는 생명체를 직접 세면 그것에 해가 된다고 생각했기 때문에 생명체의 수를 세는 것은 엄한 금기 사항이었다. 그러나 국가는 세금을 부과할 대상과 사람에 대한 정확한 정보가 필요했기 때문에 간접적인 방법을 고안해 냈다. 그들은 일대일 대응의 개념을 사용해 생명체 대신 조개껍데기를 세거나 마을 사람의 수 대신 음식을 세었다. 어린이들은 관찰력을 키움으로써 생명체를 직접 세는 것을 피하는 방법을 배웠다. 따라서 아이가 자기 가족의 소떼를 돌보는 법을 배울 때, 단순히 소떼의 마리 수만 아는 것이 아니라 각각의 점의 모양, 크기, 색깔 등을 인지하도록 가르쳤다. 이런 방법으로 풀을 먹이고 해질 무렵 소떼를 집으로 데려올 때는 눈으로만 봐서도 잃어버린 소를 파악할 수 있게 했다.

세계의 다른 많은 문화권에서처럼 아프리카에서도 어떤 수는 중요한 뜻을 가지고 있었다. 예를 들어, 어떤 종족에서는 특정한 수의 이름을 직접 부르는 것이 금기로 되어 있었다. 가나의 가Ga 언어에서 7은 특별히 불길한 수였기 때문에 항상 6+1로 표현되는 말로서만 불려졌다. 그러나 5는 아직도 북아프리카의 많은 지역에서는 보호수로 여겨지고 있다. 그래서 5는 사람 손 모양으로 나타내어져서 종종 악귀를 막기 위해 그려서 깃발로 만들거나 문설주 위에 그려놓기도 했다.

아프리카와 아프리카계 미국인 수학에 관련된 내용은 8, 50, 54, 57, 66, 102번 글에서 더 찾아볼 수 있다. 셈, 수 체계, 중요한 수에 관련된 내용은 1, 12, 29, 31-34, 44, 52, 54, 59, 83, 84, 97번 글에서 더 찾아볼 수 있다. ★

해보기 ACTIVITIES

1. 아프리카의 특정 종족에서 사용되어 온 셈법, 수 및 기록 방법에 대해 조사해 보아라. 이를 통해 배운 것을 자료로 만들어서 수업 시간에 서로 교환해 보아라.

2. 북아프리카의 어떤 지역에서는 5가 보호수로 여겨지지만, 가나의 아샨티Asante 족에게는 불길한 수로 여겨졌다. 이 외의 다른 수가 아프리카 문화와 관련되어 있는 상징성에는 어떤 것이 있는가? 이런 상징성은 세계의 다른 문화권과 어떻게 비교되는가?

3. 요루바 족이 개오지 껍데기를 화폐로 사용했던 유일한 종족은 아니었다. 이것을 통화로 사용했던 아프리카의 다른 문화권을 조사해 어떻게 사용했는지 알아보아라. 그리고 아프리카에서 이것 외에 어떤 것이 화폐로 사용되었는가?

Nine Chapters on Mathematical Art

『구장산술』 22

서양에서 수학 사학자들은 유클리드의 『원론』을 고전으로 생각한다. 동양에는 이것과 필적할 만한 것으로 중국의 『**구장산술**(九章算術, *Jiuzhang suanshu*)』이라는 책이 있다. 작가 미상으로 기원전 200년경에 쓰여진 것으로 추정된다. 『구장산술』에서 다룬 수학은 상당히 정교했다. 예를 들면, 같은 시기에 서양인들은 아직 알지 못했던 음수를 사용한 계산법을 중국인들은 이미 알고 있었다.

『구장산술』이 만들어진 지 거의 500년이 지나서 위(魏)나라 황제는 학자들을 모아 옛 문학과 과학의 고전들을 개정하게 했다. 황제는 『구장산술』에 수록된 수학 지식이 능률적인 국가 경영에 필수적임을 감안하고, 수학자 **유휘**를 불러 그 책을 수정하게 했다. 그는 책 내용을 그대로 옮기는 데 그치지 않고 책의 내용을 보충, 확장했다. 예를 들어, 그는 증명 없이 서술된 여러 가지 내용을 증명하기 위해 몇 가지 증명 방법을 고안해 사용했다. 그는 또한 기존의 제9장에 삼각비의 기초 개념을 추가했는데, 후에 『해도산경(海島算經, *Haidao suanjing*)』이란 책으로 따로 보급되었다. 유휘의 사후 수백 년 동안 『구장산술』과 『해도산경』은 아시아 수학의 기틀이 되었다.

유휘는 또한 고대 수학자 중에서 원주율 π의 값을 가장 근접하게 계산한 사람으로도 알려져 있다. 그는 원에 정다각형을 일일이 내접시키는 방법으로 3.141024란 값을 구했다. 이 값은 원에 정192각형을 내접시켜서 구한 것이다.

중국 수학에 관련된 내용은 4, 8, 26, 48, 71, 89번 글에서 더 찾아볼 수 있다. 원주율에 관련된 내용은 2번과 80번 글에서 더 찾아볼 수 있다. ★

그 외의 중요한 중국 수학자들

- **왕효통**(王孝通, Wang Xiaotong, 625년경): 삼차방정식에 관련된 연구
- **이야**(李治, Li Ye, 1192–1279)*: 고차방정식과 관련된 기하학 문제 연구
- **주세걸**(朱世傑, Zhu Shijie, 1280–1303): 급수의 합과 파스칼의 삼각형 연구
- **곽수경**(郭守敬, Guo Shoujing, 1231–1316): 역법의 개편과 구면삼각법 연구
- **정대위**(程大位, Cheng Dawei, 1590년경): 현존하는 가장 오래된 주판 관련 서적의 저자

목판 인쇄본인 백과사전 『고금도서집성(古今圖書集成, *(Gu Jin) Tu Shu Ji Cheng*』(1726)에 나오는『해도산경』의 문제.

* 영문으로 Li Zhi로 쓰기도 함(옮긴이).

해보기 ACTIVITIES

1. 『구장산술』에 나와 있는 246개의 문제 중에서 몇 개를 골라 풀어보아라.

2. 어떤 사람들은 초기 서양 세계에서 고대 중국 수학을 아주 많이 이용했다고 생각한다. 그렇다면 그 후로 중국 수학이 왜 서양에 상대적으로 덜 알려졌는가?

3. 중국에서는 8이라는 숫자를 중하게 여긴다. 아래에서 8이란 숫자의 의미를 알아보아라. 왜 8이란 숫자가 특별한가?
   a. 불교에서 8가지 상징
   b. 유교에서 8가지 표식
   c. 도교에서 8가지 상징

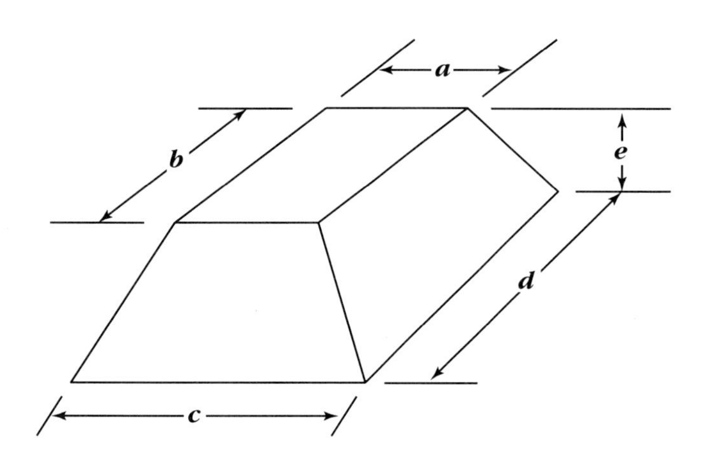

4. 중국의 무덤들은 사각뿔대의 모양과 비슷하게 만들어졌다. 『구장산술』에서는 왼쪽 그림과 같은 무덤의 부피를 $V=\frac{1}{6}\{(2a+c)b+(2c+a)d\}e$와 같은 공식으로 정리했다. 이 공식은 정확한가? 질문에 답하기 위해 이집트인들이 사각뿔대를 계산할 때 사용했던 공식(파푸스Pappus의 정리)을 조사해 보아라.

Hypatia of Alexandria

알렉산드리아의 히파티아 23

일생에 관한 기록이 그런 대로 남아 있는 첫 여성 수학자는 **히파티아**Hypatia of Alexandria(370-415)이다. 그녀는 아버지인 **테온**Theon에게서 수학을 배웠는데, 아버지는 기독교 광신도들이 수학과 과학을 이단으로 배척했던 시기에 그리스 수학의 정신이 살아 숨쉬도록 이를 지켰던 학자로 인정받고 있다. 그 당시 그리스에서 여성이 교육을 받는다는 것 자체가 매우 드문 일이었지만, 히파티아는 교사이자 작가, 천문학자, 그리고 과학자로서 크게 존경을 받았다.

히파티아가 이룩한 업적은 대부분 사라졌지만, 그녀의 업적에 대해 언급한 책은 아주 많다. 히파티아 시대의 교사들은 그 시대에 존재하는 학문적 업적에 대한 주석서를 만들어서 학생들을 가르쳤는데, 이런 과정을 통해 새로운 지식을 알리는 역할을 하기도 했다. 히파티아는 아폴로니오스의 『원뿔곡선론 *Conics Sections*』, 디오판토스의 『산수론』, 프톨레마이오스의 『알마게스트 *Almagest*』 및 아르키메데스의 『원의 측정 *Measurement of the Circle*』 등의 책에 주석을 단 것으로 알려져 있다. 그녀는 카리스마와 지식을 겸비하고 다재다능했으며, 복잡한 수학 이론을 명확하고 정확하게 설명해 교사로서 인기가 높았다. 심지어 그녀의 강의를 듣기 위해 아프리카, 아시아, 유럽에서 학자들이 찾아올 정도였다.

역학과 수학의 실제적 응용에 관심이 많았던 그녀는 천문학자와 과학자로서 이 분야에 크게 기여했다. 별과 행성의 고도를 측정하는 기구인 아스트롤라베astrolabe는 그녀와 학생 한 명과의 공동 작업으로 만들어진 것이었다. 또한 그녀는 수면 아래 깊이 있는 물체를 관측하는 수중투시경hydroscope과 같은 여러 가지 과학 기구들에 대한 개념과 제작 방법을 고안해 내기도 했다.

그녀의 교육과 학문에 대한 신념이 로마 제국의 기독교 교리에 반했기 때문에, 히파티아는 알렉산드리아의 기독교인과 비

상상으로 그린 히파티아의 초상화.

달의 위상을 관측하고 있는 천문학자 두 사람을 그린 홀바인Hans Holbein 2세의 16세기 목판화. 왼쪽의 천문학자는 분할 컴퍼스를 들고 있는 손을 천구 위에 올려놓고 있으며, 오른쪽의 천문학자는 아스트롤라베와 표척을 사용해서 측정을 하고 있다.

기독교인 간의 정치적 갈등의 중심에 서게 되었다. 플라톤과 아리스토텔레스와 같은 비기독교인의 철학에 기초를 둔 신플라톤주의를 믿었던 그녀는 결국 415년 3월에 기독교 광신 수도승들에게 살해되었다. ★

해보기 ACTIVITIES

1. 아스트롤라베와 수중투시경에 대해 조사해 보아라.

2. 테온이 히파티아에게 "생각할 수 있는 능력을 아끼지 말라. 틀린 생각을 하는 것이 아예 생각하지 않는 것보다 낫다."고 한 말의 뜻에 대한 의견을 말해 보아라.

3. 고대 그리스 사회에서 여성들의 역할에 대해 조사해 보자. 고대 이집트 사회에서 여성들의 역할과 비교하면 어떤 차이가 있는가?

4. 히파티아의 과학적 지식과 방법이 어떤 점에서 알렉산드리아의 지배적인 기독교와 갈등을 일으켰는가? 그리고 412년에 **시릴** Cyril이 알렉산드리아 교회의 대주교가 됨으로써 그 갈등이 어떻게 증폭되었는가?

5. 히파티아의 죽음이 왜 알렉산드리아에서 그리스 수학의 전통이 종지부를 찍는 결과를 초래했다고 생각하는가?

The Concept of Zero

0의 개념 24

오늘날 우리는 0이란 수를 당연한 것으로 생각하나, 우리의 수 체계에 0이 다소 늦게 등장했다는 사실을 많은 사람들은 알지 못한다. 이것은 초기 수학자들 중 일부가 0이 갖는 여러 가지 성질에 대해 가졌던 오해의 결과 때문이라고 생각된다. 오늘날에도 수 0이 '무(無)'와는 다른 뜻으로 이해되어야 한다는 점에 대해서는 잘 납득하지 못한다(예를 들어, 온도에서 0°란 '무'라는 뜻은 아니다).

7세기 인도의 수학자들은 0도 수이기 때문에 0을 포함한 사칙 계산이 가능하다고 생각했다. 양수와 음수의 계산 규칙을 만든 **브라마굽타**는 $0 \div 0 = 1$이라고 주장했다. 그는 이 주장이 얼마나 복잡한 논리적 구조를 갖고 있는지 알지 못했다. 그러나 그는 $a \neq 0$일 때 $a \div 0$의 값에 대해 아무런 설명을 할 수 없었기 때문에, 0이 아닌 수를 0으로 나누는 나눗셈이 어려운 문제임을 알고 있었던 것 같다.

수세기가 지난 후, 12세기 인도 최고의 수학자였던 **바스카라** Bhaskara(1114-85)는 처음으로 $a \neq 0$일 때 $\frac{a}{0}$는 무한대라고 주장했다. 다음 글은 그의 책 『씨앗 계산 *Vija-Ganita*』(1150년경)에 나온다.

> 분자 3. 분모 0.
> 분수 $\frac{3}{0}$의 몫. 분모가 0인 이 분수의 값은 무한대이다. 분모가 0인 이런 분수에 아무 값을 더하거나 빼도 변함이 없다….

이 글을 통해 바스카라는 무한의 개념을 잘 이해하고 있었음을 알 수 있다. 그러나 $\frac{a}{0} \times 0 = a$라고 주장한 것으로 미루어 보아, 그 당시 0으로 곱하거나 나누는 개념이 분명하지 않았음을 짐작할 수 있다.

초기 마야와 인도 수학자들이 0의 개념을 최초로 사용하고 나서 오랜 세월이 지난 후에야 0과 음수들이 양수들과 함께 논리적으로 모순이 없는 구조를 갖는 지금과 같은 수 체계가 완성되었다.

수의 역사에 관련된 내용은 1, 12, 14, 21, 29, 37, 52, 64, 67번 글에서 더 찾아볼 수 있다. ★

마야인과 0

지금까지 오랫동안 인도인들이 처음으로 0의 개념을 생각했었다고 믿어왔다. 그러나 이제는 멕시코 남부와 과테말라의 마야인(기원전 300년경-900)들이 인도의 수학자들보다 먼저 독자적으로 0을 발견해 사용했다고 믿고 있다. 마야인들은 빈 굴껍데기로 0을 표시했는데, 이것은 '비어 있음'을 뜻했다. 마야인들은 '무'의 의미로서뿐만 아니라 숫자의 자리를 나타내는 데 0을 사용했다. 예를 들어, 굴껍데기 하나는 0을 나타냈지만, 굴껍데기 위에 점을 하나 찍으면 20 또는 2와 0을 나타냈다(다음 쪽 그림 참조).

숫자 0을 나타내는 마야인의 그림문자.

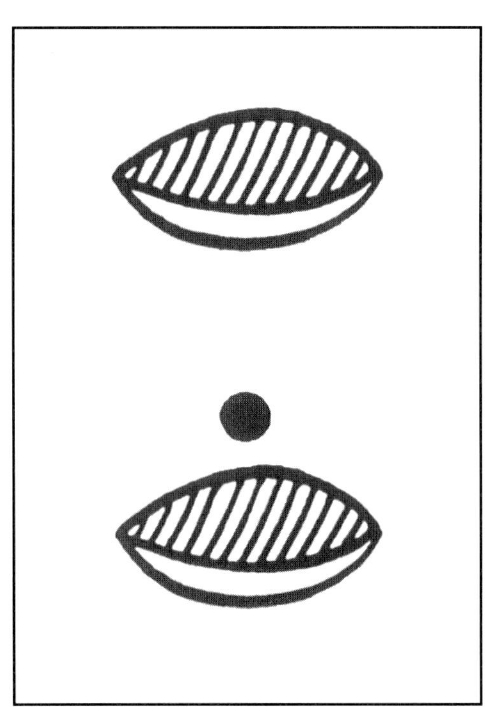

위쪽 그림은 마야인들이 빈 굴껍데기를 사용해 0을 나타낸 것인데, '비어 있음'을 뜻하는 xok으로 불렀다. 아래쪽 그림은 20을 나타낸다.

해보기 ACTIVITIES

1. $\frac{0}{0}$을 1 또는 0으로 정의할 때 나타나는 논리적 문제점을 말해 보아라.

2. 기울기가 0인 직선과 기울기가 정의되지 않는 직선의 차이점은 무엇인가?

3. zero란 단어의 기원에 대해 조사해 보아라.

4. 마야인들은 0을 나타내는 기호로 여러 가지를 사용했다. 어떤 것들이 있었는지 알아보아라.

Mathematics in Play: The Throw Sticks Game

놀이 속의 수학: 막대 던지기 게임 25

사람들은 수학을 학교에서 배우는 과목 정도로 생각한다. 그러나 일상 속의 실용적이거나 예술적 활동, 또는 취미 생활 같은 곳에서도 수학은 적용된다. 예를 들면, 게임에서 작전을 세울 때, 그 게임에서 어떤 사건이 일어날 가능성 등을 고려해 전략을 세운다. 이런 가능성 또는 확률은 종종 게임을 하는 사람의 점수나 움직이는 말의 위치를 결정짓게 된다. 이런 점을 잘 보여주는 예로 미국 남서부의 아파치 부족이 만든 **막대 던지기 게임**을 들 수 있다.

이 게임은 지름이 150cm인 원에서 한다. 원의 중심에는 20-25cm 정도의 둥글고 납작한 돌이 1개 놓여 있고, 원의 둘레에는 다음 쪽의 그림에서 보는 것처럼 10개의 작은 돌이 4곳에 각각 놓여 있다. 이 돌을 '셈돌'이라 부른다. 이 게임을 하는 4사람은 각각 30cm 정도의 윷가락같이 생긴 막대기를 3개씩 가지게 된다. 윷가락 전체는 노란색으로 칠해져 있고 평평한 면에는 초록색 줄이 그어져 있다. 4사람은 각자 셈돌이 놓여 있는 자리에 앉아서 게임을 시작한다. 셈돌 옆에는 각 사람을 구별할 수 있도록 다른 색이 칠해진 말을 놓는다. 순서대로 돌아가며 각자가 3개의 윷가락을 1개씩 차례로 중심에 놓여 있는 돌에 맞고 튀어나오도록 끝을 잡고 던진다. 점수는 아래와 같이 매긴다.

- 원 안에 떨어진 윷가락의 모양에 따라 각자가 받는 점수는 다음과 같다.
  3개의 윷가락의 둥근 면이 위로 놓여지면 10점
  3개의 윷가락의 평평한 면이 위로 놓여지면 5점
  2개의 윷가락의 평평한 면이, 1개의 윷가락의 둥근 면이 위로 놓여지면 3점,
  1개의 윷가락의 평평한 면이, 2개의 윷가락의 둥근 면이 위로 놓여지면 1점
- 만약 던진 윷가락 중에서 돌에 튀기지 않거나 원 밖으로 튀겨져 나가면, 그 사람은 점수를 얻지 못한다.

- **막대기 게임**: 미국 캘리포니아와 북태평양 연안에 거주했던 부족들이 즐겨 했던 알아맞히기 게임이다. 주로 화살대를 잘라서 만든 막대기를 두 묶음으로 나눈 뒤, 어느 묶음에 특별한 막대기가 들어 있는지 알아맞히는 게임이다(아래의 지푸라기 게임 참조).

- **막대 주사위 게임**: 널리 알려진 게임으로, 양면으로 된 납작한 막대기를 주사위처럼 던져 그 합을 막대기나 그림을 사용해 기록한다. 막대기는 3개 이상을 쓰는데 4개가 보통이다.

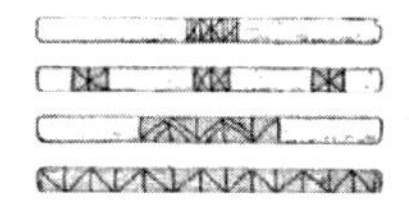

- **죽마**: 죽마로 걷는 것은 호피hopi와 쇼쇼니Shoshoni 부족 아이들이 즐겼던 놀이이다. 멕시코에서 시작되어 인디언 원주민들에게로 전해진 것으로 짐작된다.
- **지푸라기 게임**: 옛 작가들이 이름을 붙인 것으로, 휴런Huron 부족과 대서양 연안의 부족들이 즐겼던 놀이이다. 갈대나 짚단을 아무렇게나 나누고 그 개수나 홀짝을 알아맞히는 게임이다.

아메리카 원주민이 즐겼던 몇 가지 게임을 나타낸 그림. 호지Ferdinand Hodge의 『멕시코 북부의 아메리카 원주민 편람』(워싱턴 DC, 1912)에서 따옴.

- 게임 하는 사람은 자기가 얻은 점수에 맞춰 자신의 말을 원을 따라 돌린다. 한 바퀴 돌 때마다 셈돌을 하나씩 뺀다. 만약 자신의 말이 다른 사람의 말이 놓인 위치에 이르게 되면, 다른 사람의 말은 잡히게 되어 처음에 있던 곳으로 되돌아가야 된다.
- 가장 먼저 말이 원을 따라 10바퀴 돈 사람, 즉 셈돌이 가장 먼저 없어지는 사람이 이기게 된다.

미국 원주민의 수학에 관련된 내용은 3, 6, 24, 32, 40, 59, 104번 글에서 더 찾아볼 수 있다. 게임과 확률에 관련된 내용은 44, 46, 49, 86, 93, 99번 글에서 더 찾아볼 수 있다. ★

해보기 ACTIVITIES

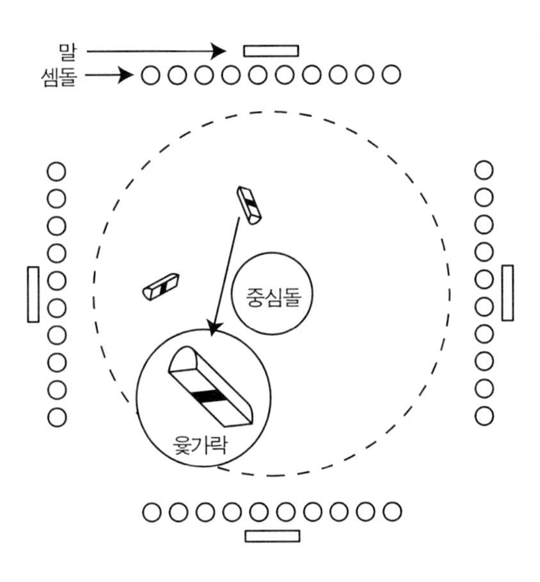

1. 앞에서 소개한 막대기 던지기 게임에서 사용하는 윷가락과 비슷한 막대기를 만들어라.
   a. 게임 규칙과 같이 윷가락을 하나씩 돌을 향해 던져라. 여러 번 계속해서 평평한 면이 몇 번 위로 향하고, 둥근 면이 몇 번 위로 향하는지 기록하라.
   b. 위의 실험을 통해 평평한 면 또는 둥근 면이 위로 향할 확률을 구하라.
   c. 윷가락의 둥근 면이 위로 향할 확률을 p라 할 때, 3개의 윷가락을 던질 때 3개 모두 둥근 면이 위로 향할 확률을 구하라. 또 평평한 면이 모두 위로 향할 확률을 구하라. 둥근 면 하나와 평평한 면 둘이 위로 향할 확률과 둥근 면 둘과 평평한 면 하나가 위로 향할 확률은 얼마인가?

2. 아시비Ashbii란 게임은 나바호Navajo 부족의 여자들과 아이들이 즐겼던 게임이다. 어떻게 하는 것인가?

Mathematicians of the Middle Ages

중세의 수학자들

> 지식 그 자체가 위험한 것이 아니라, 그 지식을 제대로 이용하지 못하는 것이 위험한 것이다.
>
> — 로스비타

5세기 후반부터 르네상스까지의 기간은 지적 발달이 거의 없는 황량한 시대로 보여진다. 그러나 전 세계적으로 많은 학자들이 수학을 포함한 모든 학문 분야에서 중요하고도 창조적인 공헌을 했다.

로스비타 Hrotswitha of Gandersheim(935–1000): 로스비타는 기록에 나타난 영국의 첫 여성 수학자로, 베네딕투스 수녀원의 수녀였다. 그 시대에 유일하게 여자가 교육을 받을 수 있는 가장 좋은 곳은 수녀원이었다. 책을 많이 읽고 상상력이 풍부했던 그녀는 도덕적이며 시적인 희곡과 지역 역사에 대한 글을 썼다. 또한 그녀는 수학과 과학을 공부했는데, 자신뿐만 아니라 수녀원에 있는 다른 수녀들의 교육을 위해 자신이 공부했던 산술과 기하의 내용을 기록하기도 했다. 놀랍게도 천문학과 물리학에 관한 그녀의 생각들은 코페르니쿠스나 뉴턴보다 500년이나 앞선 것으로 보인다—태양이 우주의 중심에 있으며, 지구가 지구상의 물체들을 붙들어 놓듯이 태양의 인력 때문에 별들도 자기 자리에 붙어 있다고 그녀는 기록했다. (코페르니쿠스와 뉴턴에 관련된 내용은 41번과 47번 글에서 더 찾아볼 수 있다.)

진구소(秦九韶, Qin Jiushao, 1202–61): 1230년대 중반 몽고족은 중국 북부지방을 점령하는 중이었다. 이 시기에 중국 수학자 진구소는 천문 연구기관에서 수학을 공부하고 있었는데, 그곳도 전쟁에 휩싸이게 되었다. 그는 전쟁터에서 살고 있는 불행을 잊기 위해 자신의 표현대로 '애매모호한 것들'에 관한 연구에 몰두했다. 『수서구장(數書九章, *Shushu jiuzhang*)』이 바로 그 연구의 결과였다. 중국 수학사에 큰 영향을 끼친 이 책에서 그는 다양한 문제와 풀이 및 여러 가지 차수의 다항방정식의 개선된 풀이법을 소개했다. 또한 진구소와 그 시대 학자들의 대표적인 업적은 중국 수학에 '순수 수학'의 개념을 처음 도입한 것으로 평가된다. 이전의 중국 수학자들은 일상생활의 실용적인 수학에만 관심을

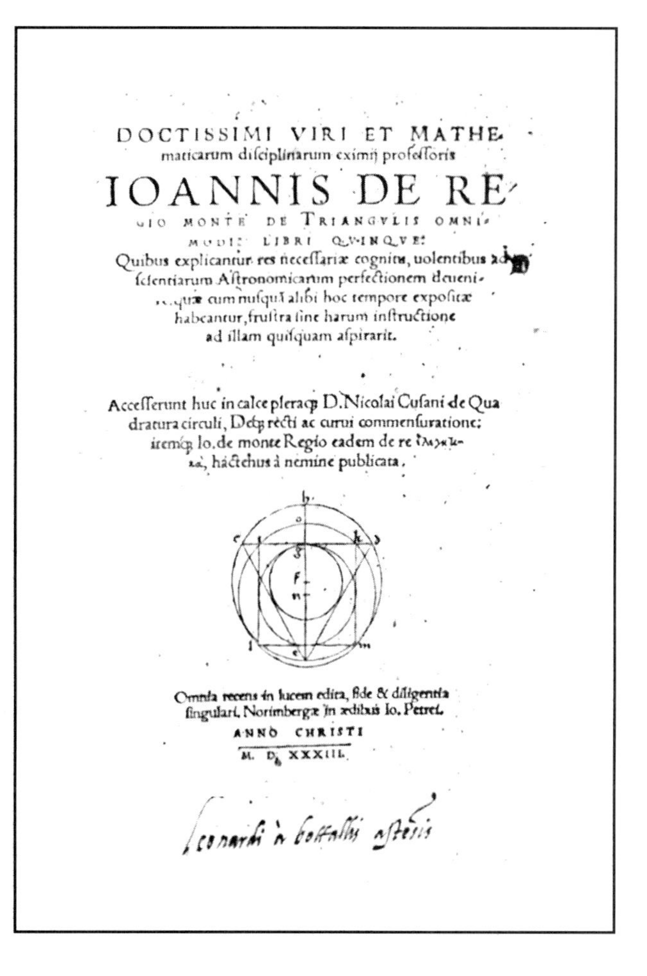

DOCTISSIMI VIRI ET MATHE-
maticarum disciplinarum eximij professoris
IOANNIS DE RE-
GIO MONTE DE TRIANGVLIS OMNI-
MODIS LIBRI QVINQVE:
Quibus explicantur res necessariæ cognitu, uolentibus ad scientiarum Astronomicarum perfectionem deueniendum: quæ cum nusquam alibi hoc tempore expositæ habeantur, frustra sine harum instructione ad illam quisquam aspirarit.

Accesserunt huc in calce pleraque D. Nicolai Cusani de Quadratura circuli, Deque recti ac curui commensuratione: itemque Io. de monte Regio eadem de re [illegible], hactenus à nemine publicata.

Omnia recens in lucem edita, fide & diligentia singulari. Norimbergæ in ædibus Io. Petrei.
ANNO CHRISTI
M. D. XXXIII.

레기오몬타누스의 『모든 종류의 삼각형에 대해』와 *De quadratura circuli* (누렘베르크, 1533)의 표지

가졌었다. (중국 수학에 관련된 내용은 4, 8, 22, 48, 71, 89번 글에서 더 찾아볼 수 있다.)

뮐러Johannes Müller(1436-76): 일반적으로 **레기오몬타누스**Regiomontanus로 알려진 독일의 천문학자 뮐러는 삼각법을 수학의 한 분야로 확립하는 데 큰 공헌을 했다. 그는 프톨레마이오스의 『알마게스트』를 번역했는데, 자신이 번역한 책을 통해 『알마게스트』에서는 충분히 다루지 못했던 삼각형에서 변과 각 사이의 관계를 체계적으로 연구할 수 있으리라 기대했다. 1463년에 쓰여지고 1533년에 출판된 그의 책 『모든 종류의 삼각형에 대해 *De triangulis omnimodi*』의 전반부에서는 평면 삼각형을 다루었고, 나머지 반에서는 구면 삼각형을 다루었다. 그는 독자들을 쉽게 이해시키기 위해 이전의 유럽 삼각법 책을 많이 개선하고, 구체적인 예를 충분히 들어서 설명했다. (프톨레마이오스에 관련된 내용은 41번 글에서 더 찾아볼 수 있다.) ★

해보기 ACTIVITIES

1. 중세 독일의 수녀원장으로서 과학, 우주론, 음악 등의 분야에 크게 기여했던 **힐데가르트 폰 빙엔**의 삶에 대해 읽어보아라.

2. 응용 수학을 강조하는 입장에서 순수 수학을 수용하는 입장으로 중세 중국 수학이 바뀌게 된 근본적인 이유에 대해 조사해 보아라. 이 두 분야의 수학이 어떤 목적으로 연구되었는가?

3. 레기오몬타누스의 『… 삼각형에 대해』에 나와 있는 다음 문제를 풀어보아라. 삼각형 ABC에서 $\angle A : \angle B = 10 : 7$이고, $\angle B : \angle C = 7 : 3$일 때, 세 각의 크기와 세 변의 길이의 비를 구해라.

4. 다른 중세 수학자들이 공헌한 것에는 어떠한 것들이 있는가?

Islamic Mathematics

이슬람 수학 27

중세 이슬람 세계는 수학의 발전과 고대 수학 지식의 보존을 위해 비옥한 토양을 제공했다. 이 시대가 수학사에서 중요한 부분을 차지하게 된 것은 766년 바그다드 도시의 건설을 통해서였다.

9세기 초반 도서관과 연구소가 건립되는 동안 바그다드는 넘쳐나는 지식의 보고로서 확고히 자리를 잡게 되었다. 도서관들은 전 이슬람 세계로부터 자료를 수집해 아랍어로 번역하기 시작했다. 이 자료 중에는 1세기와 7세기경 아테네와 알렉산드리아의 학자들이 근동지방으로 가져왔던 그리스 문서들이 상당 부분 포함되어 있었다. 유클리드, 아폴로니오스, 디오판토스와 같은 그리스 주요 수학자들의 많은 업적들은 9세기 말경 아랍어로 번역되어 연구에 사용되었다. '지혜의 집 *Bayt al-Hikma*' 이라 불리는 연구소에는 아라비아 반도 곳곳에서 학자들이 모여들었는데, 이들은 바그다드에 수집된 자료들의 번역뿐만 아니라 독창적인 연구도 병행했다.

뚜껑에는 황도대 그림 장식이 있고, 등받이에는 행성을 표시하는 기호로 장식된 의자에 앉아 있는 아라비아의 천문학자. *Stabius's Scientia* (누렘베르크, 1504)에 나오는 뒤러Albrecht Dürer의 목판화.

수학자이자 천문학자인 **알콰리즈미**Muhammad ibn Musa al-Khwarizmi(780-850년경)는 '지혜의 집' 에서 공부한 초기 학자들 중 한 사람이었다. 825년경 그는 문서로 된 최초의 기초 대수학 책인 『이항과 약분 *Hisab al-jabr wa'l-muqabala*』을 저술했다. 대수학을 뜻하는 영어의 algebra는 복원을 뜻하는 al-jabr에서 유래된 것이다. 알콰리즈미는 방정식의 체계적인 풀이 방법과 0에 대한 새로운 개념을 소개했다. 유럽에 대수학적 지식을 전수하는 데 크게 기여했기 때문에 그의 책들은 아랍 책들 중에서 가장 먼저 라틴어로 번역되었다.

알콰리즈미가 죽은 뒤 100년쯤 후 과학자이자 수학자인 **알하이탐**Abu Ali al-Hasan ibn al-Haytham(965-1039)이 현재 이라크의 영토인 바스라Basra에서 태어났다. 알하이탐은 일생의 대부분을 이집트에서 보내며 인간의 시각 조직을 체계적으로 연구하기 위해 수학과 실험 관찰에 의한 광학 연구에 몰두했다. 그는 반사체 바깥에 있는 한 점에서 나온 빛이 반사체 위의 어떤 점에서 반사되면 이 빛이 원하는 점으로 향하는가에 관한 문제의 연구로 잘 알려져 있다. 여러 가지 반사면에 대한 이 문제를 풀기 위해 많은 시도를 했지만 완전한 성공을 거두지는 못했다. 그러나 이런 연구를 통해 기하학에 대한 그의 이해 수준이 대단했음을 알 수 있다. 최근 요크York대학의 하워드Ian Howard 교수는 쌍안경의 주요 원리인 망막의 상응 개념을 처음 발견한 사람이 알하이탐이란 사실을 확인했다. 지금까지는 17세기의 벨기에 수도승인 아귈로니우스FrancisCus Aguilonius가 발견한 것으로 알려져 있었다.

이슬람 수학에 관련된 내용은 10, 29-31, 35, 40번 글에서 더 찾아볼 수 있다. ★

해보기 ACTIVITIES

1. 전설에 의하면 알콰리즈미는 다음과 같이 유언을 했다고 한다. 만약 자기 부인이 아들을 낳으면 유산의 $\frac{1}{3}$은 아내에게, 나머지는 아들에게 주기로 한다. 그러나 만약 딸을 낳으면 아내가 $\frac{2}{3}$를, 나머지는 딸이 갖도록 한다. 결국 그의 아내는 그가 죽은 뒤 얼마 되지 않아 아들과 딸 쌍둥이를 낳았다. 전설에는 그의 유산이 어떻게 분배되었는지에 대한 이야기는 없다. 알콰리즈미의 유언을 최대한 반영하려면 유산을 어떻게 나누어야 하겠는가?

2. 수학자이자 물리학자인 **알사마왈**ibn Yahya al-Samaw'al(1125-80)의 수학적 업적에 대해 읽어보아라. 그는 어떻게 소수 계산과 음수의 연구에 기여했는가?

3. 오늘날 미국과 유럽에서 사용되는 수 체계(0, 1, 2, 3, 4, 5, 6, 7, 8, 9)를 인도-아랍 수 체계라 한다. 이 체계가 유럽에 소개된 경로와 발전 과정에 대해 조사해 보아라.

4. 중세 이슬람 수학자들은 전문 천문학자들이었으며, 구면삼각법의 발전에 많은 기여를 했다. 왜 이슬람 수학자들은 구면삼각법에 많은 관심을 가졌는가? 페르시아 수학자인 **아불와파**Muhammad Abu' l-Wafa(940-997)는 구면삼각법 분야에 어떻게 더 많은 기여를 했는가?

5. 이슬람 타일과 모자이크 예술품들은 그 복잡함과 아름다움으로 전 세계에 알려져 있다. 이런 예술품들이 수학적으로 왜 중요한가?

Hindu Mathematicians: Aryabhata and Bhaskara

28 인도의 수학자들: 아리아바타와 바스카라

> 인도 수학이 이 시대의 과학에 적용되는 정도를 보면 놀랍다. 현대의 산수와 대수학의 정신과 형태는 본질적으로 그리스보다는 인도에 그 근본을 두고 있다.
>
> — 카조리 Florian Cajori

저자가 알려진 인도 최초의 수학과 천문학 책인 『아리아바티야 *Aryabhatiya*』(499)는 **아리아바타** Aryabhata(476년 출생)가 운문으로 저술한 것이다. 이런 시적인 기술 방법은 고대에서는 흔한 일이었다. 기원전 1세기경 인도에서 카스트 제도가 만들어지면서 승려들인 브라만 계급은 대대로 종교 지식을 전수했다. 카스트 제도의 하위 계층들이 그들의 지식을 배우는 것을 방지하기 위해 문서보다는 입에서 입으로 전수하는 안전한 방법을 택했다. 중요한 내용을 외우기 쉽게 하기 위해 시의 형태로 쓰여졌는데, 이런 방법은 종교적인 전통뿐만 아니라 수학과 천문학 지식의 전수에도 적용되었다.

아리아바타의 책에는 이보다 약 1세기 먼저 삼각법에 관한 내용을 최초로 소개한 책인 『천문학의 구조 *Siddhantas*』에 나와 있던 사인함수표의 다른 모양이 소개되어 있다. 이 표는 삼각법의 발전에 중요한 역할을 했으며, 2세기에 천문학적 계산을 하기 위해 **프톨레마이오스**가 많은 시간을 소모했던 표를 대신하게 되었다.

아리아바타보다 수세기 후에 등장한 **바스카라**는 천문학과 수학적 재능이 널리 알려져 일생의 대부분을 천문 관측기관의 책임자로 일했다. 12세기 인도 수학자를 대표했던 그는 부정방정식의 연구에 많은 기여를 했으며, 원주율 π의 여러 가지 근사값을 구했는데, 그 중에서 $\frac{22}{7}$가 많이 사용되었다.

바스카라의 대표작인 『시단타슈로마니 *Siddantasiromani*』는 천문학 책으로, 그 중 두 단원은 수학에 관한 내용이다. 대수학에 관한 단원의 제목은 '씨앗 계산 *ViJa-Ganita*'이고, 산술에 관한 단원의 제목은 '릴라바티 *Lilavati*'이다. '기품 있는 사람'이란 뜻의 릴라바티는 바스카라 자신의 딸의 이름을 딴 것이라고 한다. 점성술사들은 릴라바티가 절대로 결혼을 하지 못할 것이라고 예언을 했다고 한다. 그러나 자신도 유능한 점성술사였던 바스카라는 딸의 결혼 시각을 정확히 예측했다. 딸은 물시계를 보면서 결혼 시각을 기다렸는데, 결혼 시각이 얼마 남지 않자 시계를 자

야자수 잎에 기록된 바스카라의 '릴라바티'의 일부. 스미스David Eugene Smith의 『수학사』(1925)에서 따옴.

세히 보기 위해 물시계에 기대는 순간 그녀의 머리 장식에서 진주 한 개가 시계 속으로 떨어져서 물의 흐름을 방해했다. 정신을 차리기도 전에 그녀의 결혼 시각은 지나버렸다. 불행한 딸을 위로하기 위해 바스카라는 자신의 책의 단원 제목으로 그녀의 이름을 붙였던 것이다.

인도의 수학에 관련된 내용은 2, 19, 24, 82번 글에서 더 찾아볼 수 있다. ★

해보기 ACTIVITIES

1. 인도 수학자들은 ($ax+by=c$와 같이 해가 여러 개인) 부정방정식에 관해 많은 관심을 가졌다. 아리아바타는 일차 부정방정식의 해를 구하는 방법을 개발했다. 그는 이 방법을 '분쇄기' 라는 뜻의 *kuttaka*라고 불렀다.
   a. 이 방법에 대해 알아보아라.
   b. 다음 문제의 해를 모두 구하라. 10센트와 25센트짜리 동전을 이용해 5달러를 만드는 방법은 모두 몇 가지인가?

2. 피타고라스의 정리에 대한 바스카라의 증명을 읽어보아라.

3. 바스카라의 책에 보면, p가 상수일 때 $x^2 = 1 + py^2$ 꼴의 방정식에 관한 설명이 있다. 이런 방정식을 '펠 Pell의 방정식' 이라고 한다. 바스카라는 왜 이 방정식에 관심을 가졌는가?

The Long History of Negative Numbers

음수의 긴 역사 29

> 음수 곱하기 음수는 양수이다. 그 이유를 따질 필요는 없다.
>
> \- 오덴W. H. Auden
>
> 과학의 어떤 분야에서 많은 문제가 제기되는 한, 그 분야는 살아 있다는 뜻이다. 문제가 없다는 것은 그 분야의 독립적인 발전이 멈추어 있거나 쉬고 있음을 뜻한다.
>
> \- 힐베르트David Hilbert

음수의 개념이 1800년대까지도 몇 명을 제외한 대부분의 수학자들을 괴롭혔던 사실에 놀랄지도 모르겠다. 그런데 그 몇 명의 수학자들은 아예 음수의 개념을 무시했었다! 인도에서는 빚을 나타내기 위해 음수를 도입했으며, 6세기의 수학자인 브라마굽타는 음수의 사칙 계산에 관한 책도 남겼다. 이와 비슷하게 12세기 이슬람 수학자인 알사마왈이 저술한 『계산에 관한 빛나는 책 *Al-Bahir fi'l-hisab*』에서는 음수의 덧셈과 뺄셈에 대해 다루었는데, 이와 비슷한 시기 인도의 바스카라는 답이 음수일 경우 이를 '적합하지 않다' 고 여겼다. 오래 전 중국에서는 검정과 빨강 막대를 사용해 양수와 음수를 나타내었다. 그러나 3세기경의 중국 수학자 유휘는 『구장산술』(기원전 200년경)을 개정하면서 계산의 필요에 의해 음수를 도입했던 반면, 그리스의 수학자 디오판토스는 $\sqrt{x+3}=0$ 과 같이 해가 음수인 경우는 풀지 못한다고 생각했다.

유럽의 수학자들은 이슬람 문서를 통해 음수에 관해 알고 있었으나, 수세기 동안 음수는 의미도 없고 실용성도 없다고 생각했다. 15-16세기 수학자인 슈케Nicolas Chuquet와 슈티펠Michael Stifel도 음수를 모순적인 수로 생각했다. 1500년대에 카르다노Girolamo Cardano는 음수를 방정식의 근으로 인정하려 했으나 결국에는 불가능한 해로 결론을 내렸으며, 비에트François Viète는 아예 음수를 취급하지 않으려고 했다. 17세기 수학자인 데카르트René Descartes는 어느 정도까지는 음수를 인정했으나, 음수가 '무' 보다 작기 때문에 잘못된 수로 생각했다.

17세기 들어서 음수를 사용해야 할 경우가 점점 더 많이 생겼지만, 그 개념이 명확해지기까지는 좀더 시간이 걸렸다. 일부 수학자들은 여전히 음수를 경계했으며, 심지어 사용하는 것에 저항하기까지 했다. 음수에 관한 흥미 있는 논쟁이 신학자이자 수학자이며 파스칼의 친구인 아르노Antoine Arnauld에 의해 제기되었다. 그는 $-1:1=1:-1$임을 쉽게 받아들이지 못했다. 그는 -1이 1보다 작다는 전제하에, '작은 것과 큰 것의 비가 어떻게 큰 것과 작은 것의 비와 같을 수 있는가?' 라고 물었다. 거의 1세기가 지난 후에 달랑베르Jean le Rond d'Alembert는 "답이 음수로 나오는 문제는 틀린 가정을 옳다고 생각했기 때문이다." 라고 말했다.

18세기 최고의 수학 책들에서도 여전히 음수 -6 앞에 붙는 음의 부호와 뺄셈 기호(−)를 혼동했다. 그러나 마침내 오일러가 그의 저서 『대수학 입문 *Complete Introduction to*

Algebra』(1770)에서 '빚을 갚는 것은 선물을 주는 것과 같다' 는 비유를 통해 $-b$만큼 빼는 것과 b만큼 더하는 것의 뜻을 비교했다.

수학은 인간이 만든 추상적인 개념으로서 필요에 따라 만들어져서 가치가 있으면 발전된다는 점을 음수의 역사는 우리에게 보여준다. 긴 세월의 저항에도 불구하고 음수는 현대 사회에서 중요하게 사용된다. 겨울철 일기예보나 지도를 본 적이 있는가? 거기에는 음수가 지천에 널려 있다.

수의 역사에 관련된 내용은 1, 12, 14, 21, 24, 37, 52, 64, 67번 글에서 더 찾아볼 수 있다. ★

해보기 ACTIVITIES

1. 오늘날 뺄셈 기호 또는 음의 부호는 두 가지 역할을 한다. 뺄셈의 기호로도 이용되며, 음수를 나타낼 때도 사용된다. 역사적으로 음수를 나타내는 데에는 여러 가지 기호들이 사용되었다. 어떤 기호들이 있었는지 알아보아라.

2. $x<0$일 때, $-x$에 대해 무엇을 말할 수 있는가? $-x$를 'x의 반대' 로 읽는 대신 'x의 덧셈의 역원' 으로 읽을 때 얻는 이점은 무엇이라 생각하는가?

3. 사람들은 적의 적을 친구라 여긴다. 이런 말을 이용해 '음수 곱하기 음수는 양수' 라고 설명한다. 다음 증명에 대한 의견을 말해 보아라.

$$\begin{aligned}(-1)(-1) &= (-1)(-1)+(0)(1)\\ &= (-1)(-1)+(-1+1)(1)\\ &= (-1)(-1)+(-1)(1)+(1)(1)\\ &= (-1)(-1+1)+(1)(1)\\ &= (-1)(0)+(1)(1)\\ &= (1)(1)\\ &= 1\end{aligned}$$

The Poet Mathematicians

수학자 시인들 30

『루바이야트*Rubaiyat*』란 시집의 저자로 알려진 **카얌**Omar Khayyam(1048-1131)은 페르시아 태생의 천문학자이자 수학자이다. 다음은 그가 수학에 기여한 내용 중의 일부이다.

카얌의 역법 개편을 묘사한 버턴H. M. Burton의 그림. 뉴욕의 Culver Pictures, Inc. 제공.

- 삼차방정식의 기하학적 해법을 발견함으로써, 카얌은 양수의 근을 포함하는 모든 형태의 삼차방정식을 풀 수 있는 최초의 수학자가 되었다.
- 유클리드의 『원론』을 예리하게 분석한 『어려운 문제에 대한 유클리드와의 토론*Discussion of the Difficulties with Euclid*』이란 책에서 그는 유클리드의 평행선 공준을 증명할 수 있는 몇 가지 가능성을 생각했다.
- 그는 이항식의 네제곱 이상의 거듭제곱을 전개하는 법칙을 알아냈다. 이항전개식의 계수를 나타낸 파스칼의 삼각형을 그는 이미 알고 있었던 것으로 짐작된다.

수학에 기여한 그의 업적 중에서 가장 잘 알려진 것으로 페르시아 역법을 개편하도록 주장한 것을 들 수 있다. 그는 33년 중에서 366일이 1년인 해를 8년씩 두는 방법을 제안했다. 그는 역법 개편에 관한 심정을 시로 표현해 『루바이야트』에 다음과 같은 글을 남겼다.

롱펠로.

> 아, 내 계산법 때문에 햇수 계산이 더 쉬워졌다고 사람들이 말한다고요?-
>
> 그것이 아니라, 사실은 내일의 역법은 아직 태어나지 않았고, 어제의 역법은 쓸모가 없어졌다는 것이 그저 놀라워서 그렇겠지요.

(역법에 관련된 내용은 6, 8, 40, 48번 글에서 더 찾아볼 수 있다.)

> 교과서에 나와 있는 수학은 얼마나 지루하고 재미없는가. 마치 웅장한 수의 과학이 발견되어 단지 장사를 잘 하려는 목적으로만 발전된 것처럼.
> 수의 과학에는 신성한 무엇이 내재되어 있다. 신이 그러하듯이 그것도 양손을 오무려 바다를 퍼담을 수 있다. 그것은 지구의 둘레를 측정하고, 별의 무게를 달며, 우주를 빛내며, 또한 그것은 법이고, 질서이며, 아름다움이다. 그러나 여전히 우리 중의 대부분은 그것의 최고 목표가 복식부기를 잘 하는 것이라고 생각한다.
>
> — 롱펠로, *Kavanagh: A Tale*

이로부터 7세기가 지난 후 미국의 시인이자 학자인 **롱펠로**Henry Wadsworth Longfellow(1807–82)는 작품 활동에 더 많은 시간을 쏟기 위해 하버드대학의 현대 언어학 교수직을 사임했는데, 그의 작품 중에는 자신이 깊은 관심을 가졌던 수학에 관련된 것도 몇 가지 포함되어 있었다. 그의 시 세계에는 자신이 좋아했던 수학이 자연스럽게 스며들어 있었다. (해보기 5번을 보라.)

이슬람 수학에 관련된 내용은 10, 27, 29, 31, 35, 40번 글에서 더 찾아볼 수 있다. ★

해보기 ACTIVITIES

1. 일화에 의하면, 카얌은 어릴 적 친구 두 명과 했던 약속 때문에 매년 그들로부터 지원금을 받으면서 수학을 연구하고 시를 썼다고 한다. 그 약속이 무엇인지 알아보아라.

2. 롱펠로는 수학에 대한 관심을 어떻게 더 키워나갔는가?

3. 카얌은 방정식 $x^3+b^2x+a^3=cx^2$을 풀기 위해 기하학을 어떻게 이용했는가?

4. 고대 인도에서 천문학자들은 숫자를 숫자 기호 대신 시적으로 표현해 범어Sanskrit로 된 시 구절로 책을 썼다. 이런 시를 조사해서 발표해 보아라. 어떤 방법을 사용해 숫자를 시적으로 표현했는가?

5. 롱펠로가 쓴 시에 나오는 다음 문제를 풀어라.
   "아름다운 수련 꽃다발의 $\frac{1}{3}$은 마하데브에게, $\frac{1}{5}$은 휴리에게, $\frac{1}{6}$은 태양에게, $\frac{1}{4}$은 데비에게, 그리고 남은 여섯 송이는 정신적 선생님께 드렸다."
   수련은 모두 몇 송이인가?

The Fibonacci Sequence

피보나치 수열 31

19세기 이후로 피보나치Fibonacci로 알려진 피사의 **레오나르도**Leonardo of Pisa(1170-1250)는 어린 시절 상인이었던 아버지를 따라 이탈리아에서 지금의 북아프리카 알제리 지방을 자주 왕래했다. 그곳에서 그는 이슬람 교사들로부터 수학과 아랍어를 배웠다. 후에 피보나치는 지중해 지역을 여행하면서 그 지방의 학자들과 수학자들을 만나며 공부를 계속했다. 1200년에 유럽으로 돌아와서는 이슬람 세계에서 배웠던 내용을 기초로 수학을 정리 · 발전시키며 책을 저술하기 시작했다.

이탈리아 사람으로는 처음으로 대수학에 관한 책을 저술한 피보나치는 유럽에 인도-아랍의 수 체계를 소개하는 데 기여했다. 또한 그는 자기 이름을 딴 다음 수열로 널리 알려져 있다.

1, 1, 2, 3, 5, 8, 13, 21, 34, 55, 89, 144, ⋯

이 수열은 1 두 개로 시작해서, 세 번째 항부터는 바로 앞에 있는 두 항의 합으로 계속 만들어진다.

피보나치 수열은 인공적이거나 자연적인 현상에서 쉽게 찾아볼 수 있다. 수벌의 가계도를 예로 들면, 수벌은 아버지 없이 엄마만 있으며, 암벌은 아버지와 엄마 양쪽이 모두 있다. 데이지꽃의 노란색 중심 부분을 보면 아주 작은 꽃들이 촘촘히 모여 있는 것을 볼 수 있는데, 이것을 통꽃이라고 한다. 이 통꽃의 중심으로부터 나선을 그리며 뻗어 나오는 두 가지 곡선군을 볼 수 있다. 이들 중 21개는 시계 방향으로 뻗어 있고, 나머지 34개는 시계 반대 방향으로 뻗어 있다. 이와 같이 피보나치 수는 솔방울의 비늘의 배열, 파인애플의 껍질 마디의 배열, 식물 잎사귀의 배열 등과 같이 자연의 여러 현상에서 찾아볼 수 있다.

오른쪽 그림의 피아노 건반 13개에서 피보나치 수열의 처음 7개 항을 찾을 수 있는가? (건반 그림은 반음계의 한 옥타브를 나타낸다.)

피보나치와 피보나치 수열에 관련된 내용은 5번과 34번 글에서 더 찾아볼 수 있다. ★

피보나치 수열은 그의 책 『산술의 서*Liber abacci*』(1202)에 나오는 문제에서 유래되었다.

"암수 토끼 한 쌍이 계속 번식을 하면 1년 후에는 몇 쌍의 토끼가 될까요? 어떤 사람이 사방이 벽으로 둘러싸인 곳에 토끼 한 쌍을 넣었다. 이 한 쌍의 토끼가 한 달 후에 암수 한 쌍의 토끼를 낳으며, 이후 각 쌍의 토끼가 매달 한 쌍씩 토끼를 낳는다고 가정할 때, 이 한 쌍의 토끼로부터 1년 동안 몇 쌍의 토끼가 번식되는지 알고 싶다."
이 문제를 풀 수 있나요? (그림을 그려보면 도움이 될 것이다.) 답 속에서 피보나치 수열을 찾을 수 있나요?

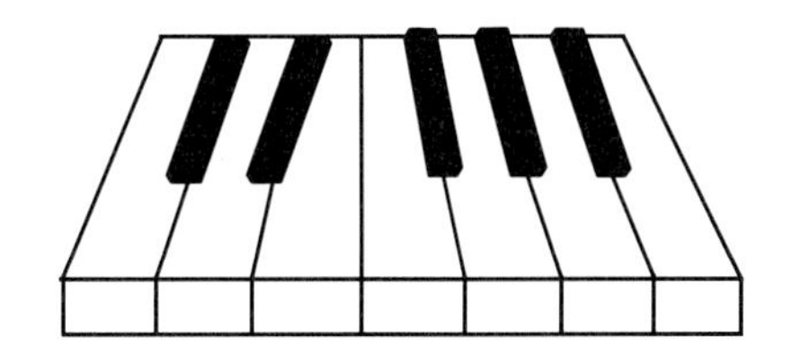

해보기 ACTIVITIES

1. 임의의 두 수에서 시작해 피보나치 수열을 만들어라. 처음 10개 항의 합은 7번째 항의 11배가 됨을 밝혀라.

2. 파스칼의 삼각형에서 피보나치 수열을 찾아라. (파스칼의 삼각형에 관한 내용은 44번 글에서 더 찾아볼 수 있다.)

3. 피보나치는 자신의 작품에 '멍청이 Blockhead' 라고 서명을 했다. 그 이유는 무엇인가?

4. 어떻게 구했는지는 모르지만, 피보나치는 삼차방정식 $x^3+2x^2+10x=20$의 해를 소수점 아래 9째 자리까지 정확하게 구했다고 한다. 이 방정식은 왜 1과 2 사이에 해를 하나 갖는가? 해를 찾는 간단한 컴퓨터 프로그램을 만들어보아라.

The Knotty Records of the Inca

풀리지 않는 잉카의 기록들 32

남아메리카의 **잉카** Inca 제국은 15-16세기 동안 지금의 페루, 아르헨티나, 볼리비아, 칠레, 에콰도르 지역에서 번성했다. 1400년경 이 지역에는 여러 부족들이 정착해 살고 있었는데, 이들 중 잉카인들은 비폭력적인 방법을 통해 점차적으로 다른 부족들을 관료적으로 통치하게 되었다. 항상 평화적이었던 잉카인들은 지역 문화를 손상시키지 않았으며, 심지어 다른 문화를 자신들의 문화와 통합하기도 했다. 공용어인 '케추아Quechua' 어를 널리 보급하고 발달된 도로망을 이용한 강력한 의사 전달 체제를 구축해 잉카 제국은 4백만 명의 인구를 가진 고도의 문명 사회를 형성하게 되었다.

대제국을 건립해 운영했지만 필요한 문자 시스템이 없어 정확한 기록을 남길 수 있는 방법을 찾아야 했는데, '**퀴푸** quipu' 라고 하는 결승문자를 사용해 잉카인들은 마을의 인구, 농작물의 수확량, 중요한 날짜, 필요한 노동력 등과 같이 셀 수 있는 양을 기록했다.

스페인 국왕에게 보내는 편지에 포마 Felipe Guáman Poma de Ayala가 그린 퀴푸를 들고 있는 17세기 잉카의 상인 모습. 그 편지에는 안데스 산지의 생활을 설명하고, 스페인인들이 잉카인들을 박해하는 잘못을 지적하는 내용이 들어 있었다.

잉카 세계에서 쉽게 구할 수 있는 양털이나 솜으로 만들어진 결승문자는 굵은 끈에다 펜던트 줄이라 부르는 여러 가닥의 끈을 매달았고, 각 펜던트 줄에는 보조 줄을 매달았다. 끈에 만든 매듭의 크기와 위치에 따라 십진법 등으로 숫자를 표시했다. 예를 들면, 끈의 윗부분에 4개의 매듭을 짓고, 아랫부분에 6개의 매듭을 지어 46을 나타냈다. 또한 여러 가지 색깔과 명암으로 끈을 염색했는데, 그 색깔, 길이, 펜던트 줄의 위치 등은 숫자를 기록하려는 대상에 따라 달랐다. 결승문자를 만드는 사람들은 잉카의 수도인 쿠스코Cuzco에 있는 학교에서 훈련을 받는 전문인들이었다. 그들은 제국 안에서 일어나는 숫자와 관련된 일에 따라 숫자, 색깔 및 펜던트와 매듭의 위치를 결승문자로 정확히 기록했다. 휴대하기에 아주 편리한 이런 기록들은 잘 닦인 도로를 달리는 배달부들이 제국 안의 많은 관리들 사이를 오가며 전달했다.

매우 정교하고 복잡한 문명의 기호들을 담고 있는 결승문자는 현대의 암호 해독가들의 많은 노력에도 불구하고 아직도 대부분 풀지 못한 수수께끼로 남아 있다.

아메리카 대륙의 원주민 수학에 관련된 내용은 3, 6, 24, 25, 40, 59, 104번 글에서 더 찾아볼 수 있다. ★

해보기 ACTIVITIES

1. 문자를 쓰지 않고 기록할 수 있는 다른 방법에는 어떤 것이 있는가? 그런 방법을 만들 수 있는가?

2. 잉카의 역법을 연구한 후 이로부터 배운 것을 수업에서 발표해 보자.

3. 5명씩 조를 짜서 결승문자를 만드는 과정을 재현해 보아라(결승문자를 만드는 방법은 Marcia Ascher와 Robert Ascher가 쓴 책인 "*Code of the Quipu*"를 참고하라). 갖고 있는 CD, 카세트테이프, 레코드의 수, 가수들이 부른 노래의 장르 등과 같은 기록할 자료들을 찾아라. 매듭을 묶는 방법과 색이 다른 끈을 이용해 조사한 것을 기록해라. 다 만든 후에는 다른 조의 결승문자와 비교해 보아라. 자기 조에서 만든 모든 결승문자를 모아서 1개의 결승문자로 만들 수 있는가?

Stifel's Number Mysticism

슈티펠의 숫자 신비주의 33

> 나는 읽은 적이 있다, 생명이 없는 것들이/신비로운 숫자들과 마음을 움직이는 소리를 듣고 꿈틀거렸으며,/마치 살아 있는 영혼들처럼 이야기를 들었다는 것을.
>
> \- 콩그리브 Richard Congreve, 아침의 신부

많은 역사학자들은 **슈티펠**Michael Stifel(1486-1567)을 16세기의 중요한 독일의 대수학자 중 한 사람으로 꼽는다. 그가 저술한 『산술백과*Arithmetica integra*』(1544)는 유리수, 무리수 및 대수학의 세 부분으로 나누어져 있었다. 그 전의 수학자들과 마찬가지로, 슈티펠도 17세기의 수학자 파스칼의 이름을 딴 유명한 삼각형에 대해 연구했다. **네이피어**John Napier는 슈티펠의 무리수에 관한 폭넓고 독창적인 업적을 연구해 르네상스의 가장 중요한 수학적 업적인 로그logarithm를 발견했다.

수학에 많은 영향을 끼친 공로 외에도 슈티펠은 역사적으로 유별난 성격을 지닌 사람이었다. 젊었을 때 신부였던 그는 그곳에서 보아왔던 부패 때문에 종교 개혁가가 되었다. 또한 그는 숫자 신비주의에 매료되어 『성경』을 연구하면서 중요한 단어들을 숫자와 연관지어 구절을 해석하기도 했다. 연구 결과 그는 1533년 10월 18일에 세상의 종말이 올 것이라고 예언하기도 했다. 종말을 준비하면서 그는 많은 소작인들에게 일과 재산을 버리고 자신과 함께 천국으로 가자고 설득했다. 마침내 10월 18일이 되고 세상이 그대로인 채 아무 일 없이 지나가자 자기 때문에 삶을 망친 사람들을 피해 감옥에 숨어 있어야만 했다. 또한 슈티펠은 교황 레오 10세Leo X가 『성경』에 나오는 사탄인 적그리스도임을 '증명해' 보이려고 했다. 교황의 이름인 LEO DECIMVS에서 로마 숫자가 아닌 E, O, S를 빼면 LDCIMV가 남게 된다. 그는 M이 미스터리의 첫 글자이기 때문에 이것을 빼는 대신에, Leo X에서 X를 가져다 붙여서 LDCIVX란 숫자를 만들었다. 이것의 순서를 재배열해 그는 DCLXVI 즉, 666을 만들었는데 이 수는 『성경』*에서 적그리스도를 뜻한다.

그 후에 수학과 신비주의에 매료된 많은 사람들이 두 분야를 융합해서 숫자를 이용해 비밀을 풀어 미래를 예언하려는 시도를 했다.

수의 중요성에 관련된 내용은 12, 21, 31, 34, 44, 52, 54, 59, 97번 글에서 더 찾아볼 수 있다. ★

슈티펠의 『산술백과』(요한 페트라이우스, 1545)에서 초기에 사용된 덧셈(+)과 뺄셈(-)의 기호를 찾아볼 수 있다.

Exempla vom Addiren.

Sum:	+	7.	8	Sum: —	18.
Sum:	+	11.	3	Sum: —	6.
Sum:	+	18.	11	Sum: —	24.

* 「요한계시록」 13장 18절(옮긴이).

해보기 ACTIVITIES

1. 파스칼의 삼각형에 대한 슈티펠의 연구 내용을 찾아보아라. 그의 연구가 수세기 전 중국에서 연구되었던 것과 어떤 관련이 있는가?

2. 『성경』의 「요한계시록」에는 4, 7 및 12란 숫자가 자주 등장한다. 이 숫자들이 왜 중요하며, 또 『성경』에서 어떤 숫자들이 중요한가? 다른 종교 서적에도 특별한 뜻을 가진 숫자가 나오며, 학자들도 그 숫자들의 중요성을 인정하는가?

3. 예언자 무하마드Muhammad를 위한 축복처럼, 이슬람 전통에서는 대부분의 축복이나 기도가 101번 반복된다. 인도-파키스탄 지역에는 신부에게 옷감 101조각과 선물을 담은 쟁반 101개를 주는 전통이 있다. 이 전통에서 101이란 숫자가 갖는 의미는 무엇인가?

4. 역사적으로 중요성을 갖는 숫자들이 많이 있다. 다음에 주어진 숫자들의 종교적 · 문화적 전통과 관련된 중요성을 조사해 보아라.

14 (바빌로니아, 이슬람)	16 (인도)	18 (이슬람)
19 (바빌로니아)	20 (마야)	27 (이집트)
28 (아라비아)	36 (중국)	40 (이슬람, 유대교)
60 (바빌로니아)	64 (중국, 인도)	66 (이슬람)
72 (중국, 이슬람)	84 (인도)	100 (중국)
101 (이슬람)	108 (힌두교)	216 (불교)
432 (인도)	888 (중국)	10,000 (중국)

The Golden Ratio and Rectangle

황금비와 황금사각형 34

세상의 일을 숫자와 관련짓는 데 열심이었던 그리스의 철학자 피타고라스(기원전 572-497)는 다음과 같은 글을 썼다. "황금비는 이 세상의 모든 피조물에 존재한다. 사람의 키와 배꼽의 높이의 비를 계산해 보라. 대신전의 두 벽의 길이의 비, 오각형 별pentagram의 긴 변과 짧은 변의 길이의 비. 왜 그런가? 전체에 대한 큰 것의 비는 큰 것에 대한 작은 것의 비와 같기 때문이다."

레오나르도 다 빈치의 「성 제롬」(1483년경).

피타고라스를 그토록 황홀하게 했던 '황금비'란 무엇인가? 아래 그림에서처럼 선분 AB를 그어서, 그 위에 $\frac{\overline{AC}}{\overline{AB}}=\frac{\overline{CB}}{\overline{AC}}$가 되도록 점 C를 잡으면, **황금비** golden ratio를 만들 수 있다. 만약 $\overline{AB}=1$이면, $\frac{x}{1}=\frac{1-x}{x}$이다. 이 방정식을 풀어서 구한 비의 값이 바로 황금비인 $\frac{1+\sqrt{5}}{2}=1.618033989$로서 약 1.6이다. 이 비의 값을 ϕ phi로 나타낸다.

가로와 세로의 비가 황금비인 직사각형을 **황금사각형** golden rectangle 또는 완전사각형이라고 한다. 황금사각형이 모든 기하학 도형 중에서 시각적으로 가장 안정된 모양이라고 생각하기 때문에 예술품과 건축물에 많이 적용되고 있다. 예를 들면, 이탈리아의 화가이며 건축가 · 기술자인 **레오나르도 다 빈치** Leonardo da Vinci(1452-1519)는 수학에 아주 많은 관심을 가졌는데, 그의 미완성 그림인 「성 제롬 *St. Jerome*」(1483년경)에서 성자의 몸이 황금사각형에 둘러싸인 틀 안에 그려져 있다. 황금비가 시각적으로도 보기에 좋다는 것을 화가로서 레오나르도도 분명히 알고 있었겠지만, 자신의 작품에 황금비를 '의도적으로' 사용했는지는 알 수가 없다.

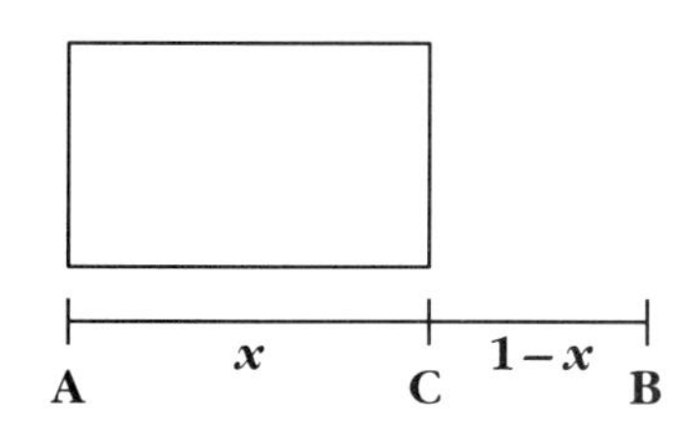

피보나치 수열 1, 1, 2, 3, 5, 8, 13, 21, 34, 55, 89, 144, 233, ⋯ 도 황금비와 관계가 있다. 연속하는 두 항의 비의 값으로 만든 수열 $\frac{1}{1}, \frac{2}{1}, \frac{3}{2}, \frac{5}{3}, \frac{8}{5}, \frac{13}{8}, \frac{21}{13}, \frac{34}{21}, \cdots$의 항이 황금비의 값에 점점 가까워짐을 알 수 있다. 이 수열의 항이 $\frac{233}{144}$에 이르면 이것의 값은 1.618055556이 되는데, $\frac{1+\sqrt{5}}{2}$의 값과 거의 같다. 이 비는 앵무조개 껍데기나 줄기에 잎이 나선형으로 붙어 있는 식물 등과 같은 자연 현상에서도 찾아볼 수 있다.

비에 관련된 내용은 2, 12, 80, 92번 글에서 더 찾아볼 수 있다. 피보나치 수열에 관련된 내용은 5번과 31번 글에서 더 찾아볼 수 있다. ★

해보기 ACTIVITIES

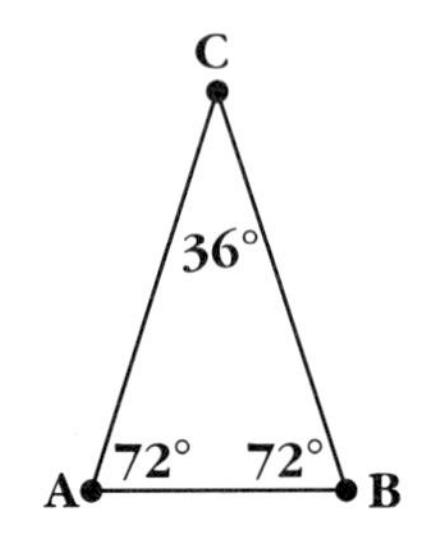

1. 밑변에 대한 빗변의 비의 값이 $\frac{1+\sqrt{5}}{2}$ 인 이등변삼각형을 황금삼각형이라고 한다. 왼쪽 삼각형 ABC가 황금삼각형임을 밝혀라.

2. 황금사각형이 나타나는 예술품이나 건축물의 예를 찾을 수 있는가?

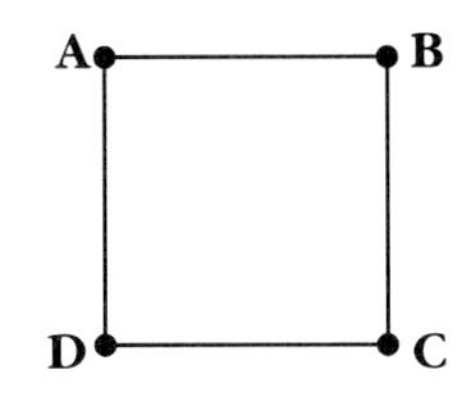

3. 왼쪽 그림은 정사각형이다.
   a. 변 CD의 중점 M을 작도해라.
   b. 변 CD 위에 $\overline{MB}=\overline{ME}$를 만족시키도록 점 E를 작도해라.
   c. 점 E에서 변 AB에 내린 수선의 발을 F라 할 때, 점 F를 작도해라.
   d. 사각형 AFED가 황금사각형임을 밝혀라.

4. 오른쪽 그림에서 다각형 ABCDE는 정오각형이다. 이 그림에서 황금삼각형을 모두 몇 개 찾을 수 있는가?

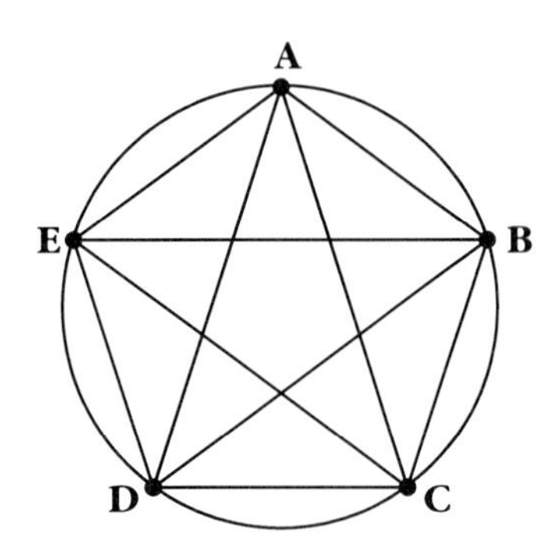

Visual Mathematics

시각적인 수학 35

마야 건축에서 영향을 받은 현대의 기하학적 조각인 펠드먼Bella Feldman의 「타오Tao의 집」(1990). 작가가 제공한 사진 복사.

사람들은 수학과 예술은 정반대라고 생각하지만, 아름다운 그림이나 사물 중에는 이 두 분야를 잘 결합한 것들이 많이 있다.

고대의 제단이나 묘와 같이 왕실의 권위를 나타내는 건축물들은 그 시대의 건축이나 공학의 기초가 된 수학의 지식을 반영하고 있다. 이런 건축물로는 스톤헨지의 선돌, 남태평양의 이스터 섬에 있는 석상, 아프리카의 무사와라트Musawwarat에 있는 '거대한 담Great Enclosure' 및 이집트와 중남미의 피라미드를 들 수 있다. 이런 건축물들은 튼튼한 구조의 계산적 측면과 경외심을 불러일으키는 미학적 측면 모두를 고려해 설계된 것들이다.

여러 건축물의 내부는 수학 지식을 창의적으로 활용해 디자인되었다. 좋은 예로서, 13세기 무어인들이 스페인의 그라나다에 세운 알람브라 궁전을 들 수 있다. 그들의 종교는 생명체를 그림으로 표현하는 것을 금지했기 때문에 이슬람 예술가들은 궁전 내부를 아름다운 대칭적 디자인으로 장식했다. 수학의 아름다움은 아직도 건축가들에게 많은 영감을 고취시키고 있다. 미국의 건축가인 라이트Frank Lloyd Wright(1857-1959)가 설계한 뉴욕의 구겐하임R. Guggenheim 미술관은 관람객들이 미술관의 소장품을 감상하기 편리하도록 지름은 30m에 불과하지만, 길이가 무려 400m가 될 정도로 완만한 나선형 경사로를 설치했다.

대칭, 비례, 원근법과 같은 수학적 개념들이 전 세계적으로 사람들의 창작품 속에서 수세기 동안 전수되어 왔다. 주로 실용적 목적이나 의식적 목적으로 사용되는 민속 공예품은 문화의 전통, 역사, 시각을 지속적으로 보여준다. 손으로 짠 천, 바구니, 그릇 및 보석류에서 복잡하고 정교한 무늬로 구성된 기하학적 도형을 쉽게 찾아볼 수 있다. 조각 이불quilt을 만드는 전통 기법에서는 대칭이나 짜맞추기 등의 수학적 원리를 아주 많이 이용하는데, 디자인할 때 특히 반사와 회전의 개념을 많이 이용한다.

수학적 규칙과 엄밀성에 영향을 받은 현대 예술가들은 활발한 예술적 활동을 펼치고 있다. 의식에 사용하는 가면과 같은 아프리카의 예술품에 영향을 받은 20세기 초 유럽의 입체파 화가들과 조각가들은 자연 현상을 간단한 기하학적인 모양으로 바꾼 다음, 그것을 평면적으로 재구성했다. 비슷한 시기에 러시아의 구성파 예술가들은 추상화를 통해서 진실된 현실을 이해하고자 노력했는데, 순수함의 힘을 표현하기 위해 직선 도형과 공학적 원리를 이용했다. 멕시코의 구성파 조각가인 괴리츠Mathias Goeritz(1915년 출생)는 사람들이 걸어서 지나갈 수 있는 거대한 기하학적 구조물을 만들었다. 1960년대 미국의 조각가 네벨슨Louise Nevelson(1900-88)은 '환경'이라고 이름을 붙인 큰 나무벽 구조물 속에 복잡한 기하학적 입체를 만들기도 했다.

오늘날의 컴퓨터공학은 산업 디자이너나 순수 또는 그래픽 예술가들이 새로운 표현 방법을 경험할 수 있는 기회를 제공해 준다. 최근 컴퓨터로 생성된 프랙탈fractal 도형은 순수한 수학적 예술의 최고로 부상했다. 물리학자들과 수학자들은 자연의 대칭과 혼돈 사이의 관계를 연구하는 과정에서 1960년대에 이와 같은 환상적인 도형과 만나게 되었다. 이제는 줄리아Gaston Julia나 만델브로트Benoit Mandelbrot 등과 같은 이들의 업적에 기초를 둔 방법을 이용해 수학자들과 예술가들은 아름다운 프랙탈 도형의 그림을 만들어낸다.

예술과 수학에 관련된 내용은 34, 50, 59, 90, 100, 101, 107번 글에서 더 찾아볼 수 있다. ★

해보기 ACTIVITIES

1. 잘 알지 못하는 문화권의 민속 예술에 대해 알아보아라. 그 예술 작품들에 수학적인 도형이나 개념이 이용되고 있는가? 이용되고 있다면 어떤 방법으로 이용되는가? 또 그 예술 작품은 어떤 목적으로 만들어졌는가? 이로부터 배운 것을 수업 시간에 보여줄 수 있도록 준비해 보자.

2. 측지선 돔geodesic dome이란 무엇인가? 이런 건축물의 역사를 조사해 보고, 실제로 만들어보아라.

3. 르네상스 시대의 예술가와 건축가들이 수학적인 규칙과 조화를 자신들의 작품에 어떻게 이용했는지 알아보아라. 관심을 끄는 예술품이나 건축물을 하나 골라서, 그에 대한 개인적인 소감과 수학적 가치에 대한 보고서를 작성해 보아라.

4. 수학적인 방법이나 개념을 이용해 예술 작품을 만들어보아라.

The Cardano-Tartaglia Dispute

카르다노와 타르탈리아의 논쟁 36

수학 교사인 에스칼란테Jaime Escalante에 관한 영화 「손들고 꼼짝 마*Stand and Deliver*」를 본 적이 있는가? 이것이 아마 수학사에 나오는 인물을 볼 수 있었던 유일한 영화였지만, 이 외에도 영화에 나올 만한 흥미 있는 인물들이 많이 있다. 그런 인물로 이탈리아의 수학자인 **니콜로 타르탈리아**Niccolò Tartaglia of Brescia(1499–1557)와 **지롤라모 카르다노**Girolamo Cardano(1501–76)를 들 수 있다. 이들은 삼차방정식의 해법에 관한 유명한 논쟁의 주인공들이다.

대수학을 배운 학생이라면 일차방정식($ax+b=0$)과 이차방정식($ax^2+bx+c=0$)의 해를 쉽게 구할 수 있을 것이다. 또한, 삼차 이상의 고차방정식을 쉽게 푸는 일반적인 공식이 없다는 것도 잘 알고 있을 것이다. 그러나 타르탈리아는 $x^3+ax^2=b$ 형태의 삼차방정식을 푸는 방법을 알아냈다고 주장했다. 그의 주장에 회의적인 수학자들은 그의 주장이 틀렸음을 증명할 수 있다고 확신한 나머지, 공개적으로 문제 풀이 시합을 제시하며 타르탈리아에게 도전을 했다. 다른 사람들은 간단한 형태의 삼차방정식만 겨우 풀 수 있었던 반면, 타르탈리아는 자신이 발견한 방법을 이용해 어려운 삼차방정식을 풀어보임으로써 완벽한 승리를 거두었다.

그 시합에 관한 소문을 들은 카르다노는 자신이 집필하고 있던 수학 책에 타르탈리아의 이름으로 그의 발견을 인용해도 좋은지를 묻는 편지를 보냈다. 처음에는 거절했으나 결국 타르탈리아는 공개하지 않는다는 약속을 카르다노에게서 받아낸 후에야 수수께끼 형태로 해법을 알려주었다.

몇 년이 지난 후 카르다노는 여러 가지 형태의 삼차방정식의 풀이법을 자기 자신이 독자적으로 발견해 이를 출판하려 했다. 그러나 그는 타르탈리아와의 약속을 어기고 싶지는 않았다. 그러나 얼마 지나지 않아서 카르다노는 이탈리아의 수학자인 **페로**Scipione del Ferro(1465–1526)가 타르탈리아보다 20년도 더 이전에 이미 삼차방정식의 해법을 발견했었다는 사실을 알게 되었

Hieronimi C. Cardani Medici Mediolanensis (1553)의 표지에 나오는 카르다노의 초상.

La prima parte del general trattato dinumeri (베니스, 1556)의 표지에 나오는 타르탈리아의 초상.

다. 이런 이유에서 타르탈리아와의 약속을 더 이상 지키지 않아도 된다고 판단한 카르다노는 삼차방정식과 사차방정식에 관한 논문인 『위대한 예술, 대수학의 규칙에 대해 *Ars magna, sive de regulis algebraicis*』(1545)에서 그 해법을 공개했다. 타르탈리아는 카르다노가 자신과의 약속을 지키지 않았음에 격분했지만, 페로가 먼저 발견한 것이 사실이고, 카르다노도 논문에서 자신의 업적에 대해 충분히 설명하고 고마움을 나타냈기 때문에 타르탈리아도 어쩔 도리가 없었다. ★

해보기 ACTIVITIES

1. 삼차방정식 $ax^3+bx^2=c$와 $ax^3+bx=c$에서 $c=0$이면, 해를 쉽게 구할 수 있음을 밝혀라.

2. 삼차방정식의 일반적인 형태는 $a\neq0$일 때, $ax^3+bx^2+cx+d=0$이다. 왜 이런 삼차방정식은 적어도 1개의 실근을 갖는지 설명해 보아라.

3. 네 수 a, b, c, d를 정해 그래픽 계산기로 $y=ax^3+bx^2+cx+d$의 그래프를 그린 후 $ax^3+bx^2+cx+d=0$의 근을 하나 구해라.

4. $x^3+ax=b$를 푼 타르탈리아와 카르다노의 방법을 조사한 후 이 방법을 이용해 이런 형태의 방정식을 풀어보아라.

5. 이 외에 타르탈리아와 카르다노가 수학의 발전에 기여한 내용에 대해 조사해 보아라.

The Birth of Complex Numbers

복소수의 탄생 37

중 학생들은 $i=\sqrt{-1}$(따라서, $i^2=-1$)로 정의하고, a와 b가 실수일 때 $a+bi$로 표시되는 복소수Complex number들 사이에 연산을 정의해 실수 체계를 확장할 수 있음을 배운다. 그런데 음수의 경우에서처럼 복소수의 개념도 쉽게 받아들여지지는 않는다.

12세기 인도 수학자인 바스카라는 "양수의 제곱은 물론이고, 음수의 제곱도 양수이다. 그리고 양수의 제곱근은 양수와 음수 두 개이다. 음수는 제곱수가 아니므로 음수의 제곱근은 없다"라고 했다. 방정식에 관한 논문인『위대한 예술』에서 이탈리아의 수학자 카르다노는 음수의 제곱근을 '가공의' 양이라고 불렀다. 연립방정식 $x+y=10$과 $xy=40$을 풀어서, 그는 두 개의 이상한 해인 $5+\sqrt{-15}$와 $5-\sqrt{-15}$를 구했다. 그는 "이것이 전혀 쓸모가 없다"라고 결론을 내리고는 더 이상 이유를 묻지 않았다. 그러나 카르다노가 음수의 제곱근을 기록했다는 사실이 결국 그 존재를 입증한 셈이 되었다. 세월이 흐른 후 수학자들은 $\sqrt{-1}$과 같은 표현을 허수라고 불렀는데, 적절한 표현은 아니지만 17세기 **데카르트**René Descartes가 이렇게 부른 후로 굳어졌다. 복소수는 실수와 허수의 합으로 나타내어진다.

복소수의 발전에 공헌한 수학자들

봄벨리Rafael Bombelli(1526–72): 복소수를 삼차방정식의 근으로 생각함. 복소수에 관한 최초의 논리적 이론을 서술한『대수학*Algebra*』(1572)에서 그는 복소수의 사칙계산을 공식화했음.
오일러Leonhard Euler(1707–83): 허수 단위의 기호 $i=\sqrt{-1}$를 도입함.
아르강Jean-Robert Argand(1768–1822): 모든 대수 방정식은 복소수의 범위에서 근을 가짐을 밝히는 데 복소수의 기하학적 표현을 응용함. (y축을 허수축으로 하는) 요즘의 복소수 평면을 아르강 평면이라고도 함.
가우스Carl Friedrich Gauss(1777–1855): 모든 n차 방정식은 반드시 n개의 복소수 근을 가짐을 증명함. (실수도 모두 복소수임을 기억하라. 예를 들면, $5=5+0i$ 이다.)

여러 면에서 복소수는 실수와 비슷하기 때문에, 실수가 갖는 성질 중 더 큰 복소수의 집합에 그대로 성립되는 것이 많다. 그렇지 않은 성질 중 하나는 근호 계산에서 곱의 법칙 $\sqrt{a}\sqrt{b}=\sqrt{ab}$이다. 이 법칙은 a와 b가 모두 음이 아닌 실수일 때 성립하는데, 복소수에서는 $\sqrt{-4}\ \sqrt{-9}$는 $\sqrt{36}$, 즉 6이 아니다. 실제로는 $(2i)(3i)=6i^2=6(-1)=-6$과 같이 계산해 -6이 나오게 된다. 이런 불일치가 이상하게 보이겠지만 논리적으로 볼 때, 작은 집합에서 성립하는 성질이 더 큰 집합에서도 똑같이 성립해야 할 이유는 없다. 예를 들면, 정수의 집합에서는 두 원소의 합이 정수이다. 그러나 정수 집합이 실수 집합의 부분집합이지만, 두 실수의 합이 항상 정수가 되는 것은 아니다.

후에 수학자들은 복소수의 성질을 다양하게 응용했다. 이를테면, 원자물리학에서 원자 입자의 상태를 나타내는 방정식의 해는 복소수로 표현된다. 복소수는 또한 과학이나 공학적 현상에서 벡터 힘의 작용을 나타내는 모델로 사용되기도 한다. 허수 단위 i 외에 수학사에서 중요한 수들로 π, e, 0 및 1을 들 수 있다. 그런데 오일러는 이 수들

을 모두 포함하는 공식을 만들었다! 그것은 $e^{i\pi}+1=0$이다. ★

해보기 ACTIVITIES

1. 두 복소수 $a+bi$와 $c+di$의 곱은 다음과 같이 정의된다.

$$(a+bi)(c+di)=(ac-bd)+(ad+bc)i$$

$i^2=-1$임을 염두에 두고, 이 공식을 전개공식으로부터 얻을 수 있음을 밝혀라.

2. 복소수 체계에서 모든 실수는 n개의 서로 다른 n거듭제곱근을 갖는다. 다음 명제가 참임을 밝혀라.
   a. 1의 세제곱근은 $1, -\frac{1}{2}+\frac{\sqrt{3}}{2}i, -\frac{1}{2}-\frac{\sqrt{3}}{2}i$이다.
   b. 1의 네제곱근은 $1, i, -1, -i$이다.

3. 복소수 $a-bi$를 $a+bi$의 켤레복소수라고 한다. 어떤 복소수와 그 켤레복소수와의 곱은 항상 실수가 됨을 밝혀라.

4. 복소수의 나눗셈을 어떻게 정의하는가?

5. 모든 양의 정수 n에 대해, $i^n=i^{n+4}$임을 밝혀라.

Sometime Mathematician: Viète

파트타임 수학자: 비에트 38

비에트François Viète(1540–1603)는 16세기의 가장 중요한 프랑스 수학자 중 한 사람이다. 그는 몇 년의 예외를 제외하고는 단지 여가 시간만을 이용해 수학을 연구했다. 젊은 시절에는 법학을 공부해 후에 브르타뉴 지방의원이 되었다가 후에 국왕의 평의회 의원이 되었다. 그러나 1584년 평의회의 한 당파와의 다툼으로 인해 면직되었다. 다시 평의회로 복귀할 때까지 6년의 공백 기간 동안 비에트는 수학을 공부하며 시간을 보냈다.

그가 기여를 가장 많이 한 분야는 대수학이었다. 실제로 오늘날까지 우리가 사용하고 있는 계수를 나타내는 영문자, 소수의 표기법, 덧셈과 뺄셈 기호, 분수 표시의 가로줄 등과 같은 기호들을 그가 도입해 대중화시켰다. 반세기 후에 그의 업적을 연구했던 데카르트나 페르마와 같은 수학자들은 대수학의 위력을 인정하게 되었는데, 비에트의 시절에는 대수학을 기하학의 일부분으로만 여겼었다. 그는 또 변수의 계수로 문자를 사용하는 문자 계수의 개념을 처음으로 도입하기도 했다. 이전까지 수학자들은 같은 방법으로 풀 수 있는 $3x^2+7x+5=0$과 $4x^2+5x+1=0$과 같은 방정식을 별개로 생각했었다. 비에트는 이런 방정식들을 일반적인 형태로 표현할 수 있었는데, a, b, c와 같은 문자 계수를 사용해 공식으로 나타낼 수 있음을 알게 되었다. 이런 발상을 토대로 데카르트는 오늘날 사용되고 있는 이차방정식의 일반형인 $ax^2+bx+c=0$과 같은 표기법을 고안해 냈다.

LES CINQ LIVRES DES
ZETETIQVES DE
FRANCOIS VIETTE.
MIS EN FRANCOIS, COMMENTEZ ET augmentez des exemples du Poristique, & Exegetique, parties restantes de l'Analitique.
Soit que l'Exegetique, soit traitté en Nombres ou en Lignes.
Par I. L. sieur de VAVLEZARD *Mathematicien.*

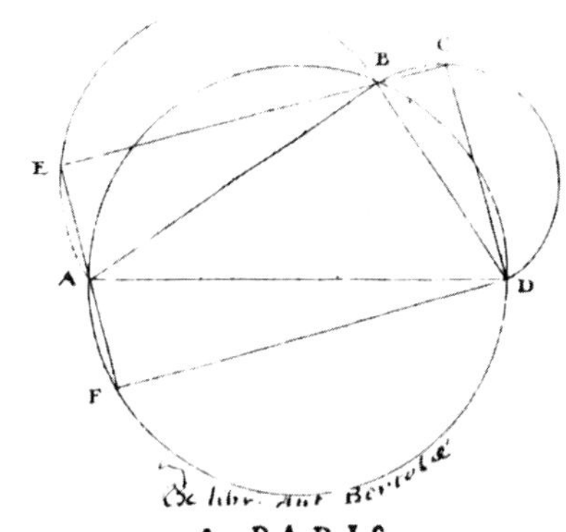

A PARIS.
Chez IVLIAN IACQVIN, en la Cour du Palais, au bas des degrez de la Saincte Chappelle.
M. DC. XXX.
AVEC PERMISSION.

비에트가 쓴 *Les cinq livres des zetetiques*(파리, 1630)의 초판본 표지.

그런데 이상하게도 비에트는 그의 문자 계수들이 음수를 나타내지는 못하게 했다. 이미 수백 년 전에 음수가 포함된 계산법이 존재하고 있었음에도, 음수에는 양수가 갖는 물리적 성질이나 직관이 없다는 이유로 비에트는 음수를 다루려하지 않았다. 1657년이 되어서야 네덜란드의 **후드**Jan Hudde가 문자 계수들이 음수를 나타낼 수 있도록 했다. (음수에 관련된 내용은 29번 글에서 더 찾아볼 수 있다.)

비에트는 또한 삼각법과 기하학 분야의 발전에도 기여했다. 그는 삼각비가 대수 방정식에 이용될 수 있음을 알았다. 이를테면, 삼각함수표에 있는 값들을 $y = \sin x$의 미지수에 숫자를 대입해 얻을 수 있다. 또한 1591년에 출판된 그의 가장 중요한 논문인 『해석법 입문 *In artem analyticem isagoge*』은 로그, 좌표기하학, 사영기하학, 미분적분학 및 다른 수학 분야의 발전에 초석이 되었다. ★

해보기 ACTIVITIES

1. 비에트는 방정식의 근의 근사값을 구하는 방법을 제시했다. 이 방법을 조사해 보아라.

2. 그의 논문에서 비에트가 언급한 다음 등식을 증명해 보아라.
   a. $\sin A = \sin(60° + A) - \sin(60° - A)$
   b. $\csc A + \cot A = \cot \frac{A}{2}$
   c. $\csc A - \cot A = \tan \frac{A}{2}$

3. 암호에 관한 비에트의 지식은 프랑스가 스페인과 전쟁할 때 매우 유용하게 사용되었다. 비에트는 어떤 방법으로 스페인의 암호를 해독했는가?

Napier Invents Logarithms

네이피어가 발명한 로그 39

스코틀랜드 태생인 **네이피어**John Napier(1550-1617)는 수 계산을 보다 빨리 간편하게 할 목적으로 **로그**logarithm를 발명했다. 오늘날의 계산기나 컴퓨터와 같은 기계들이 없었던 그 당시의 천문학자들은 종이와 연필만으로 수 계산을 일일이 직접 해야만 했었다. 네이피어의 발명과 그가 저술한 『경이로운 로그 법칙의 기술 *A Description of the Wonderful Law of Logarithms*』(1614)은 전 유럽에서 대단한 호응을 얻었다. 이 책의 발행 300주년 기념 행사에서 몰턴Moulton 경은 다음과 같은 글을 남겼다.

De arte logistica (에든버러, 1839)의 초판본에 나오는 네이피어의 초상.

> "로그의 발명은 청천벽력과도 같이 세상에 나타났다. 이전의 어떤 업적을 통해 발명된 것도 아니며, 이것의 탄생이 예고된 적도 없었다. 이것은 다른 지식을 빌리거나 이미 알려진 수학적 사고를 따르지 않고서, 홀연히 우리의 생각을 깨고 들어와서 홀로 서 있다."
>
> – 개회사: 로그의 발명
>
> 네이피어 300주년 기념 책

20세기에 들어서 전 세계의 학생들은 로그를 사용해 계산하는 방법을 배웠다. 오늘날에는 로그를 지수와 관련지어 생각하는데, 이것은 네이피어가 죽은 지 오랜 후에야 알게 된 사실이다. 요즘 로그가 고등수학 과목과 컴퓨터 기술에 이용되는 것을 알면 네이피어도 아마 깜짝 놀랄 것이다!

유명한 다른 수학자들과 마찬가지로 네이피어의 이력에 대해서도 논쟁이 있었다. 자신이 로그를 발명했다는 네이피어의 주장에 대해 스위스의 시계 제작가인 **뷔르기**Jobst Bürgi(1552-1632)가 이의를 제기했지만, 뷔르기가 로그표를 출판하기 6년 전에 이미 네이피어가 자신의 발명을 발표했기 때문에 네이피어가 처음 발견한 것으로 인정하고 있다. 또한 네이피어도 숫자에 매혹되어서 이전의 슈티펠처럼 세상의 종말이 오는 날짜를 알아내고자 했었다. (슈티펠에 관련된 내용은 33번 글에서 더 찾아볼 수 있다.)

MIRIFICI

LOGARITHMORVM CANONIS DESCRIPTIO,

Ejusque usus, in utraque Trigonometria; *vt etiam in omni Logistica Mathematica, amplissimi, facillimi, & expeditissimi explicatio.*

ACCESSERVNT OPERA POSTHVMA;

Primò, Mirifici ipsius canonis constructio, & Logarithmorum ad naturales ipsorum numeros habitudines.

Secundò, Appendix de alia, eâque præstantiore Logarithmorum specie construenda.

Tertiò, Propositiones quædam eminentissimæ, ad Triangula sphærica mirâ facilitate resolvenda.

Autore ac Inventore IOANNE NEPERO, Barone Merchistonii, &c. Scoto.

EDINBVRGI,
EXCVDEBAT ANDREAS HART.
ANNO 1619.

네이피어의 『경이로운 로그 법칙의 기술』(에든버러, 1614)의 초판본 표지.

계산에 관련된 내용은 70, 83, 84, 88번 글에서 더 찾아볼 수 있다. ★

해보기 ACTIVITIES

1. 로그란 정확히 무엇인가?

2. 네이피어와 도둑과 요술 수탉에 관련된 이야기는 무엇인가?

3. 옛날에 사용된 로그표을 찾아서 곱셈과 나눗셈을 할 때 어떻게 이용했는지 수업 시간에 발표해 보자. 이 활동을 해보면 오늘날의 계산기의 고마움을 알게 될 것이다!

4. 계산기와 컴퓨터가 발명되기 전에는 계산자를 이용해 곱셈이나 나눗셈 문제를 풀거나 제곱근과 지수 계산을 했었다. 계산자는 어떻게 사용했는가?

5. 아래의 그림은 네이피어의 뼈 또는 네이피어의 막대라고 부르는 것이다. 이 막대를 만들어서 어떤 방법으로 곱셈을 했는지 수업 시간에 발표해 보아라.

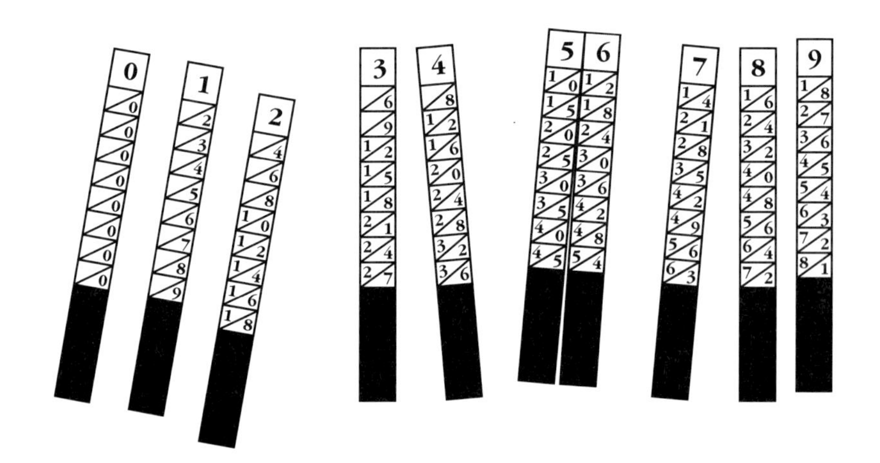

Ten Days Lost in 1582

40 1582년에 사라진 10일

기원전 46년 로마의 통치자인 **카이사르**Julius Caesar는 율리우스력을 시행했다. 카이사르는 1년이 정확히 365$\frac{1}{4}$일이라고 믿었기 때문에, 1년의 길이를 365일로 정하고 4년마다 하루를 더해 윤년을 만들었다.

역사의 기록을 보면 730년에 과학자들은 1년의 길이가 카이사르가 생각했던 것보다 11분이 더 짧다는 결론을 내렸다. 이렇게 모자라는 11분을 모으면 128년마다 하루가 모자라는 현상이 생긴다. 1582년에 율리우스력은 계절에 비해 무려 10일이나 오차가 생겼다. 그래서 그 해에 독일의 수학자인 **클라비우스**Christoph Clavius(1537-1612)의 자문과 도움을 받아 교황 그레고리 13세는 새로운 역법인 **그레고리력**을 시행했다.

『일반 역사』(런던, 1776)에 나오는 카이사르의 조각상 그림.

이와 같은 역법 교정에는 수학적 지식이 필요했다. 그레고리력이 계절과 일치함을 유지하기 위해서, 매 세기의 첫 해는 400으로 나누어 떨어지는 경우에만 윤년으로 정했다. 그래서 1600년은 윤년이지만, 1700년은 윤년이 아닌 것이다. 또한 교황 그레고리는 1582년에 10일을 줄이도록 명했다. 그래서 사람들은 1582년 10월 5일에 잠자리에 들어서 1582년 10월 15일 아침에 일어난 셈이 되었다. 지구상의 일부 지역에서 사실상 10일이 사라졌던 것이다!

오늘날에도 모든 사람들이 같은 역법을 사용하는 것은 아니다. 동방 정교회의 몇 분파에서는 기념일을 정할 때 그레고리력과 무려 13일이나 오차가 있는 율리우스력을 아직도 사용하고 있다. 유대교 역법은 그들이 천지창조가 이루어졌다고 믿는 해를 기준 연도로 삼고 있는데, 옛 학자들 중 일부는 그때가 기원전 3761년이라고 주장했다. 그레고리력은 예수가 탄생했을 것이라 추측되는 해를 기준 연도로 삼고 있기 때문에, 올해가 2002년이지만 유대교 역법으로는 5763년이다. 히즈라Hijra라고 하는 이슬람 역법은 이슬람교가 탄생한 622년을 기준 연도로 삼고 있다. 히즈라력으로 1403년은 그레고리력으로는 1982년이 된다. 간단한 덧셈으로도 1403에 622를 더하면 1982가 아님을 알 수 있다. 그 이유는 히즈라력은 음력을 사용해 1년을 354일로 계산하기 때문이다.

율리우스력을 조각한 16세기 목판.

역법에 관련된 내용은 6, 8, 30, 48번 글에서 더 찾아볼 수 있다. ★

해보기 ACTIVITIES

1. 그레고리력으로 1995년은 히즈라력으로는 몇 년이 되는가?

2. 사람들의 필요와 문화, 종교에 따라 지금도 여러 가지의 역법이 사용되고 있다. 그 예로서 발리, 중국, 인도 및 뉴기니 역법 등을 들 수 있다. 이들 중 세 가지 이상의 역법에 대해 조사해 보아라. 이것들을 현재 우리가 사용하고 있는 역법과 비교해 보아라.

3. 유대력과 고대 바빌로니아력은 어떻게 비슷한가?

4. 서로 다른 역법의 연도를 환산하는 계산기나 컴퓨터 프로그램을 만들어라. 이 프로그램을 이용해 여러 가지 역법을 비교해 보아라.

5. 남부 멕시코와 과테말라의 고대 마야족은 2000년 전에 비교적 정확한 역법을 고안해 냈다. 1년이 18개월이었으며, 날짜를 숫자로 나타내는 대신 서로 다른 기호로 표시했다. 아래의 그림은 몇 가지 예들이다. 마야족의 역법에 대해 알아보고, 조사한 것을 수업 시간에 발표해 보아라(Claudia Zaslavsky의 『다문화적 수학 *Multiculural Mathematics*』에서).

1일을 나타내는 기호

12일을 나타내는 기호

15일을 나타내는 기호

Changing Universe: Ptolemy, Copernicus, Kepler

변화하는 우주: 프톨레마이오스, 코페르니쿠스, 케플러

41

2세기경 **프톨레마이오스**Claudius Ptolemy는 지구가 우주의 중심이라는 아리스토텔레스의 생각을 기초로 해 우주의 모델을 제시했다. 프톨레마이오스의 모델에서 지구는 달, 태양, 별들 및 그때까지 알려졌던 5개의 행성을 합쳐 모두 8개의 구면으로 둘러싸여 있는 모습으로 표현되었다. 크기가 큰 천체들은 짧은 궤도를 따라 구면 위를 돌고, 가장 바깥쪽의 궤도에는 별들이 위치한다.

프톨레마이오스의 모델은 천체의 위치를 꽤 정확히 예측할 수 있는 것이었다. 과학계에서 일반적으로 수용했던 그의 모델은 가장 먼 궤도 바깥에 천국과 지옥을 설정할 수 있는 여지가 있었기 때문에, 기독교계에서도 이를 수용하기도 했다(여러 세기 동안 기독교 신앙이 서양의 정신 세계를 크게 지배했다).

1천 년이 지난 후에 프톨레마이오스의 모델은 77개의 구면으로 구성될 정도로 확장되었다. 고정되어 있는 태양을 중심으로 지구가 돌지도 모른다는 그리스 수학자들의 가설을 바탕으로 천문학자인 **코페르니쿠스**는 지구 중심설에 회의를 품었다. 그는 태양을 중심에 놓고 구면을 34개로 줄여서 프톨레마이오스의 모델을 수정했다. 그래서 그의 표현대로 지구는 '떠돌이'가 되었다. 코페르니쿠스의 모델은 지금 우리가 알고 있는 우주의 모델과는 거리가 멀었지만, 그 이후의 천문학자들에게 건설적인 비판 의식과 가치 있는 통찰력을 키우는 기회를 제공했다.

그런 천문학자 중의 한 사람이 **케플러**Johannes Kepler(1571-1630)였다. 그의 연구 결과에는 신비주의적이며 상상력이 풍부한 성찰과 과학적 진실의 명확한 이해가 융합되어 있었다. 그는 천체 운동을 원이나 구면으로 설명했던 2000년 된 전통에서 벗어나 모든 행성은 태양을 한 초점으로 하는 타원형 궤도를 따라 돈다고 주장했다. 그리고 모든 행성 궤도의 다른 한 초점은 수학적인 점일 뿐 그 자리에는 아무것도 존재하지 않는다고 했다. 이 발견은 천문학에서 지금까지 내린 가장 중요한

땅에는 천구가 놓여 있고, 프톨레마이오스가 상한의(象限儀)를 손에 들고 있는 모습. 바스카리니Nicolo Bascarini가 다시 쓴 프톨레마이오스의 *La Geographica* (베니스, 1547)에서 따옴.

프톨레마이오스의 천체 모형의 16세기 목판화. 태양과 행성들이 주위를 돌고 나머지 천체들로 둘러싸여 있는 지구가 우주의 중심에 놓여 있다("Le Firmament").

결론 중 하나이다.

우주론에 관련된 내용은 6, 7, 11, 12, 16, 26, 42, 59, 91번 글에서 더 찾아볼 수 있다. ★

코페르니쿠스.

해보기 ACTIVITIES

1. 1456년 **구텐베르크**Johannes Gutenberg가 발명한 활자는 코페르니쿠스의 태양 중심설 발표 전과 후에 어떤 영향을 끼쳤는가?

2. 다음 분야에 대한 프톨레마이오스의 업적에 대해 조사해 보아라. (a) 정다각형의 작도, (b) 삼각함수표, (c) 지도 제작, (d) 원에 내접하는 사각형의 대각선과 변 사이의 관계.

3. 둘레의 길이가 C인 철사로 만든 원을 생각해 보자. 이 원의 한 곳을 자른 후, 그 사이에 길이가 30cm인 철사를 연결해 원 둘레가 그만큼 늘어났다고 가정하자.
   a. 처음 원의 둘레가 30cm라 할 때, 처음 원과 새로 만든 원의 반지름의 차는 얼마인가?
   b. 처음 원의 둘레가 40,000km(지구의 대략적인 둘레)라고 할 때, 처음 원과 새로 만든 원의 반지름의 차는 얼마인가?
   c. 위에서 알게 된 내용을 일반화해 보아라.

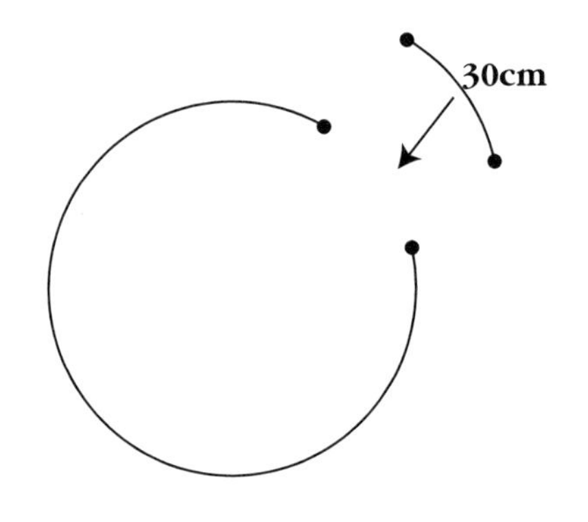

Galileo Relates Experimentation and Theory
갈릴레오의 실험과 이론 42

태양계에서 지구의 위치에 대해 **갈릴레오**Galileo Galilei(1564-1642)와 로마 가톨릭 교회 사이에 일어났던 대립에 대해 잘 알고 있을 것이다. 그 시대의 교회에서는 지구는 고정되어 있으며, 모든 천체는 지구 주위를 돌고 있다고 믿었다. 그러나 갈릴레오는 지구가 아닌 태양이 우주의 중심이라는 코페르니쿠스의 이론을 지지했다. (코페르니쿠스의 이론에 관련된 내용은 41번 글에서 더 찾아 볼 수 있다.) 또한, 그는 지구가 하루에 한 번씩 자전을 한다는 사실과 태양 주위를 1년에 한 바퀴 돈다는 사실을 발견했다. 그의 발견들이 교회측의 반발을 사게 되어 갈릴레오는 종교 재판에 회부되었다. 교회는 그의 주장을 철회하도록 강요했으며, 전설에 의하면 그는 '자백'을 마치면서 "그래도 지구는 돈다"라고 중얼거렸다고 한다. 1992년에 교황 요한 바오로 2세는 약 400년 전에 교회가 갈릴레오에게 내린 유죄 판결이 잘못되었음을 인정했다.

갈릴레오는 중요한 천문학자로서뿐만 아니라 뛰어난 수학자이기도 했다. 자신이 저술한 『대세계 체제에 관한 대화 *Dialogue on the Great World Systems*』(1632)에서 갈릴레오는 수학을 통해 인간은 모든 지식의 최정상에 이른다고 주장하면서, 수학은 신이 지닌 지식에 버금간다고 말하기도 했다. 그의 수학적 공헌 중 하나는 유한집합과 무한집합의 근본적인 차이를 밝힌 것이다. 예를 들면, 그는 무한집합(자연수: 1, 2, 3, 4, …) 중에서 자신의 부분집합(자연수의 제곱: 1, 4, 9, 16, …)과 일대일 대응이 가능한 것이 있다고 주장했다. 이런 일대일 대응 관계는 다음 두 수열에서 확실하게 볼 수 있다.

1, 2, 3, 4, 5, 6, …

12, 22, 32, 42, 52, 62, …

(무한집합에 관련된 내용은 51, 75, 79번 글에서 더 찾아 볼 수 있다.)

갈릴레오의 실험적 방법과 발견은 결국 현대 물리학과 그 기술의 응용을 발전시키는 밑거름이 되었다. 실제로 실험과 이론이 병행되는 현대 과학 정신의 기틀을 잡은 사람은 바로 갈릴레오이다. ★

갈릴레오가 수학과 과학에 끼친 영향들

- 굴절 망원경을 발명했으며, 현대적 현미경 개발의 선구자였다.
- 낙하하는 물체의 수학적 표현을 찾기 위해 노력하던 중 공식 $s=\frac{1}{2}gt^2$을 발견했다. 이 공식에 의하면, 물체의 낙하 거리는 낙하하는 시간의 제곱에 비례한다.
- 자유낙하 물체의 역학 구조를 완성했으며, 동역학의 기초를 세웠다.
- 태양계에 관한 코페르니쿠스의 이론을 증명하고, 목성의 달 중에서 4개를 발견했다.

빌라모에나Francesco Villamoena가 어색하게 묘사한 최초의 갈릴레오 초상화. *Istoria e dimonstrazioni* (토리노, 1613)에 나옴.

IOANNIS KEPLERI
Mathematici Cæsarei
DISSERTATIO
Cum
NVNCIO SIDEREO
nuper ad mortales misso
à
GALILÆO GALILÆO
Mathematico Patavino.

Alcinous
δεῖ δ' ἐλευθέριον εἶναι τῇ γνώμῃ τὸν μέλλοντα φιλοσοφεῖν.

Cum Privilegio Imperatorio.

PRAGÆ,
TYPIS DANIELIS SEDESANI
Anno Domini, M.DC.X.

갈릴레오의 천체 관측을 축하하는 내용이 실려 있는 독일 천문학자 케플러의 *Dissertatio*(프라하, 1610).

해보기 ACTIVITIES

1. 갈릴레오는 사이클로이드cycloid란 곡선을 연구했다. 이 곡선의 특징에 대해 조사해 보아라. 갈릴레오는 이 곡선에 관해 무엇을 발견했는가?

2. 갈릴레오가 발견했던 진자의 성질은 무엇인가?

3. 갈릴레오 시대의 로마 가톨릭 교회는 성경의 문자적 해석에서 벗어나는 행위를 용납하지 않았다. 갈릴레오가 자기 목숨을 구하기 위해 강제로 써야 했던 진술서를 조사해 보아라. 이론과 믿음의 차이에서 오는 역사적 갈등이 등장하는 예를 조를 짜서 조사해 보아라.

4. 지구가 태양 주위를 돈다고 주장했던 **브루노**Giordano Bruno(1548-1600)의 운명은 어떠했는가?

5. 갈릴레오가 썼던 다음 글을 읽고 소감을 말해 보아라.
철학은 끊임없이 우리 눈앞에 펼쳐지는 거대한 책—우주를 뜻한다—에 기록되는데, 그 책에 쓰인 언어와 사용된 문자를 배우지 못하면 책의 내용을 이해할 수 없다. 그 책은 수학이란 언어로 쓰여 있고, 그 언어의 문자는 삼각형, 원 및 다른 여러 가지 기하학적 도형들이다. 이것 없이는 단 한 줄도 이해하기란 불가능하며, 이것 없이는 마치 어두운 미로를 헤매는 것과 같다.

Descartes: A Man Who Sought Change

데카르트: 변화를 추구한 사람

건강이 좋지 않았던 어린 시절, 프랑스의 철학자 **데카르트** René Descartes(1596-1650)는 늦은 아침까지 침대에 누워 있는 습관이 있었다. 말년에 그는 침대 위에서 명상에 잠겨 있으면서 매우 생산적인 사고를 할 수 있었다고 회고했다. 그것이 정말로 매우 생산적이었기에 데카르트는 17세기 수학 사상 가장 큰 영향을 끼친 사람 중 한 사람이 되었다.

데카르트는 1616년에 푸아티에대학에서 법학박사 학위를 받았다. 자신이 배운 것에 크게 만족하지 못한 그는 당시 학자들이 고대 사상가들이나 철학자들의 영향을 너무 많이 받고 있다고 생각했다. 그래서 그는 새로운 과학 철학의 이론을 정립하고자 했다. 이미 참인 것으로 알려진 사실들을 조사하면서, 그는 의심할 여지없이 믿을 수 있는 사실만을 참인 것으로 받아들이는 자신의 철학적 구조를 구성했다.

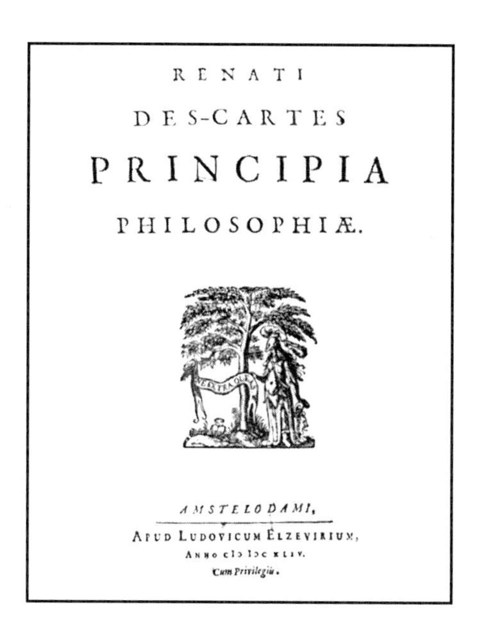

RENATI
DES-CARTES
PRINCIPIA
PHILOSOPHIÆ.

AMSTELODAMI,
Apud Ludovicum Elzevirium,
Anno CIↃ IↃC XLIV.
Cum Privilegiis.

수학, 광학, 기상학 분야의 고전인 『철학의 원리』(암스테르담, 1649)의 초판본. 이 책에는 천체의 소용돌이 운동 이론뿐만 아니라 자기학에 관한 최초의 과학적 이론이 담겨 있다.

데카르트는 이 세상이 신성한 수학적 구조로 만들어졌다고 믿었다. 그의 『방법서설 *Discourse on the Method*』(1637)에서 자연 법칙은 미리 예정된 수학적 계획의 일부분이기 때문에 변하지 않는다는 입장을 고수했다. 그는 사물의 가장 기본적이고 믿을 수 있는 성질은 그 모양과 전충성* 및 시간과 공간에 따른 운동이라고 하며, 이런 모든 성질을 수학적으로 표현할 수 있다고 주장했다.

수학의 많은 분야에 대한 새로운 논문을 쓰면서 그는 이전부터 내려오던 사고방식에서 탈피하려고 노력했다. 그의 가장 유명한 수학적 업적은 점의 좌표와 도형의 방정식을 분석해 기하학을 연구하는 방법이다. 이 방법을 **페르마** Pierre de Fermat(1601-65)와 함께 발전시켜 지금은 해석기하학이라고 불리는 수학의 한 분야를 만들었다. 데카르트 좌표계 Cartesian coordinate system와 데카르트 평면 Cartesian

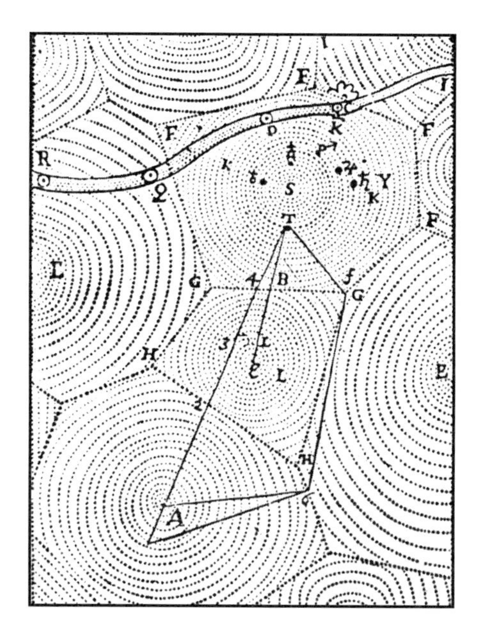

데카르트가 표현한 우주. 여기에서 L, S, A 및 E는 자신을 중심으로 돌고 있는 천체 구조를 갖고 있는 별들을 나타낸다. 『데카르트의 업적』(파리, 1897-1910)에서 따옴.

* 전충성(塡充性, extension): 물질이 공간을 점유하는 성질(옮긴이).

plane에 대해 들어본 적이 있는 사람은 이런 기하학적 개념이 데카르트의 이름에서 따온 것임을 알고 있을 것이다. ★

해보기 ACTIVITIES

1. $x^3+y^3=3axy$로 정의되는 곡선군을 데카르트 낙엽선folium of Descartes이라고 한다. 몇 가지 a 값에 대한 곡선을 그래픽 계산기를 이용해 그려보아라.

2. 태양계의 천체 운동에 대한 데카르트의 이론을 조사해 보아라.

3. 데카르트는 다항방정식에서 양의 실근의 개수와 음의 실근의 개수의 상한선을 정하는 방법을 찾아내었다.
   a. 데카르트의 부호의 법칙rule of signs이라 부르는 이것은 무엇인가?
   b. 이 법칙을 이용해, $x^n-1=0$에서, n이 짝수이면 실근이 2개뿐이고, n이 홀수이면 실근이 1개뿐임을 밝혀라.
   c. 이 법칙을 이용해 $x^7+x^4+1=0$은 6개의 허근을 가짐을 밝혀라.

4. 다면체에 관한 데카르트의 업적을 조사해 보아라.

Pascal's Useful Triangle

44 파스칼의 유용한 삼각형

프랑스의 철학자이자 수학자인 **파스칼**Blaise Pascal (1623-62)은 수학의 법칙은 절대 진리를 나타낸다고 믿었다. 비록 그의 이름을 딴 유명한 삼각형이 1300년경에 이미 중국에 알려져 있었으나, 파스칼을 이 삼각형의 여러 가지 흥미로운 성질을 최초로 기록한 사람으로 생각하고 있다. 오른쪽 중간에 있는 파스칼의 삼각형에서 삼각형의 내부에 있는 각 숫자들은 그 바로 윗줄의 양옆에 있는 두 수를 더해 만든 것이다. 예를 들면, 가장 마지막 줄의 20은 여섯째 줄에 있는 두 개의 10을 더해 얻은 것이다(두 개의 10은 20의 왼쪽과 오른쪽에 위치해 있다). 이 삼각형과 $(a+b)^n$의 이항전개식의 계수 사이의 관계는 오른쪽 아래에 나타나 있다.

Eyn Newe vnnd wolgegründte vnderweysung aller Kauffmanß Rechnung in dreyen büchern/mit schönen Regeln vñ fragstucken begriffen. Sunderlich was fortl vnnd behendigkait in der Welschē Practica vñ Tolletn gebraucht wirdt/ des gleychen fürmalß wider in Teütscher noch in Welscher sprach nie gedrückt. durch Petrum Apianū von Leyßnick/d Astronomei zū Ingolstat Ordinariū/ verfertiget.

파스칼의 삼각형의 16세기 표현.

파스칼은 확률론의 창시자 중 한 사람이며, 파스칼의 삼각형은 확률 계산에서 아주 유용하게 사용되고 있다. 예를 들어, 자녀가 4명인 가정을 생각해 보자. 딸을 G, 아들을 B로 나타내기로 하자. 나이순으로 가능한 아들/딸의 조합 방법은 아래와 같다.

		GGBB		
		GBGB		
	GBBB	**GBBG**	**GGGB**	
	BGBB	**BGGB**	**GGBG**	
	BBGB	**BGBG**	**GBGG**	
BBBB	**BBBG**	**BBGG**	**BGGG**	**GGGG**

각 열에 있는 조합의 수는 파스칼의 삼각형의 한 행을 이룬다. 아들이나 딸이 태어날 확률이 같다고 가정을 하면, 자녀가 4명인 가정에서 아들과 딸이 2명씩일 확률은 $\frac{6}{16}$ 즉, 37.5%이다.

1
1 1
1 2 1
1 3 3 1
1 4 6 4 1
1 5 10 10 5 1
1 6 15 20 15 6 1

이 삼각형은 또한 수 사이의 관계에 대해 연구하거나 재미로 관심을 갖는 사람들에게 유용하게 쓰인다. 이 삼각형의 성질 중 하나는 각 행에 있는 숫자들의 합은 1, 2, 4, 8, 16, 32, 64, …인데, 이것은 각 행에 있는 숫자들의 합이 모두 2의 거듭제곱임을 뜻한다.

$$(a+b)^0 = 1$$
$$(a+b)^1 = 1a + 1b$$
$$(a+b)^2 = 1a^2 + 2ab + 1b^2$$
$$(a+b)^3 = 1a^3 + 3a^2b + 3ab^2 + 1b^3$$
$$(a+b)^4 = 1a^4 + 4a^3b + 6a^2b^2 + 4ab^3 + 1b^4$$
$$(a+b)^5 = 1a^5 + 5a^4b + 10a^3b^2 + 10a^2b^3 + 5ab^4 + 1b^5$$

파스칼과 파스칼의 삼각형에 관련된 내용은 4, 31, 46, 83번 글에서 더 찾아볼 수 있다. ★

해보기 ACTIVITIES

1. 파스칼의 삼각형을 이용해 자녀가 5명인 가정에서, 다음 각 경우의 확률을 구해라. (a) 딸만 다섯, (b) 딸 넷에 아들 하나, (c) 딸 셋에 아들 둘, (d) 딸 둘에 아들 셋, (e) 딸 하나에 아들 넷, (f) 아들만 다섯.

2. 파스칼의 삼각형에서 찾아볼 수 있는 수 사이의 관계를 찾아보아라(이와 관련된 자료는 Dale Seymour의 *Visual Patterns in Pascal's Triangle*, 1986에서 찾을 수 있다).

3. n개의 물건에서 한 번에 r개를 꺼내는 조합의 수를 ${}_nC_r$로 나타내는데, 대부분의 계산기에는 이 기호가 나와 있다. 예를 들어, ${}_5C_2=10$은 5명 중에서 2명을 고르는 방법의 수를 뜻한다. 이와 같은 조합의 수가 파스칼의 삼각형과 어떤 관계가 있는가?

4. 이 외에 파스칼이 수학에 기여한 것을 조사해 보아라.

5. 오른쪽 그림에서 선들은 길을 나타낸다. 준호(점 A)는 보라의 집(점 B)을 찾아가려고 한다. 준호는 북쪽이나 동쪽의 길로만 갈 수 있다고 할 때, 보라의 집으로 갈 수 있는 경로는 모두 몇 가지인가? 이 문제에서 파스칼의 삼각형의 일부분을 찾아볼 수 있는가?

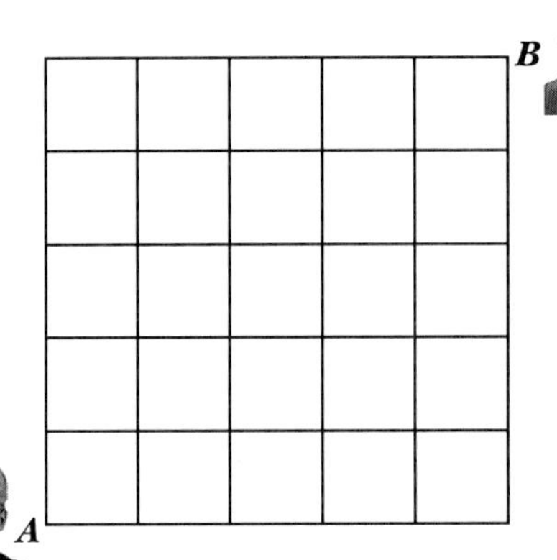

The Mystery of Fermat

페르마의 수수께끼

> 이것에 대한 훌륭한 증명 방법을 찾아냈으나, 증명을 적기에는 여백이 너무나 좁다.
> — 페르마

직각삼각형에서 빗변의 길이 c 및 나머지 두 변의 길이 a와 b에 대해 성립하는 피타고라스의 정리인 $a^2+b^2=c^2$은 기하학을 공부한 사람이라면 누구나 알고 있을 것이다. 또한, 3, 4, 5 및 5, 12, 13과 같이 이 정리를 만족시키는 양의 정수 a, b, c가 무수히 많다는 것도 알 것이다. 그렇다면 위의 방정식이 a, b, c의 세제곱으로 바뀌어도 성립하는지 생각해 본 적이 있는가? 프랑스의 수학자 **페르마**Pierre de Fermat(1601-65)는 이 문제에 대해 $n>2$일 때, $x^n+y^n=z^n$을 만족시키는 양의 정수 x, y, z와 n이 존재할 수 없다는 결론을 내렸다.

그는 디오판토스의 『산수론』 복사본 여백에 '**페르마의 마지막 정리**Fermat's Last Theorem'로 알려진 정리의 증명 방법을 알고 있다고 썼다. 그러나 그는 증명에 관한 어떤 흔적도 후세를 위해 남겨놓지 않았다! 그로 인해 이 정리는 오랜 세월 동안 많은 수학자들에게 얼마 전까지만 하더라도 수수께끼로 남아 있었다.

페르마.

- 위의 방정식을 만족시키는 양의 정수 x, y, z와 n을 찾아낸 사람은 아직껏 아무도 없었다.
- 그 누구도 $n>2$일 때, 위의 방정식을 만족시키는 양의 정수 x, y, z와 n이 존재하지 않음을 증명하지 못했다.

오랜 세월 동안 자신이 이 수수께끼를 풀었다고 믿었던 사람들은 많았지만, 그들의 증명에서 모두 결함이 발견되었다. 1993년 프린스턴대학의 와일즈Andrew Wiles 교수는 그 정리를 증명했다고 발표했다. 그의 200페이지에 달하는 논문은 수학계에 큰 파장을 일으켰으며, 혹시 오류가 있는지의 여부를 확인하기 위해 정밀 검토를 받았다. 자신의 원 증명에서 발견된 심각한 오류 하나를 수정한 후 동료인 테일러Richard Taylor 교수와 함께

1994년에 새로운 증명을 제시했다. 이 증명은 이제 맞는 것으로 인정받고 있다.

스위스의 수학자 **오일러**는 방정식 $a^4+b^4+c^4=d^4$이 양의 정수 해를 갖지 않을 것이라고 예측해 페르마의 마지막 정리를 좀더 확장시켰다. 그러나 200년 후에 컴퓨터를 이용해 수학자들은 오일러의 방정식을 만족시키는 양의 정수를 찾아냈다. 하버드대학의 엘키스Noam D. Elkies가 찾아낸 첫 숫자들은 $a=2,682,440$, $b=15,365,639$, $c=18,796,760$, $d=20,516,673$이다. 오일러의 방정식을 만족시키는 가장 작은 숫자들은 매사추세츠 주의 프라이Roger Frye가 찾아낸 $a=95,800$, $b=217,519$, $c=414,560$, $d=422,481$이다. ★

해보기 ACTIVITIES

1. 페르마의 마지막 정리의 전제 조건은 x, y, z가 모두 양의 정수라는 것이다. 다음 명제들이 참임을 증명하라.
   a. x, y, z가 정수라면, $x^3+y^3=z^3$은 무수히 많은 해를 갖는다.
   b. x, y, z가 음이 아닌 정수라면, $x^4+y^4=z^4$은 무수히 많은 해를 갖는다.

2. 페르마는 오늘날의 정수론의 기초를 다진 사람이다. 이 분야에서 페르마가 남긴 가설에 대해 조사해 보아라.

3. 페르마는 비록 증명은 하지 못했으나, $n=0, 1, 2, 3, \cdots$ 에 대해 $2^{2^n}+1$의 형태를 소수라고 믿었다. 이 가설이 틀렸음을 증명했던 오일러의 업적에 관해 읽어보아라.

Gambling Initiates Probability Study

도박에서 출발한 확률 연구 46

> 확률론은 현대 사회에서 가장 중요하고 실질적인 관심사가 된 몇 가지 규정과 관련이 있다.
>
> — 크리스털George Chrystal
>
> 어느 쪽이 진실인지 우리 능력으로 판단할 수 없을 때는 가능성이 가장 큰 쪽을 택해야 한다는 것은 분명한 진실이다.
>
> — 데카르트

17세기 중반 상류층 귀족인 **메레**Chevalier de Méré는 주사위 1개를 4번 던질 때 6이 적어도 1번은 나온다는 데 돈을 걸었다. 그와 내기를 한다는 것이 현명하지 않다는 사실을 사람들이 깨달을 때까지 이 내기는 그에게 상당한 이익을 가져다주었다. 메레가 진 경우보다 이긴 경우가 더 많다는 사실을 알게 된 것은 자신의 경험을 통해서였다. 주사위 1개를 4번 던질 때 6이 적어도 1번 나올 확률이 $1-(\frac{5}{6})^4$ 즉, 51.8%라는 사실을 그는 알지 못했다.

충동적인 도박꾼이었던 메레는 또 다른 내기를 찾아야겠다고 생각했다. 그는 주사위 2개를 동시에 24번 던져서 나온 눈의 합이 12가 되는 경우가 적어도 1번은 있다는 데 돈을 걸기 시작했다. 이 내기가 처음에는 그에게 유리한 듯 보였으나 그는 점점 돈을 잃기 시작했다. 그는 친한 친구인 **파스칼**에게 이 게임을 분석해 달라고 부탁했으며, 이렇게 해서 확률론이 탄생하게 되었다. 2개의 주사위를 던질 경우, 오른쪽 표와 같이 모두 36가지의 경우가 나온다. 파스칼은 메레의 문제를 거꾸로 생각해서 주사위 2개를 24번 던져서 눈의 합이 12가 되지 않을 확률을 계산했다. 이것이 거듭제곱으로 계산됨을 깨닫고, 그는 그 확률이 $(\frac{35}{36})^{24}$ 즉, 50.9%가 된다고 계산했다. 따라서 메레는 돈을 잃게 될 확률이 51%임을 알게 되었다. 파스칼은 확률에 점점 더 흥미를 갖게 되어 수학자인 친구 **페르마**와 함께 다른 도박의 경우도 분석해 보기로 했다(당연히 확률 연구에는 파스칼의 삼각형이 유용하게 쓰인다). 확률론의 정식 연구가 도박꾼 1명과 수학자 2명에 의해 시작되었다는 사실이 놀랍지 않은가?

초록색 주사위 / 빨간색 주사위

	1	2	3	4	5	6
1	2	3	4	5	6	7
2	3	4	5	6	7	8
3	4	5	6	7	8	9
4	5	6	7	8	9	10
5	6	7	8	9	10	11
6	7	8	9	10	11	12

오늘날에도 듣기 좋은 확률에 속기는 어렵지 않다. 예를 들면, 확률적인 게임을 즐기는 많은 사람들은 주사위 2개를 던질 경우에 합이 7이 될 가능성이 합이 8이 될 가능성보다 높다는 것을 알고 있다(오른쪽 표에서 합이 7이 되는 경우는 모두 6가지이고, 합이 8이 되는 경우는 모두 5가지임을 알 수 있다). 또한 합이 7이 될 가능성이 합이 6이 될 가능성보다 높다. 만약 현대판 메레가 주사위 2개를 던져서 합이 7인 경우 2번이 합이 8인 경우 1번과 6인 경우 1번보다 먼저 나온다는 데 내기를 걸면 받아들이겠는가? 어느 쪽에 돈을 걸겠는가? 당

신이 '그렇다'는 쪽에 돈을 걸면 그 사람은 매우 좋아할 것이다. 유의해야 할 점은 메레는 8과 6이 나올 순서를 정하지 않았다는 것이다. 그러므로 그 사람에게는 10가지의 경우가 있는 반면, 당신에게는 단지 6가지의 경우밖에 없는 것이다. 당신이 이 내기에서 질 확률은 54.6%이다.

확률에 관련된 내용은 44, 49, 68, 99번 글에서 더 찾아볼 수 있다. ★

해보기 ACTIVITIES

1. 주사위 2개를 던져서 나오는 두 눈의 합 중에서 서로 다른 두 수를 정하고, 그 중 한 수가 다른 수보다 먼저 나올 확률을 구해라. 예를 들면, 합이 5가 되는 경우가 합이 11이 되는 경우보다 먼저 일어날 확률은 얼마인가?

2. 두 눈의 합이 7인 경우가 2번 나오기 전에 합이 8인 경우 1번과 6인 경우 1번이 먼저 나올 확률이 약 55%임을 주사위 2개를 직접 던져서 확인해 보아라. 확률론에 익숙하다면, 이 경우의 이론적 확률은 54.6%임을 증명해 보아라.

3. 어느 도시 인구 40%의 혈액형이 O형이라고 가정하자. 헌혈 희망자 두 사람이 그 도시의 혈액은행을 방문할 경우, 다음 각 경우가 참이 될 확률을 구해라.
   a. 두 사람 모두 O형이다.
   b. 두 사람 모두 O형이 아니다.
   c. 한 사람은 O형이고, 다른 한 사람은 아니다.

The Calculus Controversy

미적분학 논쟁 47

지구가 우주의 중심이 아니며 행성들의 궤도가 원이 아니라는 사실을 유럽의 천문학자들이 주장했을 때, 자연 현상과 천체들의 운동을 설명하기 위한 새로운 수학이 필요했다. 이런 천문학적인 발견들로 인해 운동과 변화에 관한 수수께끼를 이해하는 데 중요한 수학 분야인 미적분학이 발달하게 되었다.

많은 사람들이 미적분학의 공동 시조로 인정하는 수학자 **뉴턴** Isaac Newton(1642-1727)과 **라이프니츠** Gottfried Leibniz(1646-1716)는 누가 무엇을 먼저 발견했는가에 대한 분쟁에 휩쓸리게 되었다. 이 대립으로 인해 유럽의 수학계는 크게 두 파로 갈라졌다. 스위스 수학자인 야곱Jacob과 요한 베르누이Johann Bernoulli는 라이프니츠를 적극 추종하고 뉴턴을 미워했으나, 영국의 수학자들은 뉴턴을 지지했으며 더 발달된 유럽 대륙의 수학과 인연을 끊었다. 그 결과 영국의 수학은 수년 동안 유럽 지역에 비해 뒤처져 있었다. 천재적인 재능을 가진 두 사람이 협력했다면 과연 어떤 발전이 이루어졌을지 궁금할 뿐이다.

미적분학과 마르크스

미적분학은 그것의 탄생과 관련된 것 외에 다른 논쟁도 일으켰다. 미적분학이 발명된 후 200년 동안, 수학자들은 미분의 특성과 함수의 도함수를 구하는 방법에 관해 많은 논쟁을 벌였다. 19세기 말 독일의 경제학자, 철학자, 사회학자인 **카를 마르크스** Karl Marx(1818-83)는 그의 경제학 이론을 넓히기 위해 미분학을 공부하기 시작했다. 뉴턴과 라이프니츠 및 다른 수학자들의 철학을 기초로 한 책을 몇 권 읽은 후에 그도 그 논쟁에 참가했다. 그는 함수의 도함수를 구하는 방법에 관한 결정적인 정보들이 수학적으로 충분히 검증되지 않은 채 받아들여지고 있다고 주장했다. 그런 이유에서 그는 다른 관점에서 이 논쟁에 접근해 일련의 논리적 추론 과정을 통해 결론을 내릴 수 있는 방법을 찾게 되었다.

만유인력의 법칙을 발견한 것으로 유명한 뉴턴은 물리적인 문제들을 수학적으로 해석하는 능력이 뛰어났었다. 그의 가장 중요한 업적인 『자연철학의 수학적 원리 *Philosophiae naturalis principia mathematica*』(1687)에서 운동과 관련된 완전한 역학계와 수학 공식들을 다루었다. 그는 케플러와 갈릴레이가 수년 동안의 실험을 통해 발전시켰던 운동법칙을 보완했다. (케플러와 갈릴레오에 관련된 내용은 41번과 42번 글에서 더 찾아볼 수 있다.)

라이프니츠가 미적분학에서 사용했던 기호들은 오늘날에도 사용되고 있다. 여러 분야에 관심과 재능이 있었던 그는 법학, 종교, 국정 운영, 역사, 논리, 형이상학 등의 분야에서 명예 박사 학위를 받기도 했다. 또한 그는 1700년에 베를린 과학아카데미를 설립하기도 했다. 불행히도 뉴턴과의 불화는 후에 라이프니츠를 괴롭혔다. 두 사람 사이의 불화를 풀기 위해 그는 영국의 학술원에 청원을 했는데 이것이 결정적인 실수가 되었다. 바로 그때 영국의 학술원장이 뉴턴이었던 것이다! 뉴턴이 지명해 결성된 위원회에서 만든 보고서를 통해 그들은 공식적으로 라이프니츠를 표절 혐의로 고발했으며, 1716년 그가 죽을 때까지 그를 학계에서 완전히 고립시켰다. ★

해보기 ACTIVITIES

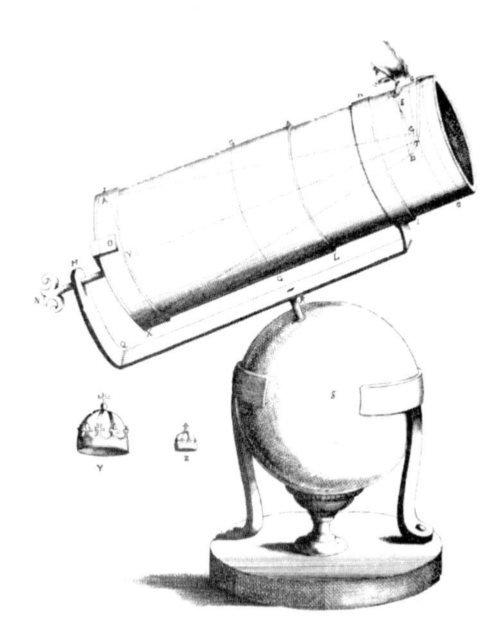

미적분학에 대한 업적 외에도, 뉴턴은 1688년에 굴절망원경을 발명했다.

1. 많은 사람들이 미적분학을 인간의 지식이 달성할 수 있는 최고의 업적으로 생각한다. 왜 그렇게 생각하는가?

2. 미적분학의 발전과 교육에 관련되어 있었던 다른 논쟁에 대해 조사해 보아라.

3. 뉴턴은 영국의 수학자인 **월리스**John Wallis(1616-1703)와 **배로** Isaac Barrow(1630-77)의 영향을 많이 받았다. 이들은 어떤 방법으로 미적분학의 발전에 기여했는가? 네덜란드의 수학자이며, 과학자이자 라이프니츠에게 큰 영향을 끼쳤던 **호이겐스** Christiaan Huygens(1629-95)의 업적에 대해 조사해 보아라. **데카르트**의 철학과 수학이 미적분학의 발전에 어떤 영향을 끼쳤는가?

4. 라이프니츠는 u와 v가 x의 함수일 때 $y=uv$의 n계 도함수를 계산하는 방법을 알아냈다. 라이프니츠의 법칙으로 알려진 이 공식은 무엇인가?

Mei Wending: Cultural Bridge

매문정: 문화의 가교 48

중국의 수학자이자 천문학자인 **매문정**(梅文鼎, Mei Wending 1633-1721)은 명 왕조 말기에 태어났다. 그 후 얼마 지나지 않아서 서양의 수학이 중국에 처음으로 전해졌다(오른쪽 글 참조). 후에 그는 수학적으로 두 문화를 화합시키는 데 결정적인 역할을 하게 되었다. 매문정은 스물일곱 살이 되었을 때, 역법 계산을 공부함으로써 수학을 공부하기 시작했다. 그 후 그는 수년 동안 여러 가지 기술 서적을 구입해 공부했는데, 그 중에는 측량, 기하학, 삼각법 등과 같은 주제를 다룬 책들을 집대성한 『숭정역서(崇禎曆書, *Chong Zhen li shu*)』(1631)도 포함되어 있었다. 중국 수학계의 중요 인물들이 그의 재능을 인정했으며, 1675년에는 그의 한 친구가 추천해 『명사(明史, *Ming shi*)』(1680년경)의 한 부분인 '역지(曆志, li zhi)'를 저술하기도 했다. 그는 일생 동안 80권 이상의 저서를 남겼으며, 또한 중요한 수학자로서도 이름을 떨쳤다.

많은 업적을 통해 매문정은 중국과 서양의 수학 사상을 융합했는데, 실용성을 강조하는 중국의 전통을 유지하면서 순수 이론을 강조하는 유럽의 사상을 수용했다. 그는 실용적인 기하학, 유클리드의 『원론』, 평면 및 구면 삼각법, 고차방정식의 근, 네이피어의 뼈 등과 같은 다양한 주제들에 관한 개념을 소개하고 확장했다. 매문정이 수학에 기여한 가장 중요한 것으로는 복잡한 이론을 간단하게 설명하는 그의 재능을 들 수 있다. 중국의 전기 작가인 완원(阮元, Ruan Yuan, 1764-1848)은 그에 대해 이렇게 평했다. "수학 이론을 제시할 때 그의 목적을 확실성에 두었으며, 그의 문장은 어색하거나 장황하지도 않으며, 아주 심오한 이론도 쉬운 표현으로 설명해 이해를 도왔으며… 이 모든 것들이 그의 의도를 잘 나타냈다."

매문정의 업적은 크게 존경을 받았으며, 강희(康熙) 황제는 수학 문제를 논의하기 위해 정기적으로 수학자들을 불렀는데, 그도 그 중 한 사람이었다. 강희 황제는 매문정 일가의 재능을 크게 인정해, 훗날 매문정의 손자인 매곡성(梅瑴成, Mei Jeu-cheng)을 궁으로 불러들여서 수학을 가르치게 했다. 매곡성은 1761년 할아버지의 중요한 업적들을 모아 『매씨총서집요(梅氏叢書輯要, *Mei shi congshu jiyao*)』를 펴냈다.

서양 수학의 소개

명 왕조(1368-1644) 기간 동안 중국은 눈부신 경제적 발전을 거듭했다. 이것은 국제 교역과 예술의 발전으로 이어졌다. 이와 비슷한 시기에 유럽의 경제 상황은 봉건주의에서 자본주의로 바뀌고 있었다. 상인들과 선교사들이 16세기 말에 중국으로 향하게 되면서 서양의 수학 사상들도 그들과 함께 중국에 전해졌다. 명 왕조의 몰락과 함께 유럽의 진출과 만주족과의 전쟁은 중국의 경제 성장을 정지 상태에 빠뜨렸다. 만주족을 상대로 국경을 지키고 경제력을 다시 키우는 데 고심한 중국은 서양의 과학 기술에 관심을 갖게 되었다.

초기에 수학 분야에서의 발전은 정확한 역법을 계산하기 위한 연구에 집중되었다. 그 후 150년의 기간 동안, 로그 및 평면과 구면 삼각법에 관한 서양의 이론들이 전해졌으며, 유클리드의 『원론』도 중국어로 번역되었다.

중국의 수학에 관련된 내용은 4, 8, 22, 26, 71, 89번 글에서 더 찾아볼 수 있다. ★

해보기 ACTIVITIES

1. 주판이 발명되기 이전에 중국에서는 산 가지와 압운시를 이용해 계산을 했다. 매문정은 "나눗셈에 관한 시가 매우 깔끔하고 명료하게 만들어졌다. 그러나 이 시들은 주판의 대중화를 촉진시켰다"고 평했다. 산 가지와 압운시는 어떻게 사용되었는가? 왜 주판이 이런 계산법을 대신하게 되었는가?

2. 16세기 중국에 전해진 유럽의 수학 사상이 중국에 가장 처음으로 소개된 서양 수학이라고 여겨진다. 그 후에 중국의 사회, 정치적인 역사에서 어떤 사건이 중국과 서양 사이의 수학 사상의 교류에 영향을 끼쳤는가?

3. 서양 수학을 중국에 소개하는데 **마테오 리치** Mateo Ricci(1552-1610)가 했던 역할은 무엇인가?

The Bernoulli Family

베르누이 일가

베르누이 일가의 사람들이 수학에 뛰어난 재능이 있었다는 점에 대해서는 의심할 여지가 없다! 야곱과 요한 형제를 시작으로 적어도 11명의 가족들이 수학의 발전에 큰 업적을 남겼다.

미적분학의 창시자 중 한 사람인 **라이프니츠**의 영향을 많이 받은 야곱 1세와 요한 1세는 미적분학의 위력과 아름다움을 알게 되어, 현재 대학에서 가르치고 있는 미적분학 내용 중의 상당 부분을 발전시켰다. (미적분학에 관련된 내용은 47, 52, 78, 105번 글에서 더 찾아볼 수 있다.) 그들은 최단강하선 brachistochrone의 문제에 기여한 이유로 변분법의 창시자로 인정받고 있다. 이것은 중력에만 의존하는 물체가 최단 시간에 두 점 사이를 마찰 없이 미끄러지듯 지나가는 궤도를 뜻한다. 형제들이 그렇듯이 가끔 두 사람은 경쟁적 입장이기도 했지만, 그들은 라이프니츠와 아이디어를 꾸준히 교환하는 관계를 유지했다.

베르누이 가문의 사람들은 또한 왕성한 활동을 해 그들의 생각을 많은 책으로 출간하기도 했다. 다음은 수학 연구에서 이들이 남긴 업적 중 일부를 소개한 것이다.

JACOBI BERNOULLI,
Profess. Basil. & utriusque Societ. Reg. Scientiar. Gall. & Pruss. Sodal.
MATHEMATICI CELEBERRIMI,
ARS CONJECTANDI,
OPUS POSTHUMUM
Accedit
TRACTATUS
DE SERIEBUS INFINITIS,
Et EPISTOLA Gallicè scripta
DE LUDO PILÆ
RETICULARIS.

BASILEÆ,
Impensis THURNISIORUM, Fratrum.
clɔ Iɔcc XIII.

야곱 베르누이의 *Ars Conjectandi* (바젤, 1713)는 확률론을 체계적으로 다룬 최초의 책이다.

- **니콜라스 1세** Nicholas I는 곡선의 성질, 미분방정식 및 미적분학을 발전시켰다.
- **다니엘 1세** Daniel I는 확률론, 천문학, 물리학 및 유체역학에 관한 책들을 썼다.
- **요한 2세** Johann II는 법학 공부를 했지만, 나중에 수학으로 진로를 변경해 열과 빛에 관한 수학적 이론을 저술했다.
- **요한 3세** Johann III 또한 법학 공부를 했으며, 천문학, 확률 이론, 순환소수, 부정방정식 등에 관한 논문을 많이 썼다. ★

해보기 ACTIVITIES

1. 미적분학을 공부하는 학생이라면 프랑스의 귀족이자 아마추어 수학자인 **로피탈** Marquis de L' Hospital(1661–1704)의 이름을 딴 로피탈의 법칙을 잘 알고 있을 것이다. 로피탈은 베르누이 일가와 어떤 관계인가?

2. 곡선 $(x^2+y^2)^2=a^2(x^2-y^2)$을 베르누이의 연주형Lemniscate of Bernoulli이라고 한다. a에 적당한 수를 대입한 방정식의 그래프를 그려라.

3. 베르누이 일가 중 몇 사람이 남긴 수학적 업적과 기여에 대해 조사해 보아라.

4. 다음은 베르누이 수로 알려진 수열의 처음 여섯 항을 나타낸다.

$$B_1=-\frac{1}{2},\ B_2=\frac{1}{6},\ B_3=0,\ B_4=-\frac{1}{30},\ B_5=0,\ B_6=\frac{1}{42}$$

베르누이 수에 관한 출처를 조사해 보고, 어떻게 만들어졌는지 알아보아라.

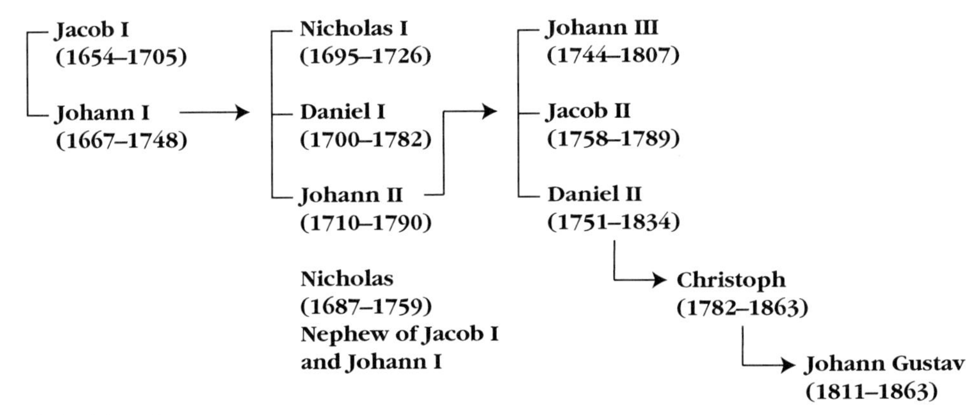

베르누이의 가계도.

African Patterns and Graphs

아프리카 문양과 그래프 50

수학을 공부하는 학생들이 자주 물어보는 질문이 있다. “실제 생활에서 수학을 언제 사용하게 되나요?” 어떻게 보면 수학이라는 과목은 실생활에서 거의 활용되지 않는 것처럼 보인다. 그러나 많은 아프리카 종족의 문화 활동에서 볼 수 있듯이 수학이 단지 교실에서 배우는 과목이 아니라 선천적으로 타고나는 삶의 일부분임을 알 수 있다.

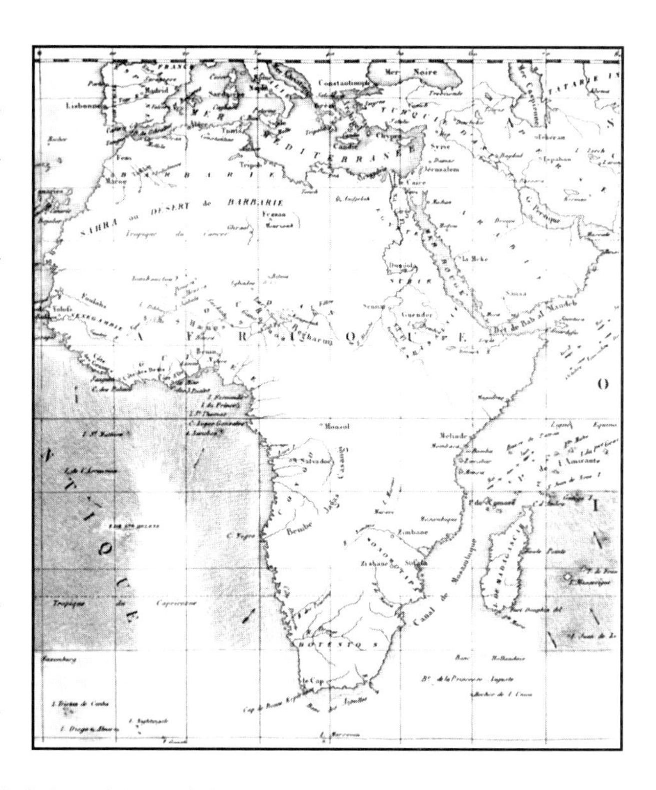

19세기 아프리카의 지도.

앙골라 동북부 지역의 초퀘Tchokwe 부족은 모래 위에 루소나 *lusona*(단수) 또는 소나 *sona*(복수)라는 그림을 그려서 속담이나 이야기, 동물들을 묘사했다. 이런 그림에서 그래프 이론의 개념을 이용했던 흔적을 찾을 수 있다. (그래프 이론에 관련된 내용은 53번 글에서 더 찾아볼 수 있다.) 소나는 세대간의 지식을 전달하는 중요한 역할을 한다. ‘그림을 그릴 줄 아는 자’ 란 뜻의 아크와 쿠타 소나 *akwa kuta sona*는 이런 지식을 전달하는 책임이 있다. 이야기꾼은 먼저 점 사이의 간격이 같은 직사각형 형태의 점판을 그려서 루소나를 만든다. 그리고 모래 바닥에서 손가락을 떼지 않고 단숨에 연결된 곡선으로 그림을 그린다.

또한 그래프 그리기는 콩고 민주 공화국의 부시웅 Bushoong 부족의 전통 문화의 한 부분을 차지한다. 20세기 초 유럽의 한 인류학자가 부시웅 부족의 아이들이 자신에게 보여준 그림에 대한 기록에서 “비록 아이들이 제대로 된 수학적 개념을 가지고 그림을 그리지는 않았지만, 그들은 한붓그리기가 가능한 그래프의 필요 조건 및 가장 쉽게 그래프를 그리는 방법을 모두 알고 있었다” 고 했다.

초퀘 부족의 루소나.

기하학적 문양 또한 아프리카에서 많이 활용되었던 수학적 개념이다. 수세기에 걸쳐 예술은 아프리카의 많은 문화에서 일상적 또는 종교적 행사의 중요한 역할을 담당해 왔다. 기하학적 문양은 옷감 짜기, 금속 공예, 조각과 같은 여러 가지 예술품에서 찾아볼 수 있는데, 같은 문양이라 하더라도 다른 예술품에서 사용되면 그 의

미가 달라진다. 이런 문양들은 자연 현상을 상징하며, 때로는 그런 현상의 중요한 특징을 강조하기도 한다.

아프리카 전역에서 흥미 있는 문양의 예를 찾아볼 수 있다. 나이지리아의 이그보Igbo 부족의 황토집은 빨강, 검정, 초록 및 흰색으로 칠해진 기하학적 문양들로 장식되어 있다. 케냐의 키쿠유Kikuyu 부족들이 사용하는 나무 방패에는 방패의 주인이 속한 종족을 잘 나타내는 문양이 그려져 있다. 자이르의 쿠바Kuba 문화의 예술품에서 자주 볼 수 있는 어긋매낀 문양은 옷감 짜는 기술과 매듭 있는 끈으로 만든 고기잡이 그물에 바탕을 둔 것이다.

아프리카 수학과 아프리카에 근거한 미국 수학에 관련된 내용은 8, 21, 54, 57, 66, 102번 글에서 더 찾아볼 수 있다. 비학문적 수학에 관련된 내용은 25, 35, 54, 59, 100번 글에서 더 찾아볼 수 있다. ★

해보기 ACTIVITIES

1. 이야기를 만들어 수업 시간에 잘 전달할 수 있도록 루소나를 만들어라. 이런 활동을 하기 위해서는 어떤 수학적 개념들이 필요한가?

2. 나이지리아의 베닌Benin 부족은 청동 주조와 상아 조각으로 유명하다. 베닌 문화에서 이런 예술 작품의 역사에 관해 읽고, 베닌 부족이 장식에 이용했던 문양들을 수학적으로 분석해 보아라.

3. 아프리카에서의 오락 활동은 재미를 더해 주는 것 외에도 아이들에게 셈이나 전략 찾기와 같은 여러 가지 수학적 개념을 가르치는 데 이용된다. 가나에서는 이런 목적으로 오와레 *Oware*라는 게임을 오래 전부터 즐겨왔다(요즘은 달걀 포장이 게임판으로 사용된다). 이 게임은 아프리카 전역에서 다양한 형태로 변형되어 여러 가지 다른 이름으로 불린다. 이 게임과 규칙에 대해 조사해 보아라. 오와레를 수학적으로 어떻게 분석할 수 있는가?

Perplexing Infinity

까다로운 무한 51

수학의 긴 역사 속에서 무한의 개념은 막연하기만 했다. 고대 그리스인들은 무한집합의 개념과 싸웠으며, 일반적으로 무한을 허용할 수 없는 개념으로 간주했다. 17세기가 되어서야 수학자인 **월리스**John Wallis(1616-1703)가 무한의 기호(∞)를 만들었지만, 18세기까지 수학자들은 무한의 의미를 확실히 모르고 있었다. **오일러**는 무한을 수의 하나라고 했지만 그도 무한의 개념이 무엇인지, 어떤 성질을 갖고 있는지 확실히 설명하지 못했다. 자신의 책 『대수학 *Algebra*』(1770)에서 오일러는 아무 설명도 없이 $\frac{1}{0}$은 무한이고, $\frac{2}{0}$는 $\frac{1}{0}$의 두 배라고 잘못 설명했다.

> 작은 것들 중에 가장 작은 것이란 없으며, 큰 것들 중에 가장 큰 것도 없다. 왜냐하면 언제나 더 작은 것과 더 큰 것이 존재하기 때문이다.
>
> — 아낙사고라스Anaxagoras
>
> 무한이란 일어나지 않아야 할 일이 일어나는 곳이다.
>
> — 익명의 학생
>
> 기하학에서 우리는 정할 수 있는 어떤 크기보다도 더 큰 무한의 크기뿐만 아니라, 그보다 무한 배나 더 큰 크기도 인정한다. 머리가 가장 큰 사람의 두뇌가 15×12×12cm 정도의 크기인 데 비하면, 이는 실로 놀라운 일이다.
>
> — 볼테르François Voltaire

오늘날 무한의 개념을 정확하게 이해하지 못했다면 발전될 수 없었던 수학 이론이 많이 있다. 예를 들면, 미적분학의 발전과 극한의 개념은 무한의 개념과 매우 밀접한 관계에 있다. 중국의 수학자인 **유휘**(250년경)가 무한소의 뜻을 분석하기 위해 극한의 개념을 사용했지만, **칸토어**Georg Cantor(1845-1918)를 무한의 개념을 엄밀히 연구한 최초의 근대 수학자로 생각한다. 많은 사람들이 그의 생각에 논쟁의 여지가 있다고 생각했지만, 그를 무한 이론의 창시자로 인정한다.

기본적인 수학 개념에는 무한의 개념과 관련된 것이 많다.

- 유한집합에서 성립하는 성질이 무한집합에서도 성립하는 것은 아니다.
- 무한의 양이 반드시 무한한 공간을 차지한다는 뜻은 아니다. 예를 들면, 1cm 길이의 선분 안에 무수히 많은 점들이 존재한다.
- 무한집합과 그 부분집합의 원소의 개수가 같도록 만들 수 있으므로, 이들 사이에 일대일 대응이 가능하게 할 수 있다. 예를 들면, 집합 {1, 2, 3, 4, 5, …}의 원소와 그 '부분' 집합 {1^2, 2^2, 3^2, 4^2, 5^2, …}의 원소를 쉽게 대응시킬 수 있다.
- 무한집합을 이루는 수들의 합이 꼭 무한이 되지는 않는다. 예를 들면, $\frac{1}{2}+\frac{1}{4}+\frac{1}{8}+\frac{1}{16}+\frac{1}{32}+\frac{1}{64}+\cdots$ 에서 아무리 많은 항의 값을 더하더라도 그 합이 1을 넘지는 않는다.
- 길이가 유한인 물체와 길이가 무한인 물체를 대응시킬 수 있다. 오른쪽 그림에서처럼 길이가 유한인 반원 위에 있는 점들과 길이가 무한

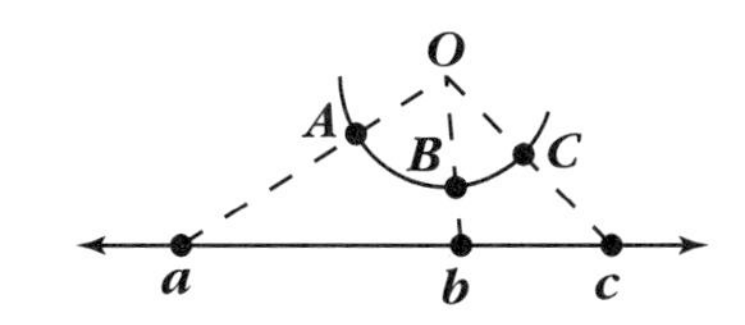

인 직선 위에 있는 점들을 일대일 대응시킬 수 있다.

무한에 관련된 내용은 13, 14, 75, 79번 글에서 더 찾아볼 수 있다. ★

해보기 ACTIVITIES

1. 다음 서술을 설명해 보아라.
   a. 평행인 직선들은 무한 원점에서 만난다고 말하기도 한다.
   b. 곡선의 점근선은 무한 원점에서 그 곡선과 만난다.
   c. 포물선은 나머지 한 초점이 무한 원점인 타원 또는 쌍곡선이다.

2. 길이가 10cm인 선분과 1cm인 선분을 그려라. 이 두 선분 위의 점들 사이의 일대일 대응 관계를 찾아라.

3. 정수의 집합과 10의 배수의 집합 사이에 일대일 대응을 시킬 수 있음을 밝혀라. 양의 정수의 집합과 양의 유리수의 집합 사이에 일대일 대응이 가능함을 밝혀라. (칸토어가 두 번째 문제를 어떻게 풀었는지에 대해 읽어보아라.)

4. 정수의 집합과 실수의 집합 사이에 일대일 대응이 가능하지 않다는 사실을 칸토어는 어떻게 밝혔는가?

오일러와 무리수 *e*

스위스의 수학자 **오일러** Leonhard Euler(1707-83)는 수학의 거의 모든 분야와 관계가 있다. 왕성한 저술가인 그는 천문학, 기하학, 그래프 이론, 포병학, 지도 제작, 광학, 악기, 배와 돛의 디자인, 유체역학과 같은 다양한 주제에 관한 글을 저술했다.

독일 우표에 나와 있는 오일러와 그의 유명한 공식.

오일러가 수학의 많은 부분에 기여했는데, 그 중에서도 함수의 편리한 표기법과 무리수 *e*의 도입을 들 수 있다. 무리수 *e*는 공식 $(1+\frac{1}{x})^x$에 아주 큰 *x*의 값을 대입해 그 근사값을 구할 수 있다. 수학적으로 나타내면, $e=\lim_{x\to\infty}(1+\frac{1}{x})^x$이며, 약 2.718281828459이다.

무리수 *e*는 다양한 방법으로 이용될 수 있는 매우 중요한 숫자이다. 이 숫자가 금융 분야에서 어떻게 이용되는지 알아보자. 모든 것이 완벽한 세상에 산다고 가정하고, 연리가 100%인 은행에 10,000달러를 예금한다고 가정하자. 이제 이율이 매년, 매달 또는 매분 복리로 계산되는지 알고 싶을 것이다. 왜냐하면 이것에 따라 이익이 얼마가 될지 정해지기 때문이다. 이제 가능한 경우를 한번 알아보기로 하자. 오른쪽 표에서 *N*은 1년에 이자가 복리로 계산되는 횟수이다. 1년은 8,760시간이고, 525,600분이다.

Rate	N	Accumulation after one year		
100%	1	$\$10,000\,(1+{}^1/_1)^1$	=	$20,000.00
100%	4	$\$10,000\,(1+{}^1/_4)^4$	=	$24,414.06
100%	12	$\$10,000\,(1+{}^1/_{12})^{12}$	=	$26,130.35
100%	365	$\$10,000\,(1+{}^1/_{365})^{365}$	=	$27,145.68
100%	8,760	$\$10,000\,(1+{}^1/_{8,760})^{8,760}$	=	$27,181.27
100%	525,600	$\$10,000\,(1+{}^1/_{525,600})^{525,600}$	=	$27,182.79

연리 100%의 이율을 매년 아주 많은 횟수로 복리 계산을 하면 투자한 10,000달러가 천문학적인 액수로 불어날 것으로 생각하기 쉽다. 그러나 1년에 몇 회로 나누어 복리 계산을 하더라도 그 금액은 1년에 10,000*e*달러 또는 27,182.82달러보다 클 수가 없다. 일반적으로 원금 *P*를 복리이자 *r*로 연속적으로 계산하면, 1년 후에 받을 금액은 $A=Pe^r$이 된다.

무리수 *e*는 많은 사람들에게는 익숙하지 않은 숫자이지만 우리 주변에 존재하고 있으며, 우리들의 일상생활에 아주 큰 영향을 끼친다. 캐스너Edward Kasner와 뉴먼 James Newman이 그들의 책 『수학과 상상 *Mathematics and the Imagination*』에서 지적했듯이 "무리수 e는 모든 자연 현상 중에서 인류에게 가장 중요한 것인 성장에 관한 현상을 수학자들이 표현하고 예측하도록 도와주는 데 중요한 역할을 했다."

무리수에 관련된 내용은 12, 19, 33번 글에서 더 찾아볼 수 있다. ★

해보기 ACTIVITIES

1. 노후를 위해 1000만 원을 25년 만기로 정기예금을 했다. 다음과 같은 경우 누적된 금액을 구해라.
   (a) 매년 8%의 복리, (b) 매월 8%의 복리, (c) 매일 8%의 복리, (d) 연속적인 8%의 복리.

2. 미적분학을 배운 학생들은 e^x의 매클로린Maclaurin 급수 전개식이 다음과 같음을 알고 있다.

$$e^x = 1 + x + \frac{x^2}{2!} + \frac{x^3}{3!} + \frac{x^4}{4!} + \cdots$$

   $x=1$일 때, e의 근사값을 구해라. e의 근사값을 소수점 아래 둘째 자리까지 정확하게 구하려면 이 급수의 몇 째 항까지 계산해야 하는가? 소수점 아래 셋째 자리까지 정확하게 구하려면?

3. 다음을 증명하라(힌트: 우변을 간단히 한다).

$$\left(1 + \frac{r}{N}\right)^N = \left[\left(1 + \frac{1}{\frac{N}{r}}\right)^{\frac{N}{r}}\right]^r$$

   r가 상수일 때 $N \to \infty$이면, $\frac{N}{r} \to \infty$임에 유의하라. 극한을 계산할 수 있다면, $\lim_{x\to\infty}\left(1 + \frac{r}{N}\right)^N = e^r$이 성립함을 확인할 수 있는가?

The Seven Bridges of Königsberg

쾨니히스베르크에 있는 7개의 다리 53

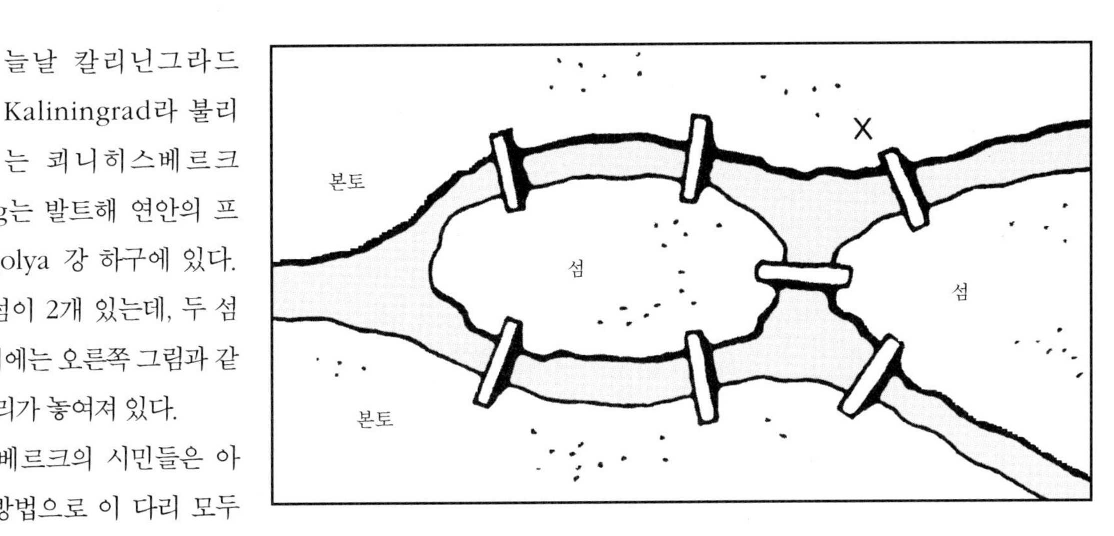

쾨니히스베르크에 있는 7개의 다리.

오늘날 칼리닌그라드Kaliningrad라 불리는 쾨니히스베르크Königsberg는 발트해 연안의 프레골랴Pregolya 강 하구에 있다. 이 강에는 섬이 2개 있는데, 두 섬과 본토 사이에는 오른쪽 그림과 같이 7개의 다리가 놓여져 있다.

쾨니히스베르크의 시민들은 아주 특별한 방법으로 이 다리 모두를 건널 수 있는지 궁금해했다. 한 사람이 어느 한 지점에서 출발해 모든 다리를 딱 한 번씩만 건너서 출발한 지점으로 되돌아오는 문제였다. 수년 동안 많은 사람들이 이것이 가능한 것인지 시도해 보았지만, 모든 사람들이 적어도 한 개의 다리를 건너지 않았거나 여러 번 건너는 결과가 나왔다. 이 도시 사람들은 이것이 가능하지 않다고 결론을 내렸으나 그 이유를 아는 사람은 아무도 없었다. 1736년 스위스의 수학자 **오일러**가 이 문제에 관심을 갖게 되어 시민들이 궁금해했던 문제는 불가능함을 증명해 보였다. 이 문제를 푸는 과정에서 그는 오늘날 그래프 이론이라 불리는 수학 분야의 기초를 다지게 되었다.

오일러가 어떻게 문제를 분석했는지 알아보자. 위의 그림에서 × 표시한 지점에서 출발한다고 가정하자. 즉, 본토에서 시작을 하는 것이다. 동쪽 섬에 연결된 다리가 3개 있으므로, 모든 다리를 한 번씩만 건너게 되면 동쪽 섬에서 끝나게 될 것이다. 다시 말해서 다리 1개를 건너 섬으로 가서 다른 다리를 건너면 본토로 오게 되고, 다시 세 번째 다리를 건너서 섬으로 돌아가게 되는 것이다. 같은 방법으로 서쪽 섬에는 5개의 다리가 연결되어 있는데, 본토에서 출발해 다리를 한 번씩만 건너면 다시 서쪽 섬에서 끝나게 되어 있다.

그러므로 모든 다리를 한 번씩만 건너기 위해서는 동쪽 섬과 서쪽 섬에서 동시에 끝나야 한다. 하지만 두 섬에서 동시에 끝날 수가 없기 때문에 이 문제는 불가능한 것이다. 만약 어느 한 섬에서 출발을 하더라도 같은 결론에 도달하게 될 것이다.

오일러는 쾨니히스베르크의 다리 문제를 이른바 '회로망network'이라는 것으로

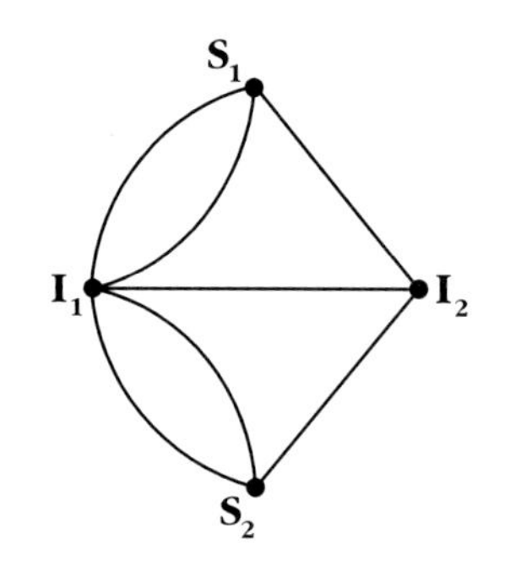

단순화시켰다. 회로망은 오른쪽 그림과 같이 꼭지점과 곡선으로 이루어져 있다. 그림에서 I_1과 I_2는 섬을, S_1과 S_2는 강변을 나타내며, 곡선들은 다리를 나타낸다. 회로망은 곡선들을 따라 움직이도록 되어 있다. 꼭지점은 여러 번 지나갈 수 있는데, 그 점을 지나는 곡선이 짝수 개일 때 짝수점, 홀수 개일 때 홀수점이라고 한다. 오일러는 한붓그리기가 가능한 회로망에서는 홀수점에서 출발하거나 끝나야 함을 알아냈다. 또한, 그는 한붓그리기가 가능한 회로망은 홀수점이 (한 개도 없거나) 2개만 있어야 한다고 결론을 내렸다.

오일러에 관련된 내용은 13, 29, 37, 45, 51, 52, 64번 글에서 더 찾아볼 수 있다. ★

해보기 ACTIVITIES

1. 오늘날 그래프 이론은 어떤 방법으로 문제에 응용되고 있는가?

2. a. 쾨니히스베르크의 회로망에는 모두 몇 개의 홀수점이 있는가? 또한 한붓그리기가 가능한가?
   b. 쾨니히스베르크의 회로망을 그려보아라. 한붓그리기가 가능하도록 곡선을 하나 추가해라.
   c. 한붓그리기가 가능한 회로망과 그렇지 못한 회로망을 그려보아라.

3. 8명의 사람들끼리 서로 전화선이 하나씩 연결된 회로망을 그려보아라. 그런 후에 각 사람이 2명하고만 직접 연결이 되고, 다른 사람들과는 간접적으로 연결되는 회로망을 그려보아라. (펠드먼Leonard Feldman이 낸 문제)

4. 문제 3의 회로망에서 한 사람이 다른 모든 사람들과 각각 통화를 하려면 모두 몇 번 통화를 해야 하는가? 3–8명을 연결하는 회로망 연결선의 개수를 세어라. 이 문제를 10명, 100명, 1,000명에 대해 생각할 때, 그 답을 구하는 방법을 어떻게 찾을 수 있는가? (펠드먼이 낸 문제)

The Mathematics of Music

음악과 수학 54

> 음악과 수학을 비교하는 것은 아주 적절하다. 가장 아름다운 음악도 나쁜 연주로 인해 망칠 수가 있다. 마찬가지로 아무리 뛰어난 수학적 생각도 특색 없는 형식적인 설명 때문에 시들해질 수 있다.
>
> — 혼스버거Ross Honsberger
>
> 여러 가지 이유로 인해 나는 (음악과 수학 사이에) 분명히 어떤 관계가 있다고 본다. 한 가지 이유는, 둘 다 창조적 예술이란 점이다. 종이에다 수학을 창조하면서 앉아 있는 것은, 오선지에다 음악을 창조하면서 앉아 있는 것과 똑같다.
>
> — 윌슨Robin Wilson

음악은 모든 문화에서 없어서는 안 될 요소이다. 의사 소통의 방법으로, 놀이나 일을 할 때 흥을 돋우거나, 종교 의식이나 또는 단순히 오락용으로 음악은 언제나 사람들의 일상과 함께 해왔으며, 그 음악 속에 수학도 함께 있었다.

아프리카 북 연주의 매우 복잡한 리듬 형태는 오랫동안 전 세계의 음악에 영향을 끼쳤다. 예를 들면, 아프리카의 집단 북 연주에서 수석 연주자는 주요 음을 연주하고, 다른 연주자들은 화음을 연주한다. 그리하여 모든 연주자들이 각자 다른 리듬을 동시에 연주하게 되는 것이다. 오늘날의 많은 연주 형태는 이와 같이 각기 다른 리듬을 화합하는 형식에 근거를 두고 있다.

고대 피타고라스 학파 사람들이 '모든 것은 숫자이다' 라고 믿었던 것처럼 음악을 단순히 소리나는 숫자로 생각했다. 기원전 6세기에 **피타고라스**는 음악과 정수 사이의 신비로운 관계를 발견했다. 현악기나 종 또는 물이 채워진 유리잔에서 찾을 수 있는 화음과 비율 사이의 관계를 연구해, 그는 지금의 음악가들이 알고 있는 것처럼 현을 뜯거나 관을 불거나 입을 열어 소리를 내면 4-5 또는 심지어 6가지의 화음이 나온다는 사실을 발견하게 되었다.

독일의 천문학자 **케플러**는 자신의 책 『우주의 조화 *Harmonices mundi*』(1619)에서 화음의 비와 행성들을 관련지었다. 그는 이 비를 행성들이 매일 태양 주위를 회전하는 각도와 비교해 아주 흥미로운 점들을 발견했다. 예를 들면, 토성이 태양에서 가장 먼 곳에서 하루에 공전하는 각도는 1′46″이고, 태양과 가장 가까운 곳에서 하루에 공전하는 각도는 2′15″이다. 여기서 1′46″와 2′15″의 비는 약 4 : 5로서 장3도를 나타낸다. 화성의 경우 이 비는 26′14″ : 38′1″ 즉, 2 : 3으로 장5도를 나타낸다. 이런 관계들에 대해 케플러는 "따라서, 천체의 운동은 단지 영구히 지속되는 대위법일 뿐이다…" 라고 했다.

거의 200년이 지난 후 프랑스의 수학자 **푸리에**Joseph Fourier는 악기의 소리와 음성이 몇 가지 주기의 사인함수의 합으로 표현이 가능하다고 했다. 현의 다른 지점을 누르면서 연주할 때 나는 소리는 서로 다른 음을 만들어낸다. 이런 방법으로 만들어진 음파는 오른쪽 그림과 같은 사인

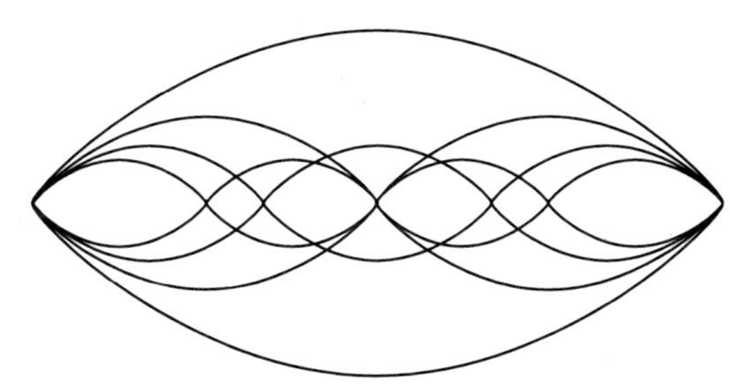

곡선과 코사인곡선으로 나타난다. 하프와 파이프 오르간의 모양에서도 또 다른 수학을 찾을 수 있는데, 이들 악기의 모양은 $k>0$일 때, $y=k^x$의 지수함수 곡선으로 표현된다.

오늘날에는 컴퓨터를 이용해 작곡과 연주를 하는 음악가들이 많다. 혁신적인 음악 영화인 「용감한 이들의 집 *Home of the Brave*」(1986)을 제작한 **앤더슨**Laurie Anderson의 작품 도입부는 숫자 1과 0의 장점과 단점에 관한 독백으로 시작된다. 그녀는 다음과 같이 말한다. "… 우리는 이들 두 수에 대한 선입견을 버리고, 0이 되는 것이 1이 되는 것보다 더 좋거나 더 나쁘지도 않음을 인식할 필요가 있다. 왜냐하면, 지금 우리가 실제로 보고 있는 이 숫자들은 현대 컴퓨터 시대의 초석이기 때문이다." 그런 후에 그녀는 게티스버그 연설문과 컴퓨터로 작곡한 자신의 노래를 표현하는 2진 부호의 일부를 보여준다. ★

해보기 ACTIVITIES

1. 두 유리수 사이에 또 다른 유리수가 존재하듯이, 두 음정 사이에 또 다른 음정이 존재한다. 무수히 많은 음정을 이용해 음악을 작곡하는 것이 현실적이지 못하기 때문에 몇 개의 음정을 골라 음계를 만들게 된 것이다. 여러 가지 다른 조합으로 동시에 소리를 내면 듣기에 좋은 음악이 기분을 좋게 한다. 다른 문화권에서 사용하는 음계들을 비교해 보아라. 예를 들면, 미국에서 사용되는 음계와 중동이나 아시아에서 사용되는 음계는 어떻게 다른가?

2. 음악의 정조 체계와 등분 평균율 체계에서 사용되는 음계에 대해 조사해 보아라.

3. 4명이 한 조가 되어 컴퓨터나 다른 전자 기구를 이용하는 음악가나 악단의 작품에 대해 조사해 보아라(각 조는 다른 음악가를 골라야 한다). 음악가나 악단의 역사, 그들의 음악에 기술공학이 이용되는 방법과 그들의 대표적 음악에 관해 발표해 보아라. 다음은 조사 대상으로 추천하는 음악가들이다. 헨드릭스Jimi Hendrix, 오노Yoko Ono, 슐츠Klaus Schulze, 헤즈Talking Heads, 비틀즈the Beatles, 슈피겔Laurie Spiegel, 보위David Bowie, 에노Brian Eno, 우부Père Ubu, 앤더슨Laurie Anderson.

Maria Agnesi: Linguist, Mathematician, Humanist

마리아 아녜시: 언어학자, 수학자, 인문주의자 55

이탈리아의 부유한 집안에서 태어난 **아녜시**Maria Gaetana Agnesi (1718-99)는 훌륭한 개인 교육을 받았다. 당시의 여자들은 교육받을 기회가 일반적으로 매우 어려웠다. 그녀는 여자들도 교양 과목을 배우는 것이 적절하다는 연설문을 아홉 살의 나이에 정확한 라틴어로 작성했을 정도로 언어에서 특별한 재능을 보였다. 몇 년 후 그녀는 이탈리아어, 라틴어, 그리스어, 히브리어, 프랑스어, 스페인어, 독일어 모두를 매우 유창하게 구사해 '7개 언어의 예언자' 라는 별명을 얻기도 했다.

마리아 가에타나 아네시.

볼로냐대학의 수학 교수였던 아네시의 아버지는 그 시대의 뛰어난 지식인들과 함께 집에서 자주 토론을 벌였다. 아네시는 그 토론에 자주 참석해 어려운 철학적 문제들을 제시하곤 했다. 그녀는 뉴턴이 『프린키피아*Principia*』(1687)에서 제시했던 철학 사상에 특히 많은 관심을 가졌다.

10대 소녀인 아네시는 수녀가 되고자 했으나, 아버지는 그녀가 수학과 과학에 대한 관심을 계속 키워나가기를 고집했다. 그리하여 그녀는 20년 동안 남동생들을 가르치는 한편, 자신의 연구에 몰두했다. 그녀가 20대일 때 자신의 가장 중요한 수학적 업적인 『해석학 연습*Analytical Institutions*』(1748)을 저술했는데, 이것은 동생들을 가르치기 위한 교재용이었다. 이 책에서 그녀는 대수학과 기하학에서부터 미분법과 적분법까지 여러 수학 분야를 두루 다루었다. 설명이 매우 정확하고 깔끔해, 이 책은 프랑스어와 영어로 번역되어 교재로 널리 사용되기도 했다. 뉴턴과 라이프니츠의 개념과 생각을 확장했을 뿐만 아니라, 이 책에는 방정식 $x^2y=4a^2(2a-y)$를 만족시키는 곡선군에 대한 아네시의 포괄적인 연구 결과도 포함되어 있다.

1748년 아네시의 아버지가 병이 들자 그녀는 아버지 대신 강의를 하게 되었고, 2년 후에는 볼로냐대학의 수학과 주임교수에 임명되었다. 그러나 그녀는 곧 그 자리를 버리고 나머지 일생 동안 종교적인 연구와 자선 사업에 전념했다. ★

1. 아녜시의 곡선은 '아녜시의 마녀Witch of Agnesi' 로도 알려져 있다. 이 곡선이 마녀의 모습을 하고 있지 않으나, 삼차방정식을 뜻하는 용어를 잘못 번역하는 바람에 붙여진 것이다. 어떻게 해서 이런 일이 발생했는가?

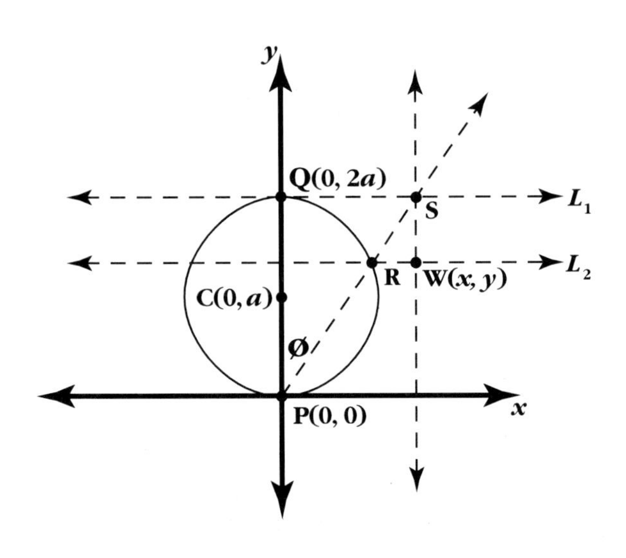

2. 왼쪽 그림과 같이 지름이 PQ이고, 중심이 (0, a)인 원을 생각해 보자. 점 Q에서 이 원의 접선 L_1을 작도한다. 점 P를 지나는 직선과 이 원과의 교점을 R, 직선 L_1과의 교점을 S라 하자. 점 R에서 직선 L_1과 평행인 직선을 L_2라 하자. 점 S를 지나고 y축과 평행인 직선과 L_2와의 교점을 W라 한다. 아녜시의 곡선은 원 위에서 점 R가 움직일 때 정해지는 점 W의 집합이다.

a. 왼쪽 그림에서, $x=2a\tan\phi$ 와 $y=2a\cos^2\phi$ 가 성립함을 밝혀라.

b. 삼각함수의 여러 가지 항등식을 이용해 ϕ 를 소거시켜서 x와 y에 관한 방정식을 구해라.

c. 문제 b의 방정식이 $4a^2(2a-y)=x^2y$의 형태로 나타내어짐을 보여라.

3. a에 몇 가지 수를 대입해 아녜시의 곡선을 몇 개 그려 보아라.

Kant: The Intuitionist

칸트: 직관주의자 56

칸트Immanuel Kant(1724-1804)는 원래 철학자였으나, 1755-70년까지 동프로이센에 있는 쾨니히스베르크대학에서 수학과 물리학을 가르쳤다(동프로이센은 지금의 에스토니아에 있었다). 자연의 수학적 법칙에 대한 그의 견해는 동료들과 사뭇 달랐는데, 그의 동료들의 대부분은 우주가 인간의 정신과는 전혀 독립적인 법칙을 따른다고 믿었다. 많은 사람들은 이 세상이 수학적으로 설계되었다고 믿었다. 인간은 그 법칙을 밝혀서 일상생활에서 일어날 일들을 미리 예측하고자 했다.

> (원의 기하학에서 따온) 이 예들은 셀 수 없이 많은 그런 조화로운 관계들이 공간의 성질 중에서 얻는 것을 나타낸다. 그 중의 많은 것들은 더 어려운 기하학에 나오는 다양한 곡선군의 관계에서 증명이 되고, 그 모든 것들은 지적 통찰력을 통해 이해하는 훈련을 제외하면, 가끔 있는 자연의 아름다움과 비슷하거나 더 크게 감정에 영향을 끼친다.
>
> — 칸트

그러나 칸트는 수학은 이 세상에 원래부터 존재했던 것이 아니라, 인간의 정신으로부터 생겨난 것이라고 믿었다. 사람의 정신은 공간과 시간의 개념을 지니고 있는데, 그것을 그는 직관의 형태로 생각했다. 공간에 대한 직관이 사람의 정신에서 나왔기 때문에 정신은 공간이 갖는 성질을 자동적으로 받아들인다. 예를 들면, 유클리드 기하학의 법칙들은 원래부터 우주에 존재하는 것이 아니라, 감각을 조직하고 합리화하는 데 이용된 인간의 기교인 것이다. 또한 칸트는 『자연과학의 형이상학적 원리*Metaphysical Foundations of Natural Science*』(1786)에서 **뉴턴**Isaac Newton(1642-1727)이 발전시켰던 운동의 법칙은 자명한 이치이며, 순수 이성으로부터 도출될 수 있다고 주장했다. 일반적인 의미로 칸트는 과학의 세계는 정신에 의해서 정리되고 조절되는 감각적 느낌의 세계라고 했다.

이미 존재하는 수학적 사상에 혼돈의 요소를 더했던 칸트의 사상으로 인해 수학적 탐구가 한동안 제한되기도 했었다. 수학자들은 수학의 법칙을 알아내기 위해 자연을 연구했지만, 칸트는 이런 법칙들은 인간 정신의 깊숙한 곳에서 찾을 수 있다고 주장했다. 그의 주장이 하도 강경해 한동안 그에 반대되는 입장을 수용하기 어려웠다. 칸트가 죽은 지 100년이 지난 후에도 그의 철학은 여전히 수학자들에게 영향력을 미쳤다. 네덜란드의 수학자인 **브로우웨르**Luitzen Brouwer(1881-1966)의 주도하에 수학 사상의 직관주의 학파가 설립되기도 했다. (직관주의 학파에 관련된 내용은 77번 글에서 더 찾아볼 수 있다.)

근대 문명의 발달로 인해 세상에서 우리가 보는 것을 정신이 창조한다는 칸트의 원칙이 점점 허물어지고 있다. 우리의 정신이 비행기와 텔레비전 또는 컴퓨터를 경험하도록 허용했기 때문에 이것들이 존재하는가? 또한 그의 직관주의자적 견해는 수학이 왜 존재하는지에 대해 아무런 설명도 하지 못한다. 그러나 칸트의 여러 가지 사상이 수학과 과학의 명백한 성공에 부정적인 입장임에도 불구하고, 그는 아직도 존경받는 철학자로 남아 있다. ★

해보기 ACTIVITIES

1. 칸트는 수학은 선험적 지식이라고 주장했다. 선험적 지식이란 무엇인가?

2. 역사학자인 배로John D. Barrow는 비유클리드 기하학의 발견이 칸트의 선험적 지식에 대한 견해를 "어리석게 보이도록 만들었다"고 했다. 배로의 주장에 대해 조사해 보아라.

3. 수학 및 우주와 수학의 관계에 대한 스코틀랜드의 철학자인 **흄**David Hume(1711-76)의 견해는 칸트의 견해와 어떻게 다른가?

4. 수학에 대한 **데카르트**의 견해는 칸트의 견해와 굉장히 달랐다. 그들의 견해차를 비교해 보아라.

Benjamin Banneker: Problem Solver

57 벤저민 배네커: 문제 해결사

뛰어난 수학적 재능으로 인해 최초로 유명해진 아프리카 혈통의 미국인 **배네커**Benjamin Banneker(1731-1806)는 수학의 학문적 연구에 대한 관심이 아주 적었던 시기에 미국에서 살았다. 그 당시 수학은 공학, 목공, 퀼트 제작과 같은 일에 오히려 요긴하게 응용되고 있었다. 배네커의 관심과 재능은 그 시대 상황과 맞아떨어졌다. 그는 문제 해결사였다.

배네커는 메릴랜드 주에서 태어났다. 아버지는 노예 출신이었고, 어머니는 영국에서 건너가 노예 출신과 결혼한 연한 계약 노동자* 출신의 딸이었다. 그의 할머니는 어린 배네커에게 읽기와 쓰기를 가르쳤으며, 겨울에는 퀘이커 교도학교를 다녔다. 그의 수학적 재능은 교사들의 눈에 띄었으나, 농부의 아들이었던 그는 공부에만 열중할 수가 없었다. 그럼에도 불구하고 농장에서 일하는 중에도 틈만 나면 산수의 내용을 실생활에 적용시키곤 했다. 그의 기계 다루는 솜씨는 매우 뛰어나 스물두 살에 시간을 알려주는 시계를 나무로 만들어 크게 유명해졌다. 그 시계는 50년 후 화재로 불에 타버릴 때까지 아주 정확하게 작동되었다고 한다.

Benjamin Bannaker's
PENNSYLVANIA, DELAWARE, MARYLAND, AND VIRGINIA
ALMANAC,
FOR THE
YEAR of our LORD 1795;
Being the Third after Leap-Year.

BANNAKER.

—PRINTED FOR—
And Sold by JOHN FISHER, Stationer,
BALTIMORE.

배네커의 1795년 『연감』(볼티모어, 1795)의 표지.

1780년대 말 배네커는 하늘에 관심을 갖게 되었다. 이웃에 살았던 친구인 **엘리코트**George Ellicot로부터 망원경과 여러 가지 기술 서적을 빌려 그는 혼자서 천문학과 측량술을 공부했다. 몇 년 후 배네커는 상당히 정확하게 일식을 예측했으며, 1792년에는 자신의 첫 『연감 *Almanack*』을 출판했는데, 여기에는 밤하늘을 관측한 내용과 많은 천문학적 계산들이 수록되어 있었다. 그는 이것을 당시의 국무장관이었던 제퍼슨Thomas Jefferson에게 보냈는데, 크게 감명받은 제퍼슨은 이것을 프랑스의 과학아카데미로 보냈다. 18세기 미국에서 연감은 기후 정보, 파종 시기, 오락 및 문학과 역사적 지식 등이 수록되어 있는 요긴한 책이었다. 배네커의 연감은 인기가 매우 좋아서 1797년까지 계속 출판되었다.

아프리카와 아프리카 출신 미국인의 수학에 관련된 내용은 8, 21, 50, 54, 66, 102번 글에서 더 찾아볼 수 있다. ★

* 식민 시대에 미국으로 건너간 무임 도항 이주자, 죄수, 빈민 등을 뜻함(옮긴이).

해보기 ACTIVITIES

1. 배네커가 자신의 첫 연감을 제퍼슨에게 보낼 때, 그는 제퍼슨이 노예를 소유하고 있다는 사실을 비난하는 편지를 함께 보냈다. 이 편지의 효과에 대해 조사하고, 그 연감에 기술된 노예 제도에 대한 자료를 찾아보아라.

2. 아프리카에서 열네 살 때 미국에 노예로 팔려왔던 **풀러** Thomas Fuller(1710-90)의 수학적 업적과 재능에 대해 조사해 보아라. 노예제도 폐지론자들이 왜 그의 계산 능력에 관심을 가졌는가?

3. 배네커는 수학적 퍼즐을 만들고 푸는 것을 즐겼으며, 그것을 노트에 정리해 두었다. 잘 알려진 100마리 닭에 관한 수수께끼를 그가 변형시켜서 만든 다음 문제를 풀어보아라.

   한 신사가 하인에게 100파운드를 주고 100마리의 가축을 사오라고 하면서, 황소는 마리당 5파운드, 암소는 마리당 20실링, 양은 마리당 1실링씩을 지불하라고 했다(1파운드는 20실링이다). 하인은 각 동물을 몇 마리씩 사서 돌아왔겠는가?

4. 지금까지 미국은 비교적 적은 수의 아프리카 출신 미국인 수학자와 과학자들을 배출했다. 왜 이런 현상이 생겼는지 수업 시간에 토론해 보아라.

5. 워싱턴 George Washington 대통령이 지금의 워싱턴 D.C.의 경계를 측량하도록 임명한 위원회에서 배네커가 했던 업적에 관해 읽어보아라.

The Mathematics of Eighteenth-Century France

18세기 프랑스의 수학 58

18세기의 여러 프랑스 수학자들은 수학과 수학 교육 분야에 중요한 업적을 남겼다. 그런데 그들은 이전의 많은 수학자들처럼 대학에서 후학을 가르치는 대신, 군대나 정부에서 그들의 능력을 발휘했다. 실제로 그들 중 몇 사람은 수학적 재능이 아니라 다른 업적으로 더 많이 알려져 있다.

라그랑주 Joseph Louis Lagrange (1736-1813)

이탈리아의 토리노에서 태어난 라그랑주는 그곳의 군사학교에서 수학을 가르치다가 후에 프랑스의 루이 16세의 왕실로부터 후원을 받게 되었다. 해석학의 기초가 제대로 정립되어 있지 않음을 알고, 그는 미적분학에 대한 연구를 보다 철저히 하고자 했다. 이런 그의 노력은 미래의 수학 연구에 큰 영향을 끼쳤다. 재정비 과정에서 그는 뉴턴, 오일러, 라이프니츠의 업적들을 면밀히 분석했으며, 오늘날에도 사용되고 있는 $f'(x)$와 $f''(x)$의 기호를 만들었다. 또한 라그랑주는 천문학의 연구와 유한 군론의 발전에 기여하기도 했다.

19세기 라그랑주의 초상화.

젊은 시절의 르장드르 초상화.

나폴레옹의 정리

요즈음 기하학을 배우는 학생들이 자주 이용하지 않아서 그리 알려져 있지 않은 정리 중에는 나폴레옹과 관계 있는 것이 있다.
삼각형 ABC에서 각 변을 한 변으로 하는 정삼각형의 중심을 각각 P, Q, R라 하면, 삼각형 PQR가 정삼각형이 된다.
이 정리의 증명은 콕스터 H. S. M. Coxeter와 그라이처Samuel L. Greitzer가 쓴 『다시 보는 기하학 *Geometry Revisited*』에서 볼 수 있다.

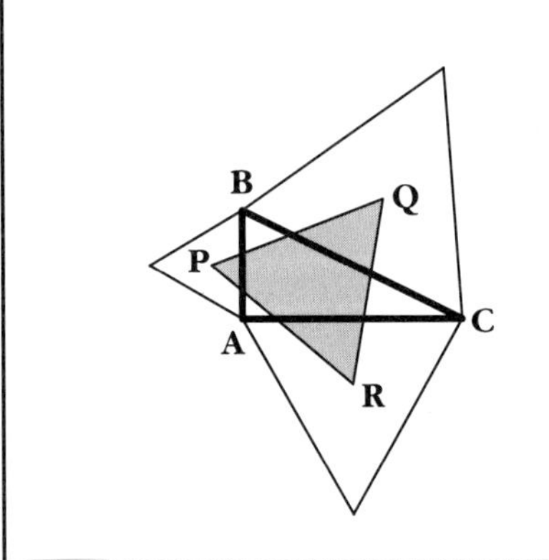

라플라스 Pierre-Simon Laplace (1749-1827)

프랑스의 가난한 집안에서 태어난 라플라스는 뛰어난 수학적 재능으로 인해 프랑스 혁명의 여파로 불안했던 시기에도 안정된 직장을 가질 수 있었다. 실제로 그는 나폴레옹이 다녔던 파리의 사관학교에서 수학을 가르쳤다. 라플라스는 천문학의 연구에 몰두했으며, 여기에 응용되는 수학을 발전시키면서 그는 천체역학, 확률론, 미분방정식, 측지학에 중요한 업적을 남겼다. 태양계에 관해 연구한 그의 논문 『천체역학 개론 *Traité de mécanique céleste*』은 라플라스를 '프랑스의 뉴턴' 이라는 별명을 얻게 했다.

르장드르 Adrien-Marie Legendre (1752-1833)

르장드르 또한 파리의 사관학교에서 수학을 가르쳤다. 가장 크게 영향을 끼친 그의 업적인 『기하학 원론 *Éléments de géométrie*』(1794)은 유클리드의 『원론』에 나오는 많은 명제들을 재구성해 쉽게 만든 것이었다. (유클리드의 『원론』에 관련된 내용은 15번 글에서 더 찾아볼 수 있다.) 이런 이유로 그의 책은 미국 기하학 교과서의 기본이 되었다. 또한 르장드르의 업적은 정수론, 타원 함수, 적분, 최소제곱법 등과 같은 고등 수학 분야에 크게 기여했다.

나폴레옹 Napoleon Bonaparte (1769-1821)

웃옷에 한 손을 넣은 장군으로 묘사된 나폴레옹의 초상화는 널리 알려져 있지만, 그가 9년 동안 기숙학교를 다니는 동안 오직 수학 성적만 뛰어났었다는 사실을 아는 사람은 별로 없을 것이다. 그는 대수학, 삼각법, 기하학, 원뿔곡선의 성질 등을 쉽게 이해했다. 그는 파리의 육군사관학교를 졸업

> 수학의 발전과 우수성은 그 나라의 번영과 밀접한 관련이 있다.
>
> — 나폴레옹

할 때 수학 과목에서 최우등상을 받았으며, 그 덕분에 왕실 포병대의 소위로 임관되기도 했다. 뛰어난 수학 재능을 인정받아 그는 또한 프랑스 국립연구소의 수학 위원에 임명되었다. 일생 동안 나폴레옹은 교육의 중요성을 적극적으로 지지했으며, 그의 노력의 결과로 수학은 프랑스 학교의 교육 과정에서 필수 과목이 되기도 했다. 이전까지 프랑스의 학교에서는 문학과 어학이 주된 교육 내용이었다. ★

해보기 ACTIVITIES

1. 나폴레옹에게 지대한 영향을 끼친 시인이자 수학자인 **마세로니** Lorenzo Mascheroni(1750-1800)의 수학적 업적에 대해 조사해 보아라.

2. 역사가들은 라그랑주를 **블랑** M. Le Blanc이란 사람과 관련을 짓는다. 블랑은 누구인가?

3. 라플라스가 확률론과 무리수 π에 대해 이룬 공헌은 무엇인가?

4. 기하학 소프트웨어를 이용해 나폴레옹의 정리의 모델을 만들어보아라.

5. 라그랑주의 정리 중 하나에 의하면 모든 자연수는 네 정수의 제곱의 합으로 나타내어진다고 한다. 예를 들면, $23=3^2+3^2+2^2+1^2$과 $59=7^2+3^2+1^2+0^2$이 그렇다.
   a. 다른 자연수를 몇 개 골라서 네 정수의 제곱의 합으로 나타내어라.
   b. 59를 0이 아닌 네 정수의 제곱의 합으로 나타낼 수 있음을 보여라.

6. 1799년 여름에 나폴레옹 군대의 한 기술자가 '로제타의 돌 Rosetta Stone'을 발견했다. 이 발견의 중요성은 무엇인가?

Early North American Mathematics

초기 북아메리카의 수학 59

호피 족의 우주론에서 Hahaiwugti는 땅의 여신이며, 성장의 여신이다.

대부분의 초기 북아메리카 원주민 사회에는 문자가 없었다. 때문에 그들의 수학적 지식에 관한 어떤 기록도 남아 있지 않다. 따라서, 옛 북아메리카의 수학에 관한 내용은 공예품을 조사하거나 요즈음 응용되는 전통 수학 지식을 연구하거나 민속학자들의 연구결과를 통해 알고 있는 것들이다. 이들 원주민 사회의 수학적 성과는 그들의 문화만큼이나 다양하기 때문에 이것을 단 몇 페이지에 모두 설명할 수는 없다. 다음에 소개하는 역사는 공부할 것이 많은 이 분야에 대해 여러분들이 탐구를 시작할 때 도움이 될 내용이다.

아나사지 족의 천문학

1,500년 전쯤 아나사지Anasazi라는 미국 원주민 부족이 지금의 미국 남서부 지역에 살고 있었다. 뉴멕시코 주 북서쪽의 차코 협곡Chaco Canyon과 콜로라도 주 남서부의 메사버드Mesa Verde 국립공원에 있는 정교하게 만들어진 아나사지 족의 제사용 건조물들은 천문학적 목적으로 사용되었을 것으로 보고 있다. 대부분의 건조물들은 하지나 동지와 같은 중요한 천문학적 현상들을 관측하기 위한 장소로 마련되어 있었던 것으로 여겨진다.

포모 족의 셈 법

20세기 초반에 캘리포니아 주의 포모Pomo 족은 셈 실력이 뛰어났던 것으로 알려져 있다. 포모 족이 사용했던 여러 가지 셈 법 중에는 큰 수를 막대기와 구슬을 사용해 나타내는 방법이 있었다. 작은 막대기 하나는 80개의 구슬을 의미한다. 작은 막대기 5개는 400을 나타내는 큰 막대기 하나와 바꾸었는데, 400은 포모 족이 사용했던 가장 큰 수의 단위였다. 여행을 할 때 포모 족은 페루의 잉카 족이 사용했던 결승문자처럼 끈을 사용해 날짜를 세었다. 매일 밤, 하루가 지날 때마다 끈에 매듭을 하나씩 만들었다. 이것을 '날짜 세기' 란 뜻의 *kamalduyi*라 불렀다.

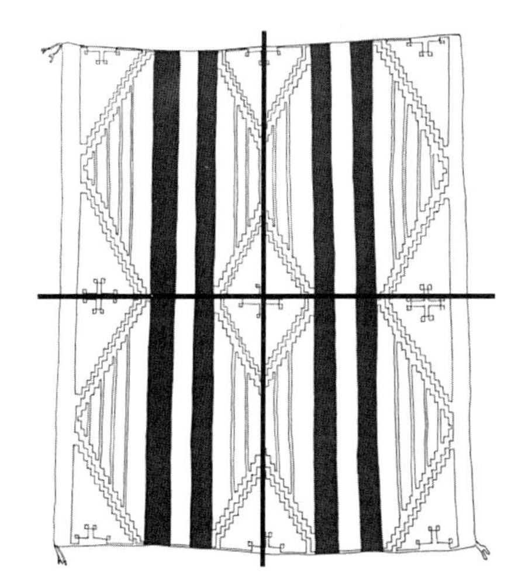

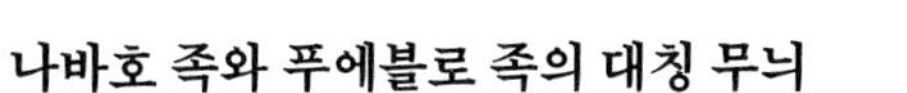

나바호 족와 푸에블로 족의 대칭 무늬

미국 남서부의 나바호Navajo 족과 푸에블로Pueblo 족은 오래 전부터 베틀로 아름다우면서도 복잡한 기하학 무늬의 담요와 양탄자 짜는 기술이 뛰어났다. 앞쪽 오른쪽 그림의 양탄자를 180도 회전시키면 점대칭의 성질 때문에 처음과 똑같은 무늬가 된다. 또 이 담요를 위아래로 접은 다음 다시 좌우로 접으면 접혀진 네 조각의 무늬가 똑같음을 알 수 있다. 이런 형태의 무늬는 좌표계의 한 사분면에 무늬를 넣어 짠 다음 거울 효과를 이용해 나머지 사분면에 똑같은 무늬를 짜넣어 만들 수 있다.

수 족의 상징적 수

미국의 많은 원주민 부족 문화에서 숫자 4는 중요한 의미를 갖고 있었다. 수Sioux 족은 4를 완벽한 수라고 생각하고, 신성시 여겼던 표식인 원과 관련을 지어왔다. 수 족의 신화에 의하면, 하늘 신인 스칸Skan은 태양, 달, 지구, 하늘 및 낮, 밤, 달[月], 해[年]와 같이 세상을 4개씩 짝을 지어서 창조했는데, 이 세상은 또한 길짐승, 날짐승, 두 발로 걷는 짐승, 네 발로 기는 짐승과 같은 4종류의 동물로 채워졌으며, 인간은 유년기, 아동기, 청년기, 노년기의 4단계 인생을 거친다고 전해진다.

미국의 원주민 수학에 관련된 내용은 3, 6, 8, 24, 25, 32, 104번 글에서 더 찾아볼 수 있다. ★

대지를 뜻하는 아스텍 족의 표시인 Chap-Pek.

해보기 ACTIVITIES

1. 500년쯤 전 멕시코 중부와 남부의 아스텍 부족은 두 가지 역법을 사용했다. 생활용 역법과 토날푸알리 *tonalpohualli*라 하는 예배용 역법이다. 두 가지 역법의 특징은 무엇이며, 각 역법은 어떻게 계산되어 만들어졌는가?

2. 캐나다와 미국의 슈피리어 호수 연안에 거주했던 아메리카 원주민인 오지브와Ojibwa 족의 상형문자 형태의 숫자에 대해 읽어보아라. 조사한 것과 배운 것을 수업 시간에 발표해 보아라.

3. 아나사지 부족들은 바닥이 평평하고 돌돌 감아서 만든 바구니를 만들었다. 그들의 후손인 애리조나 주 북부 지역의 호피Hopi 족들은 이 전통을 계승해 왔다. 호피 부족의 무늬에 대해 조사하고, 바구니 만드는 방법에 대해서도 알아보아라. (Claudia Zaslavsky의 *Multicultural Mathematics* 참조.)

Sophie Germain: Courageous Mathematician

소피 제르맹: 용기 있는 수학자

> …의심할 여지없이 그녀는 고귀한 용기와 비범한 재능과 불가사의한 천재성을 지니고 있음에 틀림없다.
>
> — 가우스가 제르맹에 대해

> 대수학은 글로 쓴 기하학이고, 기하학은 그림으로 그린 대수학이다.
>
> — 제르맹

프랑스 혁명 10년의 혼란기에 파리에서 태어난 **제르맹** Sophie Germain(1776-1831)은 대부분의 시간을 아버지의 서재에 있는 책들을 읽으며 보냈다. 그녀가 열세 살 때 몬튜클라Montucla가 쓴 『수학사』에 나오는 **아르키메데스**의 죽음에 관한 유명한 이야기를 읽게 되었다. 전설에 의하면, 아르키메데스는 그리스의 도시국가인 시라큐스를 공격하는 로마군을 물리칠 기계를 고안하는 중이었다. 그는 모래판에 그려놓은 수학적 도형의 연구에 너무 열중한 나머지 하던 일을 멈추라고 명령한 로마군의 명령에 귀를 기울이지 않아 결국 창에 찔려 죽었다. (아르키메데스에 관련된 내용은 11번 글에서 더 찾아볼 수 있다.) 이 전설에 크게 감동한 제르맹은 수학을 공부하기로 결심했다.

그녀의 소망은 여자가 수학을 공부하는 것이 적절하지 않다고 주장하는 가족의 반대에 부딪쳤다. 그럼에도 불구하고 제르맹은 가족들이 모두 잠든 밤에 몰래 미분학을 공부했다. 그녀는 공부에 너무 열중한 한 나머지 잠을 거의 자지 않아서 부모가 그녀의 건강을 걱정하기 시작했다. 제르맹의 부모는 그녀를 쉬게 하기 위해 침실에 있는 전등은 물론이고 난롯불조차 치워버렸다. 심지어 그녀가 추워서 침대 속에 누워 있게 하려고 저녁이 되면 그녀의 옷을 치워버리기까지 했다! 그녀는 겉으로는 부모의 뜻에 따르는 것처럼 하면서, 부모가 잠든 것을 확인한 후에는 이불을 뒤집어쓰고 잉크가 얼 정도의 추위에서도 공부에 전념했다. 그녀의 결심이 확고하다는 사실을 깨닫고 마침내 부모는 낮에도 공부하는 것을 허락했다.

몇 년 후, 파리 공과대학École Polytechnique이 여학생의 입학을 허락하지 않았기에 제르맹은 여러 교수들의 강의 노트를 입수해 혼자서 공부했다. 프랑스의 수학자 **라그랑주**가 발전시키고 있었던 해석학이라는 새로운 수학 분야에 매료된 그녀는 **블랑**이라는 가명을 사용해 그의 연구에 관한 자신의 논평을 담은 편지를 보냈다. 라그랑주는 그녀의 논평에 아주 크게 감동을 받았으며, 그녀의 실체를 확인한 후에 그녀의 재능을 칭찬했다. (라그랑주에 관련된 내용은 58번 글에서 더 찾아볼 수 있다.)

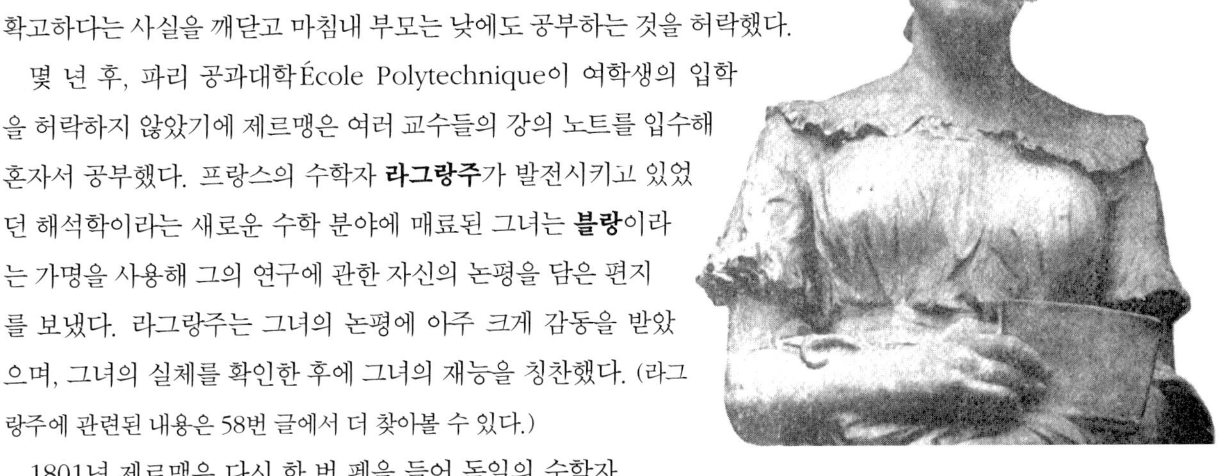

'철학자이자 수학자' 인 제르맹.
시카고의 Stock Montage에서 제공한 사진.

1801년 제르맹은 다시 한 번 펜을 들어 독일의 수학자인 **가우스**Carl Friedrich Gauss(1777-1855)에게 편지를 보내, 그가 출판한 『정수론 연구 *Disquisitiones arithmeticae*』에 대한 그녀의 생각을 제시했다. 가우스가 여자 수학자에 대한 편견을 가졌을지도 모른다는 생각에 그녀는 블랑이라는 가명을 다시 사용했다. 라그랑주와 마찬가지로 가우스도 그녀의 논평이 매우 뛰어남을 알고는, 'Mr. Le Blanc' 이라는 이름으로 그녀와 서신 왕래를 하게 되었다. 몇 통의 편지를 주고받은 가우스도 제르맹의 신분을 알게 되었다. 가우스는 제르맹을 극찬한 나머지 괴팅겐대학에 제르맹을 추천해 명예 박사 학위를 받게 했다. (가우스에 관련된 내용은 61번 글에서 더 찾아볼 수 있다.)

제르맹은 화학, 물리학, 지리학, 역사학, 정수론, 철학과 같은 여러 분야에 많은 기여를 했다. 그녀는 외력을 받은 탄성체 내에 생기는 내력에 대한 연구를 포함한 수학 이론에 관한 연구를 했으며, 탄성체 표면의 특징, 범위와 한계에 관한 많은 논문을 남겼다. 또한 프랑스 학술원은 그녀의 연구 논문 중 한 편인 「탄성판의 진동에 관한 연구」에 대해 상을 수여했으며, 프랑스의 수학자 **르장드르**가 출판한 책에 그녀의 정리 여러 개가 포함되었다. ★

해보기 ACTIVITIES

1. 제르맹은 가우스가 연구하던 정수론에 관심을 갖게 되어 그에게 편지를 보냈다. 정수론이란 무엇인가? 정수론 분야에서 중요한 업적이 이루어진 역사의 시대를 찾아서 그 업적을 조사해 보아라.

2. 제르맹은 페르마의 마지막 정리를 증명하는 데 이용되었던 정리를 만들었다. 제르맹의 정리는 무엇이었는가?

3. 제르맹의 시절에는 왜 여성들이 수학과 과학을 공부하지 못하도록 했는가?

칼 프리드리히 가우스: 최고의 수학자 61

독일 태생인 **가우스**Carl Friedrich Gauss(1777-1855)가 초등학교에 다닐 때 교사였던 뷔트너J. G. Büttner는 수업 시간에 학생들에게 1부디 100까지 모든 자연수의 합 1+2+3+ … +98+99+100을 구하라는 문제를 냈다. 뷔트너는 한동안 학생들이 이 문제에 집중할 것이라고 생각했는데, 아홉 살이었던 가우스가 단 몇 초 만에 답을 구했다. 그는 모두 50개의 짝(1+100, 2+99, 3+98, 4+97 등)이 있고, 그 짝들은 합이 각각 101이 됨을 알아냈다. 따라서 선생님이 원하는 답은 간단히 50×101 즉, 5050이었다. 감명을 받은 뷔트너는 가우스가 더 높은 수준의 수학을 배울 수 있도록 중학교의 진학을 주선했을 뿐만 아니라, 그에게 과외 선생과 상급 학년 교과서까지 제공해 주었다.

> **가우스의 몇 가지 업적들**
>
> - 그가 출판했던 『정수론 연구 *Disquisitiones arithmeticae*』는 현대 정수론의 가장 중요한 기초이다.
> - 발명을 많이 했던 가우스는 지구의 곡률, 모양, 부피 등을 연구하는 측지학에 사용되는 것을 위시해 과학적인 기구들을 많이 고안해 냈다.
> - 그는 후에 정규분포곡선을 발전시켰는데, 이것은 프랑스의 수학자인 **드 무아브르**Abraham De Moivre(1667-1754)가 처음 알게 되었으며, 요즘은 가우스 곡선이라고도 한다.

열네 살의 나이로 중등교육을 마친 가우스는 브라운슈바이크 공작으로부터 장학금을 받아서, 지방 정부와 장교를 양성하기 위해 새로 설립한 과학 아카데미인 Collegium Carolinium에 입학했고, 그 다음에는 괴팅겐대학과 헬름슈테트대학을 다니게 되었다. 학생 시절에 가우스는 많은 발명을 했으며, 이전의 수학자들이 풀지 못했던 문제를 많이 풀었다. 예를 들면, 눈금 없는 직선 자와 컴퍼스를 이용해 정삼각형과 정오각형을 작도할 수 있다는 사실은 오래 전부터 알고 있었지만, 이것 외에 변의 개수가 소수인 정다각형을 같은 방법으로 작도할 수 있는지는 알지 못했다. 가우스는 정17각형을 자와 컴퍼스만을 이용해 작도할 수 있음을 증명했다. 또한 스무 살의 나이에 후견인 공작에게 바친 자신의 박사 학위 논문에서 그는 대수학의 기본 정리(모든 다항방정식은 그 차수와 같은 개수의 근을 갖는다)의 내용을 증명했다.

칼 프리드리히 가우스.

그 외에도 가우스는 복소수 이론, 벡터해석, 미분기하학에 중요한 업적을 남겼다. 그의 연구의 많은 부분은 지금까지 과학 분야에 큰 영향을 끼치고 있다. 그는 괴팅겐에 세워진 유명한 천문대의 초대 소장을 지냈으며, 미래의 천문학자와 과학자의 엄밀한 사고의 표준을 정립했다. **아인슈타인**Albert Einstein(1879-1955)은 가우스의 아이디어를 상대성 이론과 원자력에 관한 연구에 이용했다.

칼 프리드리히 가우스에 관련된 내용은 60번 글에서 더 찾아볼 수 있다. ★

해보기 ACTIVITIES

1. 연속하는 정수들의 합을 구하는 가우스의 방법을 이용해 다음 문제를 풀어라.
   a. $1+2+3+\cdots+99{,}999+100{,}000$
   b. $762+763+764+\cdots+999+1{,}000$
   c. $1+2+3+\cdots+(n-1)+n$, n은 양의 정수

2. 가우스는 또한 다음의 삼각수에 대해서도 연구를 했다. 1, 3, 6, 10, 15, 21, 28,…
   a. 이 숫자들을 삼각수라 부르는 이유는 무엇인가?
   b. 가우스는 모든 양수는 많아야 3개의 삼각수의 합으로 표시될 수 있다고 주장했다. 양의 정수를 몇 개 골라 이 주장을 확인해 보아라.

3. 비유클리드 기하학 분야에 가우스가 기여한 내용은 무엇인가?

Mathematics and the Electoral College

수학과 선거인단 62

> 수학처럼 존경받고 명예로운 과학은 없었을 뿐만 아니라, 수학처럼 근면함과 조심성을 갖고 대가들이 관심을 가지고 세상의 권력자들이 고심하는 과학은 없었다.
>
> — 벤저민 프랭클린

왜 미국의 대통령은 국민들이 직접 선출하지 않는 것일까? 민주주의를 중요시했던 만큼 미국의 시조들은 민주주의가 시나치면 더 위험할 수 있다고 생각했던 것이다! 그들은 이미 조지 워싱턴을 초대 대통령으로 결정해 두었는데, 프랭클린Benjamin Franklin은 그들에게 다음과 같이 경고했다. "처음 권력을 잡는 사람은 훌륭한 지도자가 될 것이다. 그러나 어떤 사람이 그 뒤를 이을지는 아무도 모르는 일이다."

선거 과정을 관리하기 위해 미국 건국 당시, **선거인단 제도**를 고안해 냈다. 이 제도에 의하면 두 명의 대통령 후보에게 투표할 '선거인' 들을 각 주에서 선정했다. 각 주에 배정되는 선거인의 수는 그 주를 대표하는 상 · 하원 의원의 수와 같았다. 선거인단 투표의 과반수를 얻은 후보가 대통령이 되었고, 차점자가 부통령이 되었다. 그런데 후보 중 누구도 과반수 득표를 얻지 못한 경우에는 하원의원들의 투표로 대통령과 부통령을 선출했는데, 각 주마다 1표만 행사할 수 있었다. 이 제도를 고안했을 당시, 미국 건국에 관계했던 사람들은 언제나 두 명 이상이 대통령에 출마해 경합을 벌일 것이기 때문에, 그 누구도 과반수 득표를 얻지 못할 것이라고 생각했었다. 따라서 결국에는 중요한 선택이 하원의원들의 투표에 의해 이루어질 것이라고 생각했다.

얼마 되지 않아서 걱정했던 대로 정당들이 여러 명의 후보를 내세웠다. 1800년의 선거에서 토머스 제퍼슨과 버Aaron Burr(민주-공화당)는 각각 73표, 존 애덤스(연방주의자)는 65표, 핀크니Charles C. Pinckney(연방주의자)는 64표를 얻었다. 하원은 제퍼슨을 대통령으로 선출했다. 1800년의 선거 후에 미국 헌법 제12조 수정 조항에 의해 대통령과 부통령을 따로 뽑기로 했다. 1824년의 선거에는 존 퀸시 애덤스, 앤드류 잭슨, 클레이Henry Clay, 크로포드William H. Crawford 등 4명의 후보가 나왔다. 예비 투표에서는 잭슨이 앞섰으나 선거인단 투표에서 과반수의 표를 얻지 못했다. 하원의원들은 애덤스를 대통령으로 선출했다.

오늘날에는 어떤 주의 예비 선거에서 표를 가장 많이 얻은 후보가 그 주의 선거인단 표를 모두 갖는다. 1988년과 1992년에는 538명의 선거인단(하원 435명, 상원 100명, 워싱턴 D.C. 3명)이 있었다. 하원의원에게는 자격이 주어지지 않는 선거인단은 투표 일에 그들이 대표하는 주와 정당이 지지하는 후보에게 투표하도록 되어 있으나, 선거인단이 반드시 이를 지켜야 한다고 법적으로 명시되어 있지는 않았다. 그래서 가끔 항의의 의

미로 던져지는 표도 있다. 이를테면, 1988년 웨스트버지니아 주의 한 선거인은 자신의 정당이 지지하는 듀카키스Michael Dukakis가 아닌 벤첸Lloyd Bentsen에게 투표를 했다.

선거인단 제도하에서는 예비 투표에서 승리하더라도 선거인단 투표에서 패배하는 경우가 있을 수 있다. 예를 들면, 1888년 클리블랜드Grover Cleveland는 예비 투표에서 승리했으나, 선거인단 투표에서 해리슨Benjamin Harrison에게 패배하고 말았다.

1979년에 선거인단 제도를 철폐하고 직접 선거로 바꾸려는 시도는 상원에서 통과되지 못했다. 그러나 왜 4년마다 시민들의 투표권을 빼앗기 위해 고안된 투표 제도를 지켜야 하는지 이해를 하지 못하겠다고 불평하는 시민들이 많이 있다. ★

해보기 ACTIVITIES

1. 승인 투표제도는 '한 사람이 한 표' 원칙을 '한 후보가 한 표'로 바꾼 제도로 알려져 있다. 승인 투표제도란 무엇이며, 어떠한 경우에 효과적인가?

2. 현대의 선거에서 수학은 어떤 기여를 하는가?

3. 민주주의 사회에서의 투표가 언제나 이상적인 결과를 가져오지는 않는다. 회원이 55명인 어떤 동아리의 회장에 진수, 다혜, 기백, 인호, 양희가 출마했다고 하자. 회원들이 5명의 후보들을 1등에서 5등까지 1명씩 정해 써낸 결과가 아래와 같다.

	1	2	3	4	5
18명	진수	인호	양희	기백	다혜
12명	다혜	양희	인호	기백	진수
10명	기백	다혜	양희	인호	진수
9명	인호	기백	양희	다혜	진수
4명	양희	다혜	인호	기백	진수
2명	양희	기백	인호	다혜	진수

다음 각 경우에 누가 회장에 당선되는가?

a. 1등표를 가장 많이 얻은 후보가 회장이 된다.

b. 1등표를 가장 많이 얻은 후보 두 명을 놓고 결선 투표를 한다.

c. 1등부터 5등까지 차례로 5점부터 1점까지 점수를 주고, 최고 득점자가 회장이 된다.

d. 두 명씩 비교해 모든 사람을 이긴 후보가 회장이 된다.

The Parallel Postulate

평행선 공준 63

로바체프스키의 젊은 시절의 초상화.

유**클리드**(기원전 300년경)가 그의 『원론』에서 설정했던 물질 세상의 5가지 공준은 2,000년 동안 참인 것으로 인정되어 왔다(공준이란 증명 없이 참으로 받아들여지는 명제이다). 이 중 하나가 유명한 **평행선 공준** parallel postulate이다. 즉, 직선 *L*과 이 직선 위에 있지 않은 점 P가 있으면, 점 P와 직선 *L*로 결정되는 평면에서 점 P를 지나고 직선 *L*과 평행인 직선은 오직 하나만 존재한다.* 수세기 동안 수학자들은 유클리드의 다른 공준을 이용해 평행선 공준을 증명할 수 있을 것이라 믿어왔는데, 그렇게 된다면 이것은 공준이 아니라 정리가 되는 것이다. 많은 사람들이 평행선 공준이 다른 공준의 논리적 추론의 결과임을 밝혀보고자 다양한 시도를 해보았지만 모두 실패하고 말았다.

그 중에서 주목할 만한 결과는 이탈리아 예수회의 성직자이자 수학자인 **사케리** Girolamo Saccheri(1667-1733)가 1733년에 출판한 책인 『유클리드가 모든 결점을 없앴다 *Euclides ab omni naevo vindicatus*』이다. 유클리드의 오류를 제거하려 했던 그의 시도 자체가 오류였지만, 이 책은 사케리가 수학사의 한 부분을 차지할 수 있도록 했다. 그는 보여이-로바체프스키Bolyai-Lobachevsky 기하학에 정리로 나오는 많은 결과를 연구했다.

헝가리 태생인 **보여이** János Bolyai(1802-60)는 평행선 공준의 딜레마에 너무 깊이 빠져 있어서, 그의 아버지는 아들의 건강을 걱정한 나머지 다음과 같은 편지를 보냈다. "제발 너에게 간청을 하니, 그만두거라. 육체적 열정 못지 않게 그것이 너의 시간과 건강, 마음의 평화, 삶의 행복을 빼앗아갈까 두려워하거라."

그러나 보여이는 포기하지 않았다. 그는 러시아 수학자인 **로바체프스키** Nikolai Lobachevsky(1792-1856)와 함께 비유클리드 기하학의 창시자로 인정받고 있다. 그들

---

* 오랜 세월 동안 유클리드의 평행선 공준을 다른 것으로 대체하고자 많은 시도를 했었다. 현대 미국의 기하학 교과서에 가장 많이 사용되는 평행선 공준의 대체는 "주어진 직선 위에 있지 않은 한 점을 지나고, 그 직선에 평행인 직선을 단 하나 그을 수 있는가?"인데, 이것은 스코틀랜드의 물리학자이자 수학자인 플레이페어John Playfair가 쓴 『기하학 원론』에 나와 있다.

은 유클리드의 처음 4개의 공준은 만족시키지만 평행선 공준은 성립되지 않는 기하학 구조가 존재한다는 것을 증명했다. 비유클리드 기하학의 발견으로 평행선 공준은 다른 공준들의 논리적 결과가 아님이 증명된 것이다.

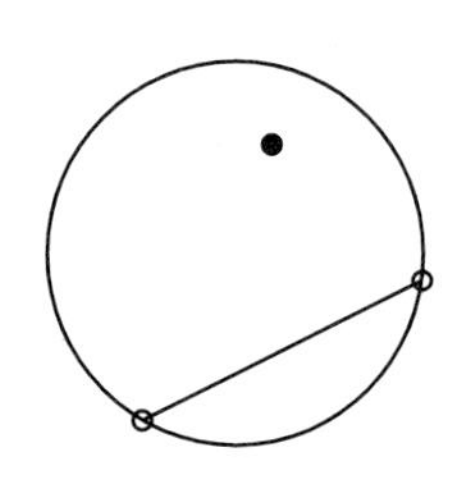

보여이와 로바체프스키의 비유클리드 기하학을 쌍곡선 기하학이라고도 한다. 이보다 간단한 비유클리드 기하학은 **클라인** Felix Klein(1849-1925)이 만들었다. 클라인 모형에서 우주는 원의 내부에 한정이 된다. 예를 들면, 직선은 왼쪽 위의 그림과 같이 원 위의 두 점을 잇는 현이다(현의 끝점들은 원의 내부에 속하지 않으므로 끝점들은 직선에 포함되지 않는다). 유클리드 기하학의 많은 성질들이 클라인의 모형에서도 성립하지만, 몇 가지 특별한 예외가 있다. 한 평면 위에서 만나지 않는 두 직선이 평행하다고 정의하면, 왼쪽 아래의 그림에서처럼 점 P를 지나고 주어진 직선에 평행인 직선은 무수히 많다. (클라인에 관련된 내용은 74번 글에서 더 찾아볼 수 있다.)

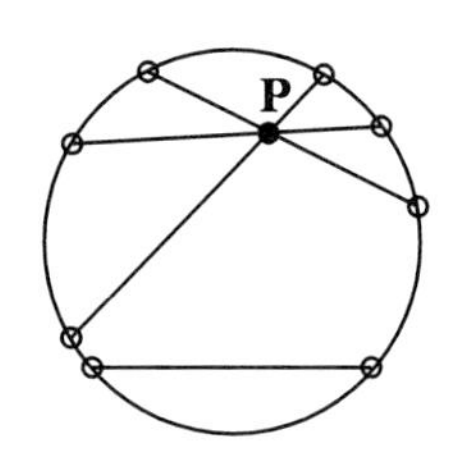

비유클리드 기하학의 발견은 인간의 직관, 상식, 경험을 무시했지만, 인간의 사고가 어디까지 높이 뻗어나갈 수 있는가를 보여주었다.

유클리드와 『원론』에 관련된 내용은 15번 글에서 더 찾아볼 수 있다. 비유클리드 기하학에 관련된 내용은 66번 글에서 더 찾아볼 수 있다. ★

해보기 ACTIVITIES

1. 프랑스의 수학자 **푸앵카레** Henri Poincaré의 수학적 업적에 대해 읽어보고, 그가 만든 비유클리드의 '세상'에 대해 설명해라.

2. 사케리의 사변형에 대해 알아보아라. 이것을 이용해 유클리드의 평행선 공준을 어떻게 증명하려 했는가?

3. 독일의 수학자 **리만** G. F. B. Riemann이 만든 비유클리드 기하학의 모형인 타원 기하학의 특징에는 어떤 것들이 있는가? (리만에 관련된 내용은 66번 글에서 더 찾아볼 수 있다.)

4. 평면과 구(두꺼운 판지와 공을 이용하면 된다)를 이용해 구면 기하학이 평면 기하학과 어떻게 다른지 수업 시간에 설명해 보아라.

5. 평행선 공준을 증명하려 했던 **알콰리즈미**에 대해 조사해 보아라. (알콰리즈미에 관련된 내용은 27번 글에서 더 찾아볼 수 있다.)

Perfect Numbers

완전수

피타고라스(기원전 572-497)와 피타고라스 학파의 사람들은 자연의 모든 것은 수로 표현이 가능하다는 주의를 지지했는데, 그리스인들은 정수와 정수의 비에 매료되었었다. 피타고라스가 죽은 지 200년 후에 **유클리드**는 '자신보다 작은 약수 전체의 합'과 같은 수를 완전수라고 정의했다. 즉, 자신을 제외한 모든 약수의 합이 자기 자신이 되는 수는 완전수이다. 가장 작은 완전수는 6이다. 6을 제외한 약수는 1, 2, 3이고, $1+2+3=6$이다. $1+2+4+8\neq16$이기 때문에, 16은 완전수가 아니다. 6 다음으로 작은 완전수는 28로서, $1+2+4+7+14=28$이다.

완전수를 찾는 일에 수학자들이 많은 시간을 투자했다. 유클리드는 n이 2 이상이고 2^n-1이 소수이면, $2^{n-1}(2^n-1)$ 형태의 수는 완전수임을 증명했다. 그러나 그는 모든 완전수가 이 형태이어야 한다고 주장하지는 않았다. 이 문제에 관해 **오일러**는 모든 짝수인 완전수는 이 형태이어야 함을 증명했다. 그러나 지금까지 그 누구도 홀수인 완전수를 발견한 사람은 없었으며, 홀수인 완전수가 존재하지 않는다는 것을 증명한 사람도 없었다! 무한한 수 체계의 아주 깊은 곳까지 조사할 수 있는 오늘날의 컴퓨터조차 아직 찾지 못하고 있으나, 그렇다고 해서 굉장히 큰 홀수인 완전수가 존재하지 않는다는 뜻은 아니다. 이 문제는 수학에서 미해결로 계속 남아 있을 것이다.

수에 관한 사실

- 1990년까지 알려진 가장 큰 완전수는 $2^{19936}(2^{19937}-1)$인데, 무려 12,003자리의 수이다.
- 2^n-1 형태의 소수를 메르센 소수라고 하는데, 이를 발견한 프랑스의 수도승 **메르센** Marin Mersenne(1588-1648)의 이름에서 따온 것이다. 유클리드의 공식을 보면 메르센 소수는 짝수인 완전수의 약수가 된다고 되어 있다. 1994년 1월에 크레이 연구소는 새로운 메르센 소수 $2^{859433}-1$을 발견했는데, 무려 258,716자리의 수였다.
- 가장 작은 8개의 완전수 중에서 가장 큰 것은 2,305,843,008,139,952,128이다.

완전수와 관계가 있는 수들도 수학자들에게 오랫동안 도전의 대상이었다. 재미있는 일화에 얽힌 수 중에서 $2^{67}-1$이 있는데, 이것은 한때 메르센 소수인 것으로 생각했었다(오른쪽 글 참조). 이 수가 소수가 아니라는 사실을 1876년에 수학자인 **루카스** Edouard Anatole Lucas가 증명을 했지만, 이것의 약수를 찾지는 못했다. 1903년에 콜럼비아 대학의 **콜** Frank Nelson Cole은 미국 수학회의 한 모임에서 연설을 하기로 되어 있었다. 그러나 그는 연설 대신 말없이 칠판 앞에 서서 무언가를 써내려갔다. 그는 2를 67번 거듭제곱한 다음 1을 빼서 147,573,952,588,676,412,927이란 숫자를 만들었다. 그 다음에 그는 193,707,721×761,838,257,287이라고 썼는데, 이를 계산하면 147,573,952,588,676,412,927이 되었다. 컴퓨터의 도움 없이 20년 간 연구해서 그는 $2^{67}-1$의 약수를 찾아내는 위업을 달성한 것이었다!

수의 역사에 관련된 내용은 1, 12, 14, 21, 24, 29, 37, 52, 67번 글에서 더 찾아볼 수 있다. ★

해보기 ACTIVITIES

1. 6과 28 외에 어떤 완전수가 있는가?

2. 성 오거스틴이라고도 알려진 **아우구스투스**Thomas Augustus의 다음 글을 읽고 각자의 의견을 말해 보아라.

> 6은 그 자체로 완전한 수이다. 그 이유는 신이 모든 것을 6일 만에 창조했기 때문이 아니라, 오히려 그 반대로 6이 완전하기 때문에 신이 6일 만에 모든 것을 창조했으며, 신이 6일 동안 세상을 창조하지 않았더라도 6은 완전한 수로 남아 있을 것이다.

3. n이 완전수이면, n을 포함한 모든 약수의 합이 $2n$이 됨을 증명해 보아라.

4. 자신을 제외한 약수들의 합이 자신보다 작을 때 그 수를 부족수라고 하며, 자신을 제외한 약수들의 합이 자신보다 클 때 그 수를 과잉수라고 한다. 어떤 수가 완전수, 부족수 또는 과잉수인지를 판단하는 컴퓨터나 그래픽 계산기의 프로그램을 만들어라.

Mary Somerville: The Trailblazer

메리 서머빌: 개척자

> 어머니는 고전과 과학에 대한 여성들의 고등 교육 기회를 확대하기 위해 근년에 이루어졌어야 하는 일들에 큰 관심을 가지셨으며, 거튼 Girton 지방의 여자대학 설립에 대해 제대로 된 방향으로 진일보한 것으로 틀림없이 아주 중요한 결과를 얻을 것이라며 환영하셨다.
>
> — 마사 서머빌, 메리 서머빌의 딸

스코틀랜드 태생의 수학자인 **서머빌**Mary Fairfax Somerville(1780–1872)은 열 살 때 예의 범절과 교육을 받기 위해 기숙학교로 보내졌다. 그러나 그 학교에서 실시하고 있는 암기 위주의 교육은 그녀의 관심을 끌지 못했다. 학교 생활을 재미없어 했을 뿐만 아니라, 1년이 지난 후 그녀는 철자법과 문장력 실력이 형편없게 되었다. 그녀의 부모는 서머빌을 다시 집으로 데려왔으며, 열세 살이 되었을 때 그녀는 다른 학교에 입학했다. 그곳에서 그녀는 수 계산 하기를 좋아했으며, 자연에 관심이 많았기에 밤하늘에 대한 관심을 키우기도 했다. 천문학과 기초 수학에 관한 책을 읽으면서, 그녀는 자신이 공부하는 부분을 더 자세히 알기 위해 고등 수학에 대한 교육의 필요성을 느꼈다. 그러나 서머빌의 친척들은 그녀의 끊임없는 독서욕에 대해 걱정하기 시작했다. 그 당시에는 여자들과 여자아이들이 공부하기에는 너무나 나약하다고 믿었다.

패션 잡지에서 우연히 본 숫자 퍼즐로 인해 서머빌은 수준 높은 수학 교육을 받아야 되겠다는 의지를 굳혔다. 숫자와 더불어 그 퍼즐에는 x와 y라는 문자도 있었다. 이 점이 서머빌의 흥미를 불러일으켰으며, 그녀는 퍼즐이 대수학으로 알려진 수학 분야와 관계가 있음을 알게 되었다. 자신의 정신 건강을 걱정하는 친척들의 염려에도 불구하고, 그녀는 남동생의 가정교사가 몰래 제공해 주는 수학 책들을 열심히 읽었다. 가족들이 자고 있을 때 그녀는 밤에 촛불을 켜 놓고 대수학과 유클리드의 『원론』을 공부했다. (유클리드의 『원론』에 관련된 내용은 15번 글에서 더 찾아볼 수 있다.) 밤에 몰래 책을 읽는다는 사실을 부모가 알고는 초를 모두 치워버렸을 때, 그녀는 머릿속에서 문제를 풀곤 했다.

첫 남편이 죽은 후 서머빌과 자녀들은 그녀의 부모님 집에서 살게 되었으며, 그녀는 수학 연구에 전념하기로 결심했다. 어른인 그녀는 자신이 원하는 공부를 할 수 있었으며, 에든버러의 지식 사회가 그녀의 학문 연구를 지지하기도 했다. 후에 그녀는 재혼을 했는데, 그녀의 두 번째 남편인 윌리엄 서머빌은 아내의 수학적 관심을 적극 지원했으며, 때때로 함께 공부하기도 했다.

메리 서머빌의 초상 판화.
시카고의 Stock Montage에서 제공한 사진.

정상적인 교육의 부족은 서머빌에게 큰 장애가 되지 못했다. 그녀는 직접 대수학, 기하학, 로그, 미적분학, 물리학, 천문학, 확률론에 관한 책들로 전용 서재를 만들었다. 또 그녀는 논문과 기사를 쓰면서 그 당시 천문학과 관련된 수학을 다룬 **라플라스** Pierre-Simon Laplace의 『천체역학 개론 *Traité de mécanique céleste*』을 영어로 번역하기도 했다. 라플라스의 논문에는 자신이 제시했던 문제 중 몇 개의 풀이만 수록되어 있었다. 그래서 서머빌은 그 문제를 모두 푼 후 자신의 첫 책인 『하늘의 구조 *The Mechanism of the Heavens*』(1831)를 출판했다. 그 책은 좋은 반응을 얻었으며, 영국 내에서 많은 찬사를 받기도 했다. 서머빌은 3권의 책을 더 출판했으며, 여러 작위와 명예 학위를 받았다. 1835년에 그녀와 **허셜** Caroline Herschel은 왕립 천문학회의 명예 여성회원으로 처음 추대되었다. (캐롤라인 허셜에 관련된 내용은 94번 글에서 더 찾아볼 수 있다.)

수학적 업적들 외에, 서머빌은 여성의 동등한 교육권을 적극 주장했다. 그녀의 이 같은 노력은 모든 여성에게 수학과 과학 분야를 공부할 기회의 문을 열어준 것으로 오래 기억될 것이다. ★

서머빌의 *On the Connexion of the Physical Sciences* (런던, 1834)에 나오는 판화.

해보기 ACTIVITIES

1. 미국 수학 교육의 개척자인 **비처** Catherine Beecher(1800-78)의 일생과 업적에 대해 조사해 보아라.

2. 서머빌은 **러블레이스** Ada Byron Lovelace의 존경의 대상이었다. 이 두 여성은 어떻게 만나게 되었으며, 또한 서머빌은 러블레이스가 수학을 공부하도록 어떻게 격려했는가?

3. 고정된 한 원의 둘레를 따라 바깥으로 도는 다른 원 위의 한 점이 그리는 곡선인 외파선(外擺線, epicycloid)을 만들어라. 이 곡선이 아네시의 곡선과 비슷한 점과 다른 점은 무엇인가? (아네시와 아네시의 곡선에 관련된 내용은 55번 글에서 더 찾아볼 수 있다.)

Mathematical People of the 1800s

66 1800년대의 수학자들

수학자들에게 1800년대는 비유클리드 기하학 및 4원수quaternion와 같은 '이상한' 수학적 개념이 발견되었던 불확실성의 시대였다. 과거에 성립했던 수학적 법칙들이 일반적인 진실이 아니라는 사실은 수학자들과 교육자들로 하여금 지금 눈으로 보는 것의 기초가 흔들리는지를 확인하게 했다. 이 시기에 많은 사람들이 이런 불확실성을 이용해 전통적인 사고방식에서 벗어나기 시작했다.

프랑스의 수학자 앙리 푸앵카레(1854-1912)는 수학이 물리적 현상을 설명하는 데 사용될 수 있다고 굳게 믿었다. 리만의 업적에 크게 영향을 받은 그는 최초로 대수기하학에 위상수학적 방법을 도입했으며, 현대 위상수학의 창시자로 인정받고 있다.

다 쿠냐José Anastácio da Cunha(1744-87): 1762년 프랑스와 스페인이 포르투갈을 침공했을 때 장교로 복무했었던 포르투갈 수학자인 다 쿠냐는 후에 총알이나 포탄과 같은 탄도체에 관해 연구하는 탄도학에 관한 논문을 썼다. 그 논문의 결과로 그는 1773년 코임브라대학의 기하학 주임교수로 초빙되기도 했다. 10년 후 그는 미적분학에서 중요하게 쓰이는 수렴의 개념을 자신의 책 『수학의 원리 *Principios Mathematicos*』(1782)에서 소개했다. 1811년에 이 책이 프랑스어로 번역되었으나, 프랑스와 독일의 수학계 전체에 알려지지는 못했다. 그래서 프랑스의 수학자이자 물리학자인 **코시**Augustin-Louis Cauchy(1789-1857)가 1821년에 독립적으로 수렴의 개념을 발전시켰을 때, 다 쿠냐의 연구 결과가 아닌 코시의 연구 결과가 미적분학의 현대적 발전에 이용되었다.

리만Georg Friedrich Bernhard Riemann(1826-66): 독일 수학자인 리만의 1851년 박사 학위 논문을 통해 리만 곡면의 개념이 소개되었다. 이는 구부리거나 잡아당기는 것과 같은 변환에 의해 변하지 않는 기하학적 성질을 연구하는 위상수학이란 수학 분야의 발전에 도움이 되었다. 리만은 또한 실제 세계에 들어맞는 비유클리드 기하학을 탄생시킨 사람이기도 하다. 그의 기하학 이론에 의하면, 한 직선에 수직인 모든 직선들은 한 점에서 만난다. 유클리드 기하학에서 이런 직선들은 서로 평행이다. 만약 리만의 정리가 쉽게 이해되지 않으면, 지구 표면에서 적도와 평행인 모든 직선을 생각하면 된다. 이 직선들을 대원이라고 한다. (비유클리드 기하학에 관련된 내용은 63번 글에서 더 찾아볼 수 있다).

불Mary Everest Boole(1832-1916): 불은 혼자서 미적분학을 공부했으나, 기계적인 암기보다는 실질적인 활동을 통해 학생들이 수학과 과학을 더 잘 배울 수 있다는 사실에 대한 그녀의 혁신적인 인식이 더 많이 알려졌

매기 레나 워커. 미국 내무부에서 제공한 사진.

다. 천연 재료와 아이들의 상상력을 이용하는 교육 방법을 성공적으로 개발한 불은 교육자들로 하여금 아이들이 어떻게 배우는지에 대해 생각하게 만들었다.

워커 Maggie Lena Walker(1867-1934): 미국의 사업가인 워커는 그녀의 수학 교육 경험을 사업에 이용해 국가적으로 저명한 사회 지도자가 되었다. 그녀가 열네 살이었을 때, 병들었거나 나이든 사람들을 돌보고 박애주의 정신을 키우는 지하 조직인 성 누가의 독립 교단에 가입했다. 그 단체에서 50년 이상 활동한 회원으로서 그녀의 사업적 재능과 섭외 능력은 그 단체의 성공에 큰 도움이 되었다. 1903년 그녀는 성 누가 1원 절약 은행을 설립해 초대 은행장으로 봉사함으로써 그녀는 미국 최초의 여자 은행장이 되었다. 오늘날 콘솔리데이티드 투자신탁회사Consolidated Bank and Trust Company로 불리는 이 은행은 미국에서 가장 오래된 아프리카 출신 미국인들이 경영하는 금융 기관으로 계속 번창하고 있다. ★

코시가 쓴 789편의 논문은 오일러 다음으로 많은 양이다. 해석학 시간에 그의 이름이 자주 나온다—코시의 근 판정법, 코시의 비판정법, 코시 부등식, 코시의 적분 공식, 코시-리만 미분방정식.

해보기 ACTIVITIES

1. 현대 수학 교육에서 **돌시아니** Mary Dolciani(1923-85)가 끼친 중대한 영향에 대해 알아보아라. 왜 그녀의 몇 가지 제안에 대한 논쟁이 있었는가?

2. 독일 수학자인 **데데킨트** Richard Dedekind(1831-1916)의 업적과 실수 체계의 논리적 발전에 관련된 내용을 알아보아라. 데데킨트 절단cut이란 무엇인가?

3. 코시가 복소수 연구에 기여한 업적은 무엇인가? (복소수에 관련된 내용은 37번 글에서 더 찾아볼 수 있다.)

4. 어떤 이유에서 독일의 수학자인 **바이어슈트라스** Karl Weierstrass(1815-97)가 일부 사람들로부터 세계에서 가장 위대한 수학 교사로 인정받는가?

Two Who Shocked the World of Mathematics

수학계를 흔들어 놓은 두 사람 67

수학의 근대사는 1800년부터 시작되었다. 이전의 수학자들은 수학을 진실을 탐구하는 학문으로만 생각했다. 그러나 비유클리드 기하학과 같은 '새로운' 수학의 발견으로 지식인들은 수학이 인간의 창조물이 아닌 절대자의 창조물이란 믿음에 의문을 갖기 시작했다.

19세기 수학자들은 아일랜드의 수학자 **해밀턴**William Rowan Hamilton(1805–65)에 의해 충격을 더하게 되었다. 그때까지 통용되던 사칙계산의 법칙—지금 학교에서 우리가 배우는 계산 법칙을 만족시키지 않으면서도 논리적인 모순 없이 일관된 대수적 구조가 존재할 수도 있다는 생각—은 그 당시 수학자들로서는 상상할 수 없는 일이었다. 그러나 해밀턴은 벡터와 비슷한 성질을 갖는 4원수quaternion라는 새로운 형태의 수를 창조했다. 4원수 대수에서의 계산 법칙은 곱셈을 제외하고는 일반 계산 법칙과 똑같은데, 4원수의 곱셈에서는 교환법칙이 성립하지 않는다. 즉, a와 b가 4원수일 때, $a\times b=b\times a$가 성립하지 않는다. 실제로 여기에서는 $a\times b=-b\times a$가 된다. 해밀턴의 모형에서 수학자들은 전통적인 대수학의 기본 법칙이 보편적 진리가 아님을 알게 되었다. 그의 업적으로 인해 다른 유용한 대수적 구조를 찾아내게 되었으며, 현대 추상 대수학 발전의 기초가 만들어졌다.

영국인 **불**George Boole(1815–64)은 아일랜드의 수학 교수였는데, 대수 체계를 구성하는 데 사용되는 논리 구조의 연구에 몰두했다. 자신의 저서 『사고의 법칙에 대한 연구 *An Investigation of the Laws of Thought*』(1854)에서 그는 현대 기호 논리학의 기초를 완성했으며, 그 과정에서 불 대수라고 하는 새로운 대수적 구조를 탄생시켰다. 그는 논리적 사고 과정을 대수적 기호들을 사용해 표현할 수 있다고 설명했다. (논리학에 관련된 내용은 13, 68, 72, 77번 글에서 더 찾아볼 수 있다.) 위의 글상자에 불 대수의 한 가지 예가 소개되어 있다. 그 시대의 수학적 혁신가의 한 사람이었던 불의 아이디어는 오늘날의 회로 설

불 대수

다음은 논리적 서술을 표현하기 위해 불 대수에서 사용되는 여러 가지 기호의 예이다.

머리카락이 검은색인 사람들 전체의 집합을 X라 하고, 초록색 눈을 가진 사람들 전체의 집합을 Y라 하자. 그러면 XY는 머리카락이 검은색이고, 초록색 눈을 가진 사람들 전체의 집합이다. 즉, 집합 XY의 원소는 집합 X와 집합 Y의 공통 원소이다. 또한 $X+Y$는 머리카락이 검은색인 사람들, 초록색 눈을 가진 사람들 또는 2가지 특징을 모두 지닌 사람들의 집합이다. 즉, 집합 $X+Y$의 원소는 집합 X의 원소이거나, 집합 Y의 원소이거나 또는 두 집합의 공통 원소이다(요즈음은 XY는 $X\cap Y$로 표시하고 'X와 Y의 교집합' 이라고 읽고, $X+Y$는 $X\cup Y$로 표시하고 'X와 Y의 합집합' 이라고 읽는다).

해밀턴은 18세기의 사람으로 19세기에 살면서 20세기에 대해 말하는 것으로 알려져왔다.

계, 확률론, 보험학, 정보 이론 등을 포함한 많은 분야에 응용되고 있다. ★

해보기 ACTIVITIES

1. 2×2 행렬 전체의 집합을 생각해 보아라. 행렬의 덧셈은 교환법칙을 만족시키지만 곱셈은 그렇지 않음을 밝혀라.

2. **오일러**와 **라그랑주**가 발견해서 훗날 해밀턴이 일반화시킨 최소 작용의 원리란 무엇인가?

3. 방정식 $x+(1-x)=1$은 불이 발견한 배중률law of the excluded middle을 나타낸다. 배중률이란 무엇인가?

De Morgan: Caring Teacher

드 모르간: 자상한 교육자

68

> 큰 벼룩의 등에는 피를 빨아먹는 작은 벼룩들이 붙어 있고, 작은 벼룩의 등에는 더 작은 벼룩들이, 이렇게 무한히 계속된다.
> 또한 큰 벼룩들은 더 큰 벼룩의 등에 붙어서 피를 빨아먹는다. 또 이 벼룩들은 보다 더 큰 벼룩의 등에, 또 그보다 더 큰 벼룩의 등에, 이렇게 무한히 계속된다.
>
> — 드 모르간

런던대학에서 수년 동안 강사로 재직했던 **드 모르간** Augustus De Morgan(1806-71)은 매우 뛰어난 수학 강사였다. 그는 이런 교육 방법론에서 많은 업적을 남겼다. 그가 수학사에 기록된 이유는 수학적 업적 때문이 아니라 그의 관대한 성품 때문이다.

드 모르간은 친절한 사람이면서도 신념이 강했다. 그는 여성들의 권리를 공개적으로 지지하는 사람이었으며, 여성들의 교육을 중요시하지 않았던 그 당시에 여성이 수학을 공부할 수 있도록 적극 권장했다. 이 일에 헌신적이었던 그는 여학생들을 위한 수학 강의를 무료로 개설하기도 했다. 그는 종교적 위선을 비판하면서 종교 시험을 거부해 케임브리지대학을 졸업할 때 학위를 받지 못했다. 그럼에도 불구하고 학문적 재능을 인정받아 그는 런던대학에서 강의를 하게 되었다. 그는 진심으로 자신의 학생들을 돌보았으며, 그의 통찰력, 창의력, 유머 감각 등으로 학생들의 존경을 받았다. 자신이 가르치는 내용을 학생들이 이해하는 것이 그에게는 가장 중요했기 때문에 학생들에게 협동 학습과 집에서 푸는 시험을 장려했다. 명예 학위와 영국 왕립학회의 회원 추천도 멀리한 채, 그는 자기 가족과 학생과 친구들을 위해 일생을 바쳤다.

수학자로서 드 모르간은 대수학, 삼각법, 미적분학, 변분법, 확률론에 관한 교재를 저술했다. 그의 책 『삼각법과 이중 대수 *Trigonometry and Double Algebra*』(1849)는 현대 추상 대수학의 기초가 되었으며, 『확률론 소고 *Essay on Probabilities*』(1838)에서는 확률론에 관한 법칙을 많이 개발했다. 아마도 그의 수학적 업적 중에서 가장 유명한 것은 드 모르간의 법칙으로 알려진 기호 논리학의 두 가지 법칙일 것이다. 이 중의 한 법칙은 명제 '*P* and *Q*'의 부정은 명제 'not *P* or not *Q*'와 동치라는 것이다. 두 번째 법칙은 명제 '*P* or *Q*'의 부정은 명제 'not *P* and not *Q*'와 동치라는 것이다. 또한 드 모르간은 유명한 4색 문제도 연구했다. 그는 평면에서 경계가 붙어 있는 영역을 다른 색으로 표시하는 데 4가지 색이면 충분함을 증명하고자 했는데, 이 문제는 1976년이 되어서야 증명되었다. 수수께끼와 역설을 좋아했던 그의 유명한 책 『역설 모음집 *A Budget of Paradoxes*』(1872)은 20세기에 들어서도 계속 출판되었다.

논리에 관련된 내용은 13, 67, 72, 77번 글에서 더 찾아볼 수 있다. 4색 문제에 관련된 내용은 98번 글에서 더 찾아볼 수 있다. ★

해보기 ACTIVITIES

1. 1806년에 태어난 드 모르간은 다음과 같은 참인 명제를 만들었다. "나는 x^2년에 x살이었다." 이때 x의 값은 얼마인가?

2. 드 모르간은 영국의 대수학자인 **피콕**George Peacock(1791-1858)과 **그레고리** Duncan Farquharson Gregory(1813-44)와 함께 대수학에 어떤 구조가 있음을 처음으로 발견한 사람이다. 이 발견에 대해 조사해 보아라.

3. 다음은 드 모르간의 법칙을 집합으로 나타낸 것이다. 아래의 벤 다이어그램을 이용해 두 집합이 서로 같음을 나타내어라(기호 A'은 A의 여집합, 즉 집합 A에 포함되지 않는 원소 전체의 집합이다).

법칙 1: $(A \cap B)' = A' \cup B'$

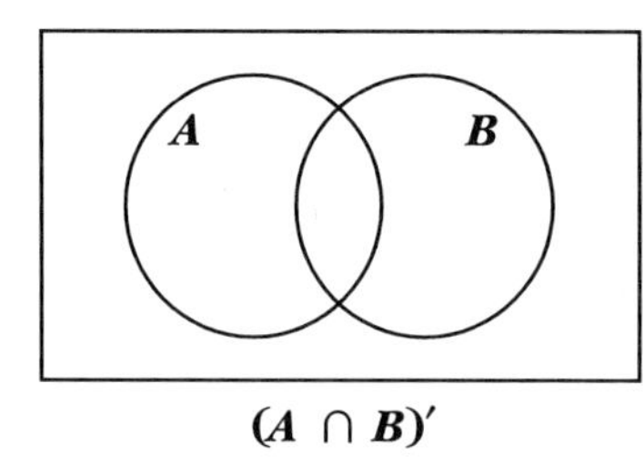

$(A \cap B)'$

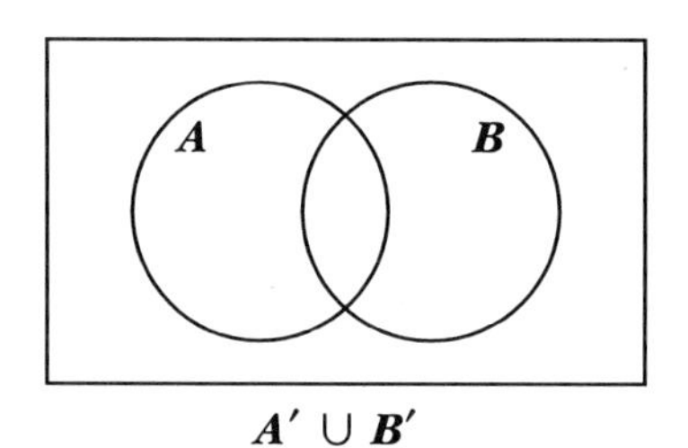

$A' \cup B'$

법칙 2: $(A \cup B)' = A' \cap B'$

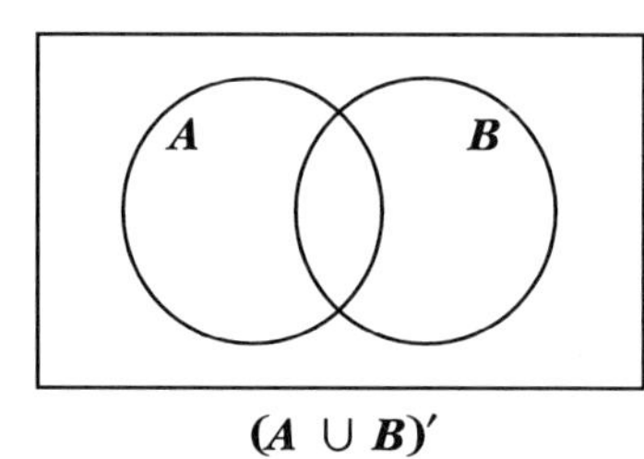

$(A \cup B)'$

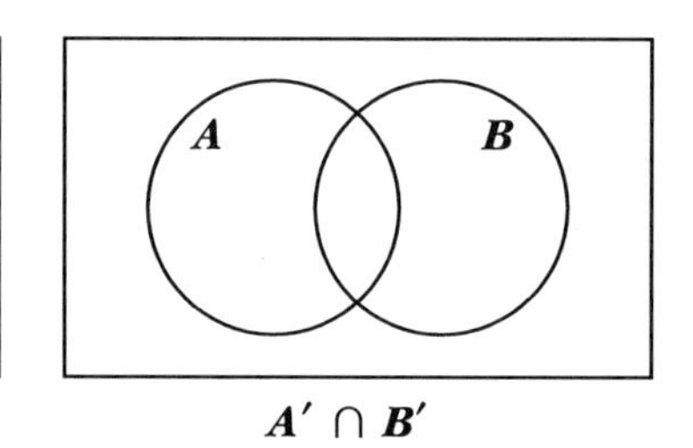

$A' \cap B'$

The Short Career of Galois

짧았던 갈루아의 일생

파리 근처의 작은 마을에서 태어난 **갈루아**Evariste Galois(1811-32)는 수학사에서 매우 독특한 수학자로 알려져 있다. 그의 많은 업적 중 하나는 현대 수학의 한 분야인 군론의 기초를 세운 것이다. 이 분야에서 그가 발견한 것들은 대수방정식을 연구하며 얻게 된 결과였다. 수백 년 동안 갈루아 이전의 수학자들은 5차 이상의 고차방정식을 푸는 대수적인 방법을 찾고자 노력했다. 그보다 낮은 차수의 방정식을 푸는 방법과 공식은 이미 발견되어 있었다 — 중학생이라면 이차방정식 $ax^2+bx+c=0$을 잘 알려진 근의 공식을 이용해서 풀 수 있음을 알고 있다 — 갈루아는 5차 이상인 방정식을 대수적인 방법으로 풀 수 없다는 사실을 최초로 알아내어 이를 증명했다.

갈루아는 많은 수학적 업적들뿐만 아니라 험난하고 좌절된 그의 삶 때문에 더욱 기억에 남는 인물이다.

인펠트Leopold Infeld가 쓴 『신들이 사랑한 사람: 갈루아 이야기』(뉴욕, 1995)의 초판본에 나오는 갈루아의 초상.

- 그의 부모는 교육은 잘 받았지만 수학적 재능은 거의 없었기 때문에, 갈루아의 수학적 재능을 키워주지는 못했다. 그러나 갈루아는 전제정치에 대한 커다란 증오심을 부모로부터 배웠다.
- 소년 시절의 갈루아는 반복적이며 평범한 학교 공부에 흥미를 잃었지만, 아벨Niels Henrick Abel, 라그랑주Joseph Louis Lagrange, 르장드르Adrien-Marie Legendre와 같은 수학자들의 업적을 읽고 이를 이해했다. 그런 그를 교사들은 괴상하다고 생각했다.
- 열여섯 살이 되었을 때 갈루아는 자신이 수학에 뛰어난 재능이 있음을 알았으나, 유명한 수학자들을 많이 배출한 에콜 폴리테크니크의 입학 시험에 두 번이나 떨어졌다.
- 에콜 폴리테크니크의 입학 허가를 받기 위해 열일곱 살 되던 해 갈루아가 쓴 논문

은 그 당시 최고로 존경받던 수학자 코시가 분실하고 말았다.

- 갈루아는 교사가 되기 위해 고등 사범학교École Normale Supérieure에 입학했으나, 아주 비판적인 편지를 교장에게 보냈다는 이유로 퇴학을 당했다.
- 좌절과 환멸감에 빠진 그는 방위군에 입대했는데, 루이-필립 왕을 위협했다는 이유로 두 번이나 체포되었다.
- 1832년 5월 30일 스무 살의 젊은 나이로 갈루아는 결투에서 죽음을 맞이한다.
- 갈루아는 운명적인 결투가 있기 전날 밤, 일생 동안의 업적을 알아보기 힘들 정도의 글씨로 31장의 종이에 남겼다고 한다.

갈루아의 20년 인생살이가 소설에나 나올 만큼 파란만장하지 않은가? 만약 그가 보다 순탄한 삶을 살았더라면 얼마나 더 많은 업적을 남겼을지 우리는 그저 상상할 수밖에 없다. ★

해보기 ACTIVITIES

1. 군group은 수학적 구조 중에서 가장 단순하지만, 가장 중요한 것이다. 군에는 4가지 조건을 만족시키는 곱셈이나 덧셈 중에서 1가지 연산이 정의된다. 이 4가지 조건이란 무엇인가?

2. 정수의 집합은 덧셈에 대해서는 군이 되지만, 곱셈에 대해서는 군이 되지 않음을 밝혀라.

3. 수의 집합으로 되어 있지 않은 군도 많이 있다. 이런 예를 몇 가지 찾아보아라.

4. 갈루아 체Galois field란 무엇인가?

Ada Lovelace: First Computer Programmer

에이다 러블레이스: 최초의 컴퓨터 프로그래머

70

오늘날의 컴퓨터 기술은 의학, 교육, 예술과 같은 분야의 혁신적인 발전에 많은 영향을 끼치고 있다. 19세기의 **러블레이스**Ada Byron Lovelace(1815-52)는 컴퓨터 프로그래밍에 관련된 혁신적인 아이디어를 개척했는데, 이것은 오늘날에도 사용되고 있다.

어려서 외갓집에서 자란 러블레이스는 가정교사에게서 수학을 배웠다. 심한 두통으로 시력이 나빠지고 거동이 불편할 정도로 다리에 마비 증세가 있었음에도 불구하고 그녀는 재능 있는 음악가였으며, 기계로 작동되는 장난감 만드는 것을 좋아했다. 또한 수학을 좋아해 대수학과 기하학에 관한 책을 읽고 연구하는 데 많은 시간을 투자했다. 그녀는 자신의 가정교사 중 한 사람이었으며 '영국 최고 여성 수학자'로 꼽혔던 **서머빌**을 열렬히 흠모했다. 결국 두 사람은 친구가 되었는데, 연상인 서머빌은 후배의 수학적 관심이 자라도록 도와주었다. (서머빌에 관련된 내용은 65번 글에서 더 찾아볼 수 있다.)

에이다 바이런 러블레이스. 시카고의 Stock Montage에서 제공한 사진.

1833년에 서머빌은 러블레이스(그 당시에 그녀는 러블레이스 백작인 윌리엄 킹의 부인이었다)를 **배비지**Charles Babbage에게 소개시켜주었다. 그는 그녀를 초대해 증기력으로 작동되는 계산기인 '차분기관Difference Engine'을 보여주었다. 러블레이스는 그의 발명품에 매혹되었으며, 두 사람은 곧 친한 친구가 되었다. 배비지의 발명품이 영국의 무역 산업에 꼭 필요했기 때문에 영국 정부에서는 그가 연구를 계속하도록 연구비를 지원해 주었으나 불행히도 연구비가 모두 바닥이 났다. 러블레이스는 배비지의 또 다른 발명품에 관심을 보였으며, 그가 연구에 전념할 수 있도록 격려를 아끼지 않았다. 그 또 다른 발명품을 '해석기관Analytical Engine'이라고 하는데, 이것의 논리적 구조는 오늘날의 전자 디지털 컴퓨터에 사용되고 있다. 러블레이스는 해석기관을 작동할 수 있는 '논리'를 개발했으며, 이 논리를 이용해 해석기관을 프로그램화했다. 또한 그녀는 같은 계산을 반복해야 하는 상황이 자주 발생한다는 사실을 알아내고는 루프

loop를 이용해 서브루틴subroutine의 개념을 고안해 냈다. 러블레이스가 고안한 루프 만들기, 반복 및 다른 중요한 프로그래밍 기술은 오늘날에도 사용되고 있다.

그녀의 활동은 해석기관 자체와 이것의 잠재력과 한계에 대해 배비지의 동료와 함께 쓴 논문을 제출함으로써 절정기를 맞이했다. 또한 그 논문에서 그녀는 프로그래밍의 핵심을 제시한 것 외에도 컴퓨터를 이용한 작곡의 가능성을 제안하기도 했다. 그러나 그 논문은 그녀가 논문 집필에 기여했다는 아무런 언급 없이 발표되었는데, 그녀가 그 논문의 대부분을 집필했다는 사실은 몇 년이 지난 후에야 널리 알려졌다.

컴퓨터 개발에 기여한 러블레이스의 업적을 기념해, 1979년에 미국의 국방성은 한 컴퓨터 프로그래밍 언어를 그녀의 이름을 따서 ADA로 명명했다.

계산에 관련된 내용은 39, 83, 84, 88번 글에서 더 찾아볼 수 있다. ★

해보기 ACTIVITIES

1. 수학자인 **드 모르간**과 러블레이스는 어떤 관계였는가? 또 그가 어떻게 그녀의 수학적 관심에 영향을 끼쳤는가?

2. 해석기관의 수 체계는 이진법이었던 것으로 추측된다.

   a. 십진법의 수를 이진법의 수로 변환해서 다음 빈칸을 채워라.

   $0=(0)_2$, $1=(1)_2$, $2=(10)_2$, $3=(11)_2$, 4=______, 5=______

   $6=(110)_2$, 7=______, 8=______, 9=______, $10=(1010)_2$

   11=______, 12=______

   b. 다음 이진법의 수를 십진법의 수로 변환해라.

   $(1011)_2$=_____, $(10001)_2$=_____, $(110110)_2$=_____, $(1000000)_2$=_____

   c. 이진법의 수 체계가 컴퓨터 프로그래밍과 전자 제품에 이용되는 이유가 무엇이라고 생각되는가?

3. 요즘 대부분의 컴퓨터와 그래픽 계산기는 8진법을 사용한다. 이 수 체계에서 몇 가지 계산을 해보아라. 어떤 컴퓨터와 그래픽 계산기는 16진법을 사용한다. 이 수 체계에서의 자릿수들은 {0, 1, 2, 3, 4, 5, 6, 7, 8, 9, A, B, C, D, E, F}이다. 이 수 체계에서 몇 가지 계산을 해보아라.

Pythagoras and President Garfield

71 피타고라스와 가필드 대통령

가필드James Abram Garfield(1831-81)는 1881년 3월 4일 미국의 제20대 대통령이 되었다. 그는 통나무집에서 태어난 마지막 대통령이었으나, 어떤 면에서는 최초의 대통령이기도 했다. 그는 취임식장에 어머니를 모신 그리고 백악관 앞의 연단에서 취임식 기념 행진을 지켜본 최초의 대통령이었으며, 최초의 왼손잡이 대통령이었다. 사실 그는 양손잡이였는데, 한 손으로는 그리스어를, 다른 한 손으로는 라틴어로 문장을 쓰면서 친구들을 즐겁게 해주곤 했다.

> 수학적 진리를 조사하는 것은 우리 정신을 증명 방법과 정확성에 길들이는 것이며, 이성적인 사람에게 특히 가치 있는 일이다… 수학적이고 철학적인 증명의 높은 위치로부터, 느끼지도 못하는 사이에 우리는 훨씬 더 고상한 사색과 기품 있는 명상으로 인도된다.
>
> — 조지 워싱턴
>
> 자신의 후손들을 교육시키고, 그들에게 돌아갈 유산을 지성과 미덕으로 맞을 준비를 하는 것은 지금 살고 있는 사람들의 큰 특권인 동시에 신성한 의무이다.
>
> — 가필드, 1881년 3월 취임식에서

가필드가 대통령으로서 최초였던 또 한 가지는 피타고라스의 정리를 증명한 유일한 미국 대통령이란 점이다. 1876년 그가 하원의원이었을 때 그 증명을 했다. 비록 그 정리를 **피타고라스**의 이름을 따서 부르지만, 역사적 기록에 의하면 중국과 바빌로니아에서는 피타고라스보다 수세기 이전에 이미 그것을 알고 있었다고 한다. 피타고라스의 정리를 증명하는 수백 가지 방법이 이미 알려져 있었기 때문에, 가필드의 증명은 그를 가장 위대한 수학자의 반열에 올려놓지는 못했다. 그럼에도 불구하고 이것은 역사적으로 흥미 있는 일이며, 아주 감명적인 일이다. 그의 증명은 사다리꼴의 넓이가 윗변과 아랫변 길이의 합에 높이를 곱한 값을 반으로 나눈 것이란 사실을 이용했다.

가필드는 오른쪽 그림과 같이 3개의 직각삼각형을 모아서 만든 사다리꼴을 이용했다. 사다리꼴의 넓이는 이들 삼각형의 넓이의 합이다. 따라서, 다음을 얻는다.

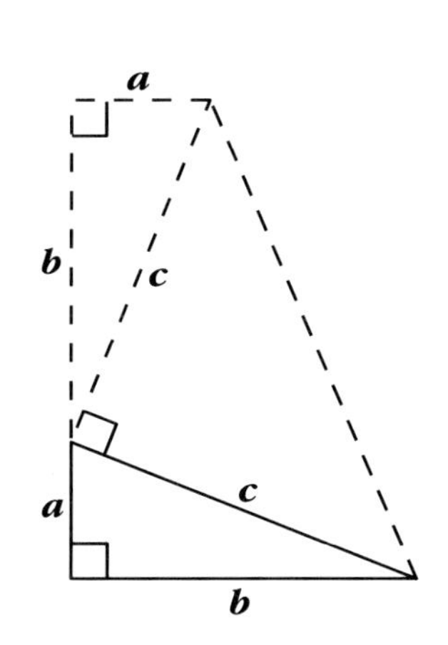

$$\frac{1}{2}(a+b)(a+b) = \frac{1}{2}ab + \frac{1}{2}ab + \frac{1}{2}c^2$$
$$(a+b)(a+b) = ab + ab + c^2$$
$$a^2 + 2ab + b^2 = 2ab + c^2$$
$$a^2 + b^2 = c^2$$

그의 증명은 1876년 4월 1일자 『뉴잉글랜드 교육 논문집 *New England Journal of Education*』에 게재되었다.

가필드의 대통령 재임 기간은 무척 짧았다. 1881년 7월 2일 매사추세츠 주에 있는 윌리엄스대학의 졸업 25주년 기념 모교 방문에 참석하기 위해 그가 워싱턴을 막 떠나려고 할 때 돈으로 공직을 사려다 실패한 기토Charles J. Guiteau가 쏜 총에 등을 맞았는데, 의사들은 총알의 위치를 찾지 못했다. 심지어 벨Alexander Graham Bell은 전기 장치를 이용해 총알의 위치를 파악하려 했으나 결국 실패하고 말았다. 당시는 현대적인 X선 장비와 항생제가 없었기 때문에 가필드는 감염으로 1881년 9월 19일에 사망했다. ★

해보기 ACTIVITIES

1. 역사적 기록을 살펴보면 피타고라스의 정리의 증명은 100개 이상이나 된다고 한다. 몇 가지 증명에 대해 알아보아라.

2. 피타고라스의 정리를 증명했던 가필드가 이용한 방법의 모델을 기하학 프로그램을 이용해 만들어보아라.

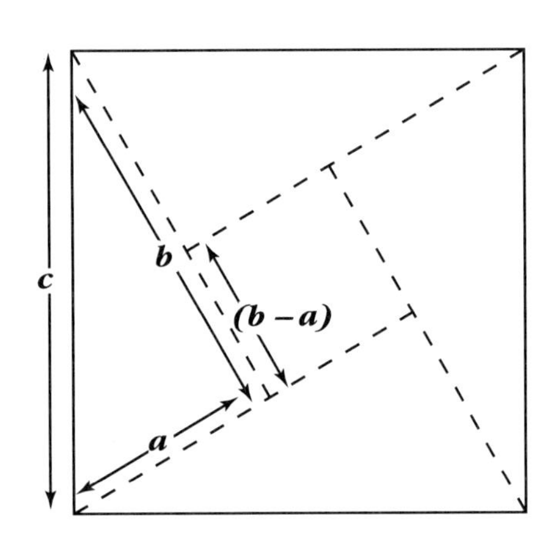

3. 중국의 수학자들은 피타고라스보다 수백 년 전에 피타고라스의 정리에 대해 알고 있었다. 가장 오래된 증명 중 하나는 '서안도(西安圖, xian tu)' 로 알려진 고대 중국의 그림에 나와 있다. 왼쪽 그림은 서안도에 나와 있는 증명으로, 합동인 4개의 직각삼각형과 작은 정사각형 1개를 붙여서 만든 정사각형을 나타낸다. 직각삼각형의 세 변의 길이를 a, b, c라 하면, 큰 정사각형의 넓이는 c^2이다. 이 그림을 복사해 (확대 복사하면 활동하기가 더 쉽다) 점선을 따라 잘라서 만든 삼각형 4개와 작은 정사각형 1개를 이용해, $a^2 + b^2 = c^2$임을 보여라.

Lewis Carroll: Mathematicaian of Fantasy

루이스 캐럴: 환상 속의 수학자 72

도지슨Charles Lutwidge Dodgson(1832–98)은 영국의 옥스퍼드대학의 수학 강사였다. 그는 **루이스 캐럴**Lewis Carroll이란 필명으로 유명한 고전 동화인 『이상한 나라의 앨리스*Alice's Adventures in Wonderland*』와 『거울 나라의 앨리스*Through the Looking-Glass*』를 저술했다. 수학적 주제에 관한 그의 책과 소책자는 상대적으로 덜 알려졌는데, 『유클리드의 선언*Enunciations of Euclid*』(1863), 『수학과 학생을 위한 안내 *Guide to the Mathematical Student*』(1864), 『유클리드와 현대의 맞수들*Euclid and His Modern Rivals*』(1879), 『유클리드 I, II *Euclid I and II*』(1882)와 같은 것들이 있다.

캐럴은 무엇이든 뒤집는 것을 좋아했다. 예를 들면, 그는 단어의 문자를 오른쪽에서 왼쪽으로 거꾸로 편지를 쓰기도 했다. 이러한 뒤집기 현상은 그의 소설 속에서 쉽게 찾아볼 수 있다. 『거울 나라의 앨리스』에서 다음과 같은 장면을 볼 수 있다.

> 한동안 아주 빨리 달린 후에 앨리스는 깜짝 놀라면서 주위를 둘러보았다. "왜 이 나무 아래에 우리가 온종일 있었던 느낌이 들까! 모든 것이 전과 같잖아!"
>
> "물론이지," 여왕이 말했다.
>
> "무엇을 바랐는가?"

앨리스와 빨간 여왕, 테니얼John Tenniel의 삽화.

히죽히죽 웃는 고양이,
테니얼John Tenniel의 삽화.

"글쎄요, 제가 사는 나라에서는" 여전히 숨을 조금씩 헐떡거리면서 앨리스가 말했다.

"우리가 한 것처럼 오랫동안 빨리 뛸 수만 있다면 여왕님도 다른 장소로 이동할 수 있을 거예요."

"아주 느린 나라이구나!" 여왕이 말을 했다. "이 나라에서는 한곳에 머물러 있기 위해서는 지칠 때까지 이렇게 계속 뛰어야 한단다."

실제 세계에서 속도 $=\frac{거리}{시간}$ 이다. 만약 시간이 일정하다면, 속도가 빠를수록 보다 많은 거리를 가게 된다. 그러나 『거울 나라의 앨리스』에서는 그와 반대로 속도 $=\frac{시간}{거리}$ 이다. 이런 황당한 곳에서는 시간이 일정하면, 속도가 빠를수록 이동 거리는 짧아진다. 또 다른 논리적 모순은 앨리스가 "너무 덥고, 목이 말라요" 라고 말하자 여왕은 "네가 무얼 원하는지 알고 있지! 비스킷 먹을래?" 라고 말하는 대목이다. 목마른 사람에게 비스킷을 권하는 것은 우리의 상식으로는 이해가 되지 않지만, 『이상한 나라의 앨리스』와 『거울 나라의 앨리스』에 나오는 재미있는 모순과 반전된 현실의 세계에서는 정당한 것이다.

아마도 앨리스와 히죽히죽 웃는 고양이Cheshire cat 사이의 다음과 같은 유명한 반전 장면을 읽어보았을 것이다.

"나는 미친 사람들 사이에 있고 싶지 않아요." 라고 앨리스가 말했다.

"그건 안 될 걸." 고양이가 말을 이었다. "이곳에 있는 모든 사람이 다 미쳤어. 나도 미쳤고, 너도 미쳤어."

"내가 미쳤다는 것을 어떻게 알아요?" 앨리스가 물었다.

"너는 미친 게 분명해." 라고 고양이가 말했다. "아니면 이곳으로 오려고 하지 않았을 테니까."

앨리스는 그의 말이 논리적이지 않다고 생각했다.

고양이는 "네가 여기에 있다면, 너는 미쳤다." 라는 문장의 가정과 결론 부분을 맞바꾼 문장인 "네가 미쳤으면, 너는 여기에 있어야 한다." 를 써서 자기 주장이 정당하다고 했다. 앨리스는 고양이의 논리를 수용하지 않았다. 똑똑한 소녀이다! 만약 고양이의 도치법이 논리적으로 옳다면, 기하학에서 "어떤 사각형이 직사각형이면, 그것은 정사각형이다." (거짓인 명제)를 증명하기 위해 간단히 "어떤 사각형이 정사각형이면, 그것은 직사각형이다." (참인 명제)라고 하면 되는 것이다. 앨리스는 아마도 기하학 공부를 잘했던 학생이었나 보다.

루이스 캐럴은 터무니없는 말을 만들어내는 데 천재였는데, 그가 뛰어난 수학자였기 때문에 그의 문학 작품들이 보다 더 재미있게 만들어졌다.

논리에 관련된 내용은 13, 67, 68, 77번 글에서 더 찾아볼 수 있다. ★

해보기 ACTIVITIES

1. 캐럴의 『배게 문제 *Pillow Problems*』는 산수, 대수학, 기하학, 삼각법, 미적분학, 확률론을 다룬 72개의 수학 문제를 모은 책이다. 이 책을 읽고 문제를 풀어보아라. 왜 제목을 『배게 문제』라고 지었는가?

2. 앨리스는 자주 논쟁에 휩싸이게 된다. 예를 들면, 백기사가 앨리스에게 자기가 작곡을 했다면서 "…그들의 눈에 눈물을 가져오거나 또는—." 조금 당황해 앨리스가 물었다. "또는 뭐죠?" 백기사의 대답은 무엇이었는가?

3. 루이스 캐럴은 퍼즐을 좋아했으며, 자신도 이중어doublet라는 퍼즐을 만들었다. 이 퍼즐을 풀기 위해서는 우선 단어 1개를 정한 다음, 그 단어에서 한 철자를 바꾸어 다른 단어를 만든다. 주의해야 할 점은 철자를 바꿀 때마다 새로운 단어를 만들어야 한다는 것이다. 예를 들어, 다음과 같이 하면 PIG를 STY로 바꾸게 된다.

PIG → PIT → PAT → SAT → SAY → STY

다음 경우의 퍼즐을 풀어보아라.
(a) CAT를 DOG로, (b) CAR를 JET로, (c) COOL을 BELT로,
(d) GRASS를 GREEN으로, (e) ONE을 TWO로, (f) WINTER를 SUMMER로.

4. 각자 이중어를 몇 가지 만들어보아라.

Three Ancient Unsolvable Problems

3대 작도 불능 문제 73

유클리드의 도구(나침반과 눈금 없는 직선자)를 사용해 여기에 소개한 3가지 기하학적 작도가 불가능하다는 것은 19세기에 증명되었다.* 그러나 2,000년 동안 수학자들은 이러한 작도가 가능하다고 믿었다! 고대 그리스 수학자들은 이 작도의 비밀을 풀기 위해 처음으로 시도했는데, 그 과정에서 그들은 원뿔곡선을 발견해서 발전시킨 것을 포함해 많은 유용한 수학 개념을 발전시켰다. (원뿔곡선에 관련된 내용은 16번 글에서 더 찾아볼 수 있다.)

문제 1. 각을 3등분해라.

직각과 같은 특정한 각을 3등분하는 것은 가능하지만, 이 문제는 어떤 각이든 3등분하라는 것이다. 물론 눈으로 대충 3등분하는 것은 가능하다.

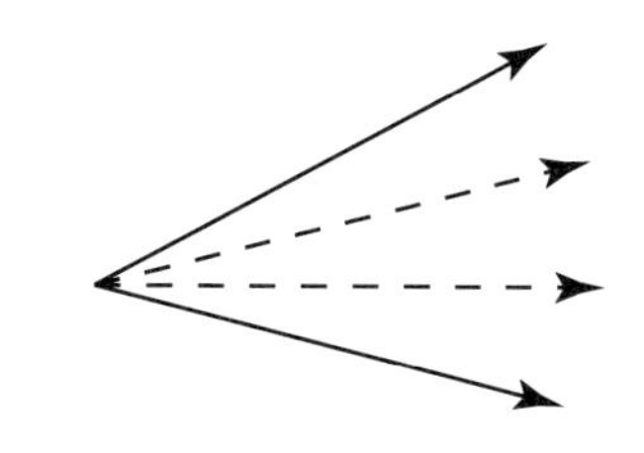

문제 2. 주어진 정육면체보다 두 배 큰 정육면체의 모서리를 작도해라.

주어진 정육면체의 모서리 길이를 c, 작도하려는 정육면체의 모서리 길이를 x라 하면, c와 x의 관계는 $2c^3=x^3$이다. 전설에 의하면 이 문제는 신화에 나오는 미노스Minos 왕이 아들의 무덤 크기에 만족하지 못해 그 무덤의 크기를 두 배로 크게 다시 지으라고 한 데서 유래한다고 한다.

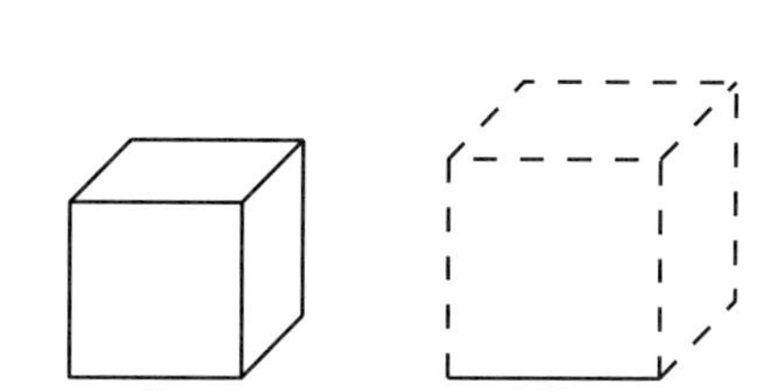

문제 3. 주어진 원과 같은 넓이를 갖는 정사각형을 작도해라.

주어진 원의 반지름을 r, 작도하려는 정사각형의 변의 길이를 x라 하면, $\pi r^2=x^2$이다. 그리스의 수학자 **아낙사고라스**Anaxagoras(기원전 450년경)가 이 문제를

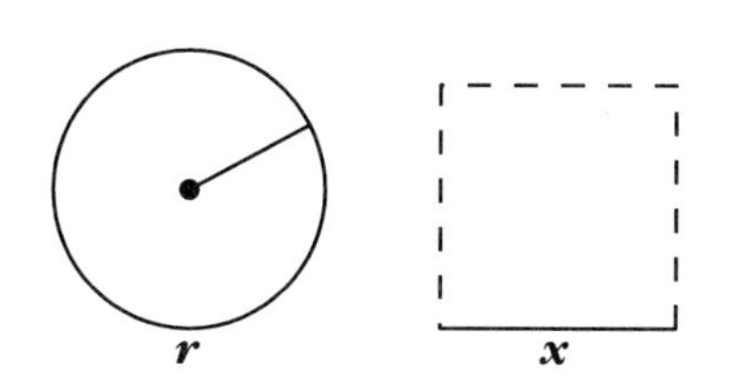

* 3대 작도 불능 문제에 관련된 자세한 내용은 Howard Eve의 *An Introduction to the History of Mathematics*를 참고하라.

최초로 다루었다. ★

해보기 ACTIVITIES

1. 컴퍼스와 눈금 없는 직선자로 3등분할 수 있는 각의 크기를 몇 개 말해 보아라.

2. 유클리드의 도구를 사용해 일반적인 각을 3등분할 수 없음을 증명할 때, 삼각법의 항등식 $\cos\beta = 4\cos^3\frac{\beta}{2} - 3\cos\frac{\beta}{3}$를 이용한다. 이 항등식을 증명해 보아라(힌트: $\cos\beta = \cos(\frac{2\beta}{3} + \frac{\beta}{3})$에서부터 시작해라).

3. 그리스의 수학자 **히포크라테스**Hippocrates of Chios(기원전 440년경)에 대해 조사해라. 원과 넓이가 같은 정사각형을 작도하려고 하던 중 그가 발견한 활꼴의 이론이란 무엇인가?

4. 주어진 정사각형과 같은 넓이의 원을 작도하는 방법은 고대 인도의 수학적 업적을 모은 책인 『술바수트라스 *Sulvasutras*』에 나와 있다. 이 방법이 제대로 된 것인지 확인해 보아라. (이 작도 방법은 Frank Swetz의 *Learning Activities from the History of Mathematics*에서 찾아볼 수 있다.)

Famous Twisted One-Sided Surfaces

면이 하나밖에 없도록 꼬인 곡면 74

독일의 수학자이자 천문학자인 **뫼비우스** August Ferdinand Möbius(1790-1868)는 수학자뿐만 아니라 일반 사람들도 흥미를 갖게 했던 **뫼비우스 띠**Möbius strip를 만들었다. 종이 띠의 양끝을 아래 왼쪽 그림과 같이 서로 맞붙이면 평범한 고리를 만들 수 있다. 이 고리는 원기둥의 기하학적 성질을 갖는다. 이것은 2개의 테두리와 2개의 면—안쪽 면과 바깥쪽 면을 갖고 있다. 원한다면 안쪽 면은 빨간색, 바깥쪽 면은 초록색으로 칠할 수 있다. 뫼비우스 띠를 만들려면, 아래 오른쪽 그림과 같이 종이 띠의 양끝을 잇기 전에 한번 비틀어준다. 뫼비우스 띠의 위상수학은 원기둥 고리와 크게 다르다. 이것은 단 1개의 테두리와 단 1개의 면—을 갖기 때문에 한 가지 색으로 테두리를 건너지 않고 면을 모두 칠할 수 있다.

자신이 쓴 *Gesammelte Werke* (라이프치히, 1889)의 권두화(卷頭畵)로 사용된 뫼비우스의 목판 초상화.

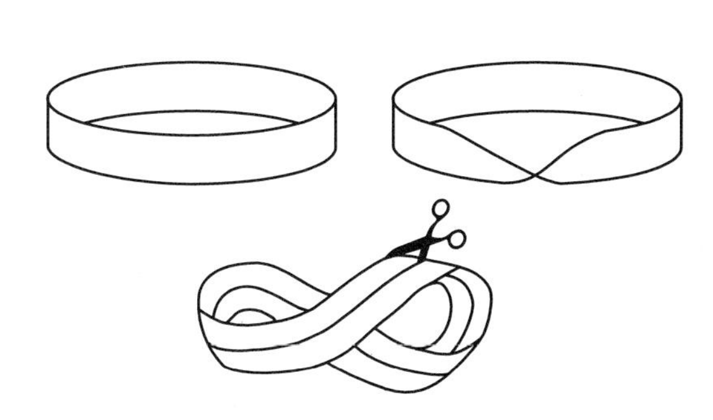

뫼비우스 띠를 자를 경우, 많은 흥미로운 결과를 얻을 수 있다. 위의 그림과 같이 띠의 중간을 자르면, 작자 미상인 다음 오행시에 묘사된 결과를 얻게 된다. "한 수학자가 털어놓았다/뫼비우스의 띠는 면이 하나라고,/그리고 당신은 크게 비웃을 겁니다/만약 이것을 반으로 자른다면,/왜냐하면 반으로 잘라도 이것은 여전히 한 조각일 테니까요."

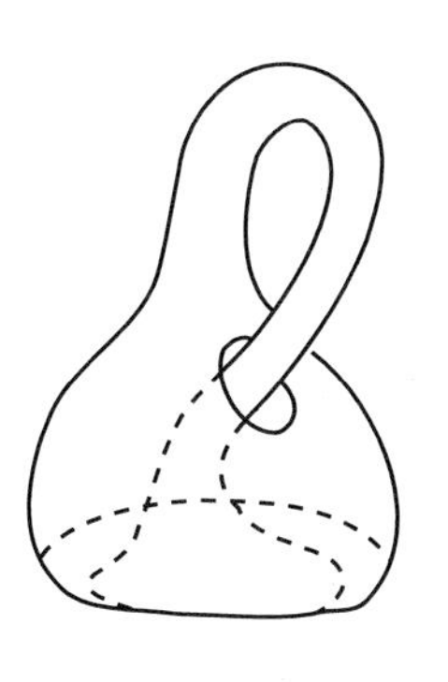

다른 독일인 수학자 **클라인**은 표면이 하나뿐인 위상수학의 모형인 **클라인 병**Klein bottle을 만들었다. 이 특이한 병은 오른쪽 그림과 같이 병의 목이 병의 옆구리를 통과

한다. 목과 병의 바닥이 만나서 목의 안쪽이 바닥의 바깥쪽과 연결된다. 그러므로 클라인 병은 안쪽 없이 모두 바깥쪽인 셈이다.

뫼비우스 띠와 클라인 병은 서로 관계가 있다. 병을 길이를 따라서 반으로 자르면 뫼비우스 띠 2개가 만들어진다. 다음과 같은 작자 미상의 시는 이런 관계를 묘사하고 있다. "클라인이라는 수학자는/뫼비우스 띠를 신성한 것으로 생각했네./그가 풀칠하라고 말했지/두 가장자리를,/그러면 내 것처럼 괴상한 병이 만들어질 것이라고." (펠릭스 클라인에 관련된 내용은 63번 글에서 더 찾아볼 수 있다.) ★

해보기 ACTIVITIES

1. 그림과 같이 종이 띠의 양면의 가운데에 선을 그어라.

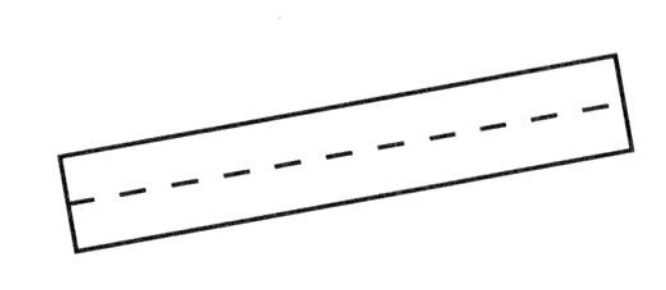

   a. 한쪽 끝을 180° 회전시켜서 선이 겹치도록 반대쪽 끝에 놓고 테이프로 붙여라. 미리 그어 놓은 선을 따라 뫼비우스 띠를 자르면 어떻게 되는가?
   b. 다른 종이를 가지고 한쪽 끝을 360° 회전시켜서 반대쪽에 붙여라. 다시 선을 따라 자르면 어떻게 되는가?

2. 그림과 같이 종이 띠의 양면 가운데에 선을 2개 그어라.

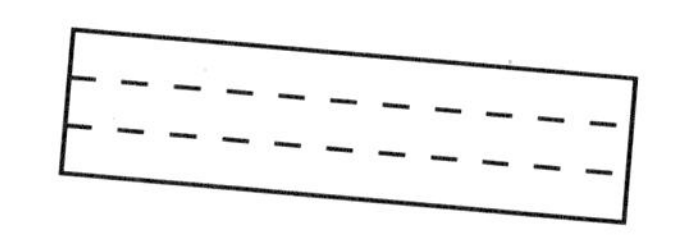

   a. 한쪽 끝을 180° 회전시켜서 선이 겹치도록 반대쪽 끝에 놓고 테이프로 붙여라. 선을 따라 자르면 어떻게 되는가?
   b. 다른 종이를 가지고 한쪽 끝을 360° 회전시켜서 반대쪽에 붙여라. 선을 따라 자르면 어떻게 되겠는지 상상이 가는가?

3. 클라인은 수학에서 일어나는 불편한 경향을 보고 이에 반대하는 운동을 펼쳤다. 이 경향이 무엇이며, 클라인의 반대 운동은 어떤 형태였는가?

Determining Size for Infinite Sets

무한집합의 크기를 정하다 75

> 나는 실질적인 무한의 개념을 좋아하기 때문에 자연이 그것을 싫어한다고 믿기보다는, 자연이 창조자의 완벽함을 더 효과적으로 과시하려고 그것을 아무 곳에서나 자주 사용한다고 믿는다. 그러므로 나는 나누어지지 않는 물질의 부분은 존재하지 않으며, 결과적으로 가장 작은 입자는 무수히 많은 피조물들이 가득찬 세상으로 이해되어야 한다고 믿는다.
>
> — 칸토어

집합론과 무한 이론에 대해 관심이 많았던 러시아 태생의 독일 수학자 **칸토어**Georg Cantor(1845–1918)는 한 무한집합이 다른 무한집합보다 크다는 개념을 다음과 같이 정의했다. "집합 P는 집합 Q의 부분집합과 일대일 대응시킬 수 있지만, 집합 Q는 집합 P의 부분집합과 일대일 대응시킬 수 없을 때, 집합 Q는 집합 P보다 크다고 한다."

유한집합의 경우에 이 정의는 당연하다. 예를 들면, $P=\{1, 2, 3\}$, $Q=\{1, 2, 3, 4, 5\}$라 하면, 집합 Q는 집합 P보다 크다. 우리를 놀라게 하는 것은 무한집합의 경우로, 작아 보이는 부분집합이 원래 집합과 크기가 같을 수 있다는 것이다. 예를 들면, $A=\{1, 4, 9, 16, 25, 36, 49, \cdots\}$, $B=\{1, 2, 3, 4, 5, 6, 7, \cdots\}$이라 하면, 아래와 같이 일대일 대응시킬 수 있다.

$$1^2 \leftrightarrow 1,\ 2^2 \leftrightarrow 2,\ 3^2 \leftrightarrow 3,\ 4^2 \leftrightarrow 4,\ 5^2 \leftrightarrow 5,\ \cdots$$

칸토어는 자연수의 집합 $B=\{1, 2, 3, 4, 5, \cdots\}$의 기수cardinality를 $\aleph_0$aleph-null로 나타냈다. 집합 B와 일대일 대응이 되는 무한집합은 같은 기수를 갖는다. 쉽게 말하자면, $\aleph_0$는 초한수transfinite number—실수가 아니다—로서 무한의 양을 나타낸다. 칸토어는 무한집합의 크기를 표현하기 위해 초한수의 구조를 정했는데, 실제로 그는 $\aleph_0$를 가장 작은 수로 정하고 순서를 정했다. 실수의 집합은 $\{1, 2, 3, 4, 5, \cdots\}$와 일대일 대응시킬 수 없는데 그 이유는 실수의 집합이 더 큰 집합이고, 따라서 $\aleph_0$보다 큰 기수를 갖기 때문이다.

더욱 놀라운 것은 양의 유리수—두 자연수의 비로 표시되는 수의 집합—의 기수도 $\aleph_0$이다. 오른쪽 그림은 양의 유리수를 어떻게 한 줄로 배열하는지를 나타내고 있으며, 이로부터 양의 정수와 일대일 대응시키는 방법을 아래 그

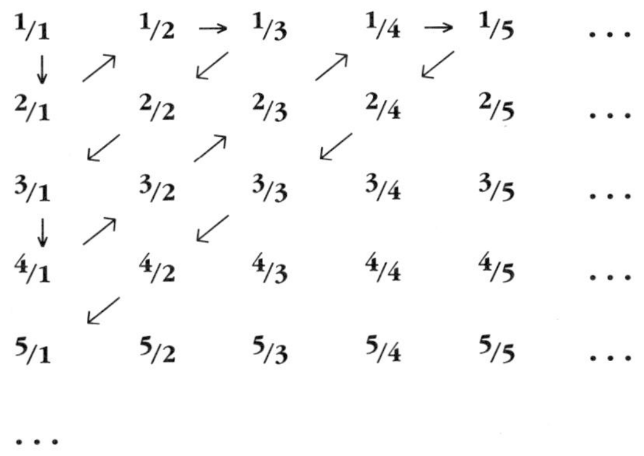

$$\begin{array}{cccccccccc} \{ & 1, & 2, & 3, & 4, & 5, & 6, & 7, & 8, & \ldots\} \\ & \updownarrow & \updownarrow & \updownarrow & \updownarrow & \updownarrow & \updownarrow & \updownarrow & \updownarrow & \\ \{ & 1/1, & 2/1, & 1/2, & 1/3, & 2/2, & 3/1, & 4/1, & 3/2, & \ldots\} \end{array}$$

$$\begin{array}{ccccccccccc} 1/1 & & 1/2 & \rightarrow & 1/3 & & 1/4 & \rightarrow & 1/5 & & \ldots \\ \downarrow & \nearrow & & \swarrow & & \nearrow & & \swarrow & & & \\ 2/1 & & 2/2 & & 2/3 & & 2/4 & & 2/5 & & \ldots \\ & \swarrow & & \nearrow & & \swarrow & & & & & \\ 3/1 & & 3/2 & & 3/3 & & 3/4 & & 3/5 & & \ldots \\ \downarrow & \nearrow & & \swarrow & & & & & & & \\ 4/1 & & 4/2 & & 4/3 & & 4/4 & & 4/5 & & \ldots \\ & \swarrow & & & & & & & & & \\ 5/1 & & 5/2 & & 5/3 & & 5/4 & & 5/5 & & \ldots \\ \ldots & & & & & & & & & & \end{array}$$

림에서 볼 수 있다.

무한의 특징에 대한 칸토어의 혁신적인 시각은 상당한 논쟁을 야기시켰다. 논리적인 어려움과 모순점이 나타났음에도 불구하고, 집합과 무한에 대한 그의 업적과 사상은 수학의 거의 모든 분야에 영향을 끼쳤던 수학 연구의 또 다른 새로운 분야를 탄생시켰다.

무한에 관련된 내용은 13, 14, 51, 79번 글에서 더 찾아볼 수 있다. ★

해보기 ACTIVITIES

1. 정수의 집합은 집합 {1, 8, 27, 64, 125, 216, … }과 기수가 같음을 밝혀라.

2. a. 집합 $F=\{1, \frac{1}{2}, \frac{1}{3}, \frac{1}{4}, \frac{1}{5}, \cdots\}$은 정수의 집합과 기수가 같음을 밝혀라.
   b. 집합 F가 양의 유리수의 집합과 기수가 같음을 어떻게 보일 수 있는가? 본문의 내용을 참조해 답해 보아라.

3. 칸토어는 정수의 집합과 실수의 집합의 기수가 다르다는 것을 어떻게 밝혔는가?

4. 집합론에서 칸토어의 역설이란 무엇인가?

5. 무한집합에 관한 칸토어의 이론은 높은 찬사를 받음과 동시에 강렬한 비판도 받았다. **힐베르트**David Hilbert와 **러셀**Bertrand Russell은 그의 지지자들이었으나, **크로네커**Leopold Kronecker와 **푸앵카레**는 그의 이론에 반대했다. 이 논쟁에 대해 알아보아라.

Renaissance Woman: Sofia Kovalevskaya

르네상스의 여인: 소피아 코발레프스카야

76

러시아 태생 수학자인 **코발레프스카야**Sofia Kovalevskaya (1850-91)는 비교적 부유한 집안에서 태어났지만, 그 당시 러시아 소녀들에게 주어진 교육 기회는 극히 드물었다. 그러나 그녀는 부모 덕택으로 뛰어난 가정교사에게 교육받을 수 있었다. 그녀의 수학적 재능은 다소 특이한 방법으로 나타났다. 그녀의 어린 시절 침실 벽은 러시아 수학자인 오스트로그라드스키Mikhail Ostrogradsky의 강의 노트로 도배가 되어 있을 정도로 그녀는 책의 내용과 공식들을 이해하는 데 많은 시간을 투자했다. 그 결과, 미적분학 공부를 정식으로 시작할 때 그녀는 이미 고등 수학의 내용에 익숙한 상태였다.

그 당시 러시아에서는 여자들의 고등 교육이 허용되지 않았고, 미혼녀가 외국 여행을 하려면 부모의 허락이 필요했다. 때문에 그녀는 1868년 고생물학자인 코발레프스키Vladimir Kovalevsky와 결혼을 해 남편과 함께 독일의 하이델베르크로 건너갔다. 그러나 하이델베르크대학에서도 여학생의 입학이 허용되지 않았다. 다행히도 그녀는 수학자 **바이어슈트라스**Karl Weierstrass(1815-1897)를 알게 되었는데, 그는 그녀의 지적 능력과 수학에 대한 열정을 알아주었다. 그는 코발레프스카야를 4년 동안 개인적으로 가르쳤으며, 이 기간 동안 그녀는 대학에서 배우는 수학 과정을 모두 끝내고 몇 개의 중요한 수학 논문을 쓰기도 했다. 1874년 편미분방정식에 관한 논문으로 괴팅겐대학은 강의는 듣지 않았지만 최우등의 성적으로 그녀에게 박사 학위를 수여했다. 코발레프스카야는 르네상스 이후 수학으로 박사 학위를 받은 최초의 유럽 출신 여성이 되었다.

여성에 대한 많은 편견에도 불구하고 코발레프스카야의 수학적 재능은 유럽의 수학계에서 인정을 받았다. 그녀는 스톡홀름대학의 수학 교수가 되었는데, 강의 잘 하는 교수로 인기가 높았으며, 수학과 과학의 중요한 연구를 주도하기도 했다. 1888년 그녀는 '고정점을 중심으로 한 강체의 회전에 관한 문제' 란 논문으로 프랑스 과학 아카데미로부터 보르댕 상Prix Bordin을 받았다. 그 상 자체만으로도 큰 영광인데, 과학 아카데미는 그녀의 논문에 너무 감탄한 나머지 상금의 액수를 대폭 인상했다고 한다.

수학 외의 이야기

19세기의 가장 중요한 수학자 중 한 사람이라는 사실 외에도 코발레프스카야는 과학과 문학에도 중요한 공헌을 했다. 그녀의 자서전인 『어린 시절의 회상』(1890)으로 그녀는 큰 명성을 얻었으며, 젊은 혁명가에 관한 그녀의 소설인 『허무주의 소녀』(사후인 1892년에 출판되었음)는 7개 국어로 번역되었다.

소피아 코발레프스카야: "영적으로 시인이 되지 않고 수학자가 되기는 불가능하다."

그 시대의 변화하는 분위기에 공헌했던 지적이며 다재다능한 코발레프스카야는 수학에 대한 업적과 여성의 지위 향상에 기여한 공로로 오래 기억될 것이다. ★

해보기 ACTIVITIES

1. 토성 주위의 고리에 관한 코발레프스카야의 업적에 대해 읽어보아라.

2. 19세기 후반 러시아에서는 요즘 미국의 여성 운동과 다른 성격의 여성 운동이 일어났었다. 이 운동과 코발레프스카야의 활동에 대해 조사해 보아라.

3. 코발레프스카야는 한때 "아는 것을 말하라, 해야 할 것을 행하라, 올 것은 오라."고 말했었다. 이 말과 그녀가 살았던 인생과 어떤 관계가 있었는가?

4. 바이어슈트라스는 처음에 코발레프스카야에 별다른 관심이 없었으며, 오히려 그녀를 귀찮아했다. 이 두 수학자 사이의 관계가 어떻게 발전되었는지 알아보아라.

5. 코발레프스카야는 러시아의 소설가인 **도스토예프스키** Fyodor Mikhailovich Dostoevsky(1821-81)와의 친분을 어떻게 발전시켰는가?

Schools of Mathematical Thought

77 수학 사상의 학파들

인간들은 우리 주변의 세계를 효과적으로 묘사하기 위해 부분적으로 수학에 의존한다. "수학이란 무엇인가?" "수학은 어디에서 나왔는가?" "수학은 어떻게 발전되어야 하는가?"와 같은 질문들은 수세기 동안 존재해 왔다. 20세기 초 유럽에는 이런 질문에 답하기 위해 수리 철학을 연구했던 3개의 중요한 학파가 있었다.

> 증기기관과 진화론의 발명으로 자신감을 얻은 19세기는 순수 수학의 발견으로 얻는 영예를 보다 합당한 것으로 생각하게 될 것이다.
> — 러셀
>
> 내 생각에 수학이란 나눌 수 없는 전체이며, 부분의 연결에 따라 그 생명이 결정되는 유기체이다. 모든 다양한 수학 지식으로, 논리적 장치의 유사성 및 전체로서 수학적 아이디어와 다른 분야의 여러 가지 유사성 사이의 관계를 우리는 여전히 분명히 알고 있다.
> — 힐베르트

직관주의 학파 Intuitionist School

네덜란드의 수학자 브로우웨르 Luitzen Brouwer(1881-1966)는 이 학파의 시초를 형성했다. 칸트 Immanuel Kant(1724-1804)의 철학을 기반으로 하는 직관주의자들은 수학이란 정신 속에서 태어나 자라는 인간의 활동이기 때문에 실제 세계와는 독립적이라고 믿었다. 즉, 수학적 지식은 순전히 정신에서 나오는 것이며, 공간과 시간의 개념도 마찬가지이다. 지식과 이해가 경험에서부터 시작될 수도 있지만, 이들의 근본이 경험에서 출발하는 것은 아니다. 예를 들면, 직관주의자에게는 실수 체계의 논리적인 구성은 허용되지 않는다.

기호논리 학파 Logistic School

영국의 수학자이자 철학자인 **러셀**과 **화이트헤드** Alfred North Whitehead(1861-1947)는 함께 기호논리 학파를 설립했다. 기호논리 철학은 수학의 모든 것은 논리의 원리에서부터 유도된다는 입장이다. 직관주의자들과는 달리, 기호논리 학자들은 수학은 개발되는 활동이지 인간의 머릿속에만 존재하는 것이 아니라고 생각했다. 기호논리 학자들은 새로 발전되는 집합론의 모순들을 확실한 논리의 원리를 발전시킴으로써 해결하려 했으며, 실수의 체계를 논리적으로 구성하려는 시도를 했다. 화이트헤드와 러셀의 공저인 『수학의 원리 *Principia Mathematica*』는 이 학파의 견해를 잘 설명해 준다.

형식주의 학파 Formalist School

독일의 수학자 **힐베르트**는 형식주의 사상을 이끌었는데, 그들은 수학은 공리적인 체계를 통해 발전되어야 한다고 믿었다. 힐베르트는 논리의 발전에 있어서 정수는 반드시 포함되어야 한다고 주장하면서 기호논리학적인 접근을 반대했다. 그러므로 논리적 바탕 위에서 수 체계를 구성하기 위해 순환 논법을 사용했다. 기호논리 학자들과는 달리 형식주의자들은 수학은 단순히 논리만으로는 추론될 수 없다고 주장했다. 일단 수학의 체계적인 발전이 시작되기 전에 적절한 공리 — 증명 없이 사실로 인정되는 명제 — 가 있어야 한다. 현대 수학 교육의 대부분의 교육 과정은 형식주의를 택하고 있다.

말할 것도 없이 이들 세 학파 모두 논쟁의 여지가 있으며, 또한 그들 내부에서도 많은 논쟁을 거쳐왔다. 그러나 이들 모두가 현대의 수학 사상에 긍정적인 영향을 끼쳤다.
칸트에 관련된 내용은 56번 글에서 더 찾아볼 수 있다. 힐베르트에 관련된 내용은 79번 글에서 더 찾아볼 수 있다. 논리에 관련된 내용은 13, 67, 68, 72번 글에서 더 찾아볼 수 있다. ★

해보기 ACTIVITIES

1. 유명한 3명의 제자였으며, 과학자이고 수학자인 **페르미** Enrico Fermi(1901-54), **오펜하이머** J. Robert Oppenheimer(1904-67), **폰 노이만** John von Neumann (1903-57)에게 힐베르트가 끼친 영향에 대해 조사해 보아라.

2. 다음은 간단한 역설의 예이다

   다음 명제를 *S*라 하자. 명제 *S*는 거짓이다.
   만약 *S*가 참이면, 위의 문장은 참이다. 그러므로 *S*는 거짓이다.
   만약 *S*가 거짓이면, 위의 문장이 말하는 그대로이므로 *S*는 참이다.

   1900년 수학적 구조 내에서 이와 비슷한 역설들이 발견되었다. 이런 역설을 해결하려 했던 기호논리 학파의 노력에 대해 알아보아라.

3. 칸트와 **흄**이 직관주의 학파에 끼친 영향에 대해 조사해 보아라.

4. 수학의 특성에 관한 기호논리 학파와 형식주의 학파의 근본적인 차이점은 무엇인가?

Grace Chisholm Young: Versatile and Prolific

78 그레이스 치점 영: 다재다능, 다작의 수학자

당시의 다른 여성들처럼 **영**Grace Chisholm Young(1868-1944)은 좋은 교육을 받기 위해 넘어야 할 장애물들이 많았다. 그녀의 고향 영국에서는 교육 기회가 모든 이에게 제공되었지만, 여자아이들에게는 매우 제한되었기 때문에 영은 주로 집에서 교육을 받았다. 정부의 측정 부서의 책임자였던 그녀의 양친은 좋은 교육 환경을 조성해 주었으며, 딸이 열심히 공부하기를 권장했다. 열심히 공부한 그녀는 6개 국어를 구사할 줄 알았으며, 이 외에도 음악, 의학 및 수학 등을 배웠다.

어린 아들 프랭크와 함께 찍은 영의 사진. 네브라스카대학의 비간트Sylvia Wiegand 교수 제공.

어른이 되자 영은 자신의 삶을 개척하기 시작했으며, 지적 자유에 대한 그녀의 열정 또한 대단했다. 그녀는 케임브리지의 거튼Girton대학을 졸업한 후, 박사 학위를 받기 위해 독일의 괴팅겐대학에 입학했다. 괴팅겐대학의 많은 교수들은 여자가 대학에 다니는 것을 반대했음에도 불구하고, 영은 학업에서 매우 좋은 성적을 거두었다. 1895년 그녀는 우등으로 수학 박사 학위를 받았는데, 수학 분야에서는 독일 최초의 여성이기도 했다. 아버지에 대한 감사의 표시로 그녀는 자신의 학위 논문을 아버지께 헌정했다.

1896년 그레이스는 영국의 수학자인 **영**William Young(1863-1942)과 결혼해 그들은 44년 동안 200편 이상의 논문과 책을 함께 저술했다. 그 업적의 대부분은 윌리엄의 이름으로 발표했으나, 그는 그레이스가 연구에 큰 역할을 했음을 명시했다. 또한, 1905년에 그녀는 입체 모형을 만드는 종이접기 패턴을 포함한 기하학 책을 출판했으며, 1906년 부부는 『점집합론 *The Theorey of Sets of Points*』을 출판하기도 했다. 이것은 해석학 문제에 집합론 이론을 응용하는 방법을 체계적으로 다룬 최초의 책이었다. 그녀의 가장 탁월한 업적은 1914-16년에 출판한 여러 논문에서 찾을 수 있는데, 그녀는 미분법에 관련된 여러 가지 이론과 개념을 제시하며 발전시켰다.

그레이스에 관한 여러 이야기에 의하면 그녀는 사랑이 많고 자상한 성격의 소유자였으며, 다양한 재능을 지닌 활기 넘쳤던 여성이었음을 알 수 있다. ★

해보기 ACTIVITIES

1. 영이 자신을 알고 있는 사람들로부터 그렇게 많은 존경과 사랑을 받았던 이유에 대해 조사해라.

2. 미분법의 발전에 영이 기여한 내용은 무엇인가?

3. 영의 기하학 책에 나왔던 종이접기 활동에는 어떤 것이 있는가? 오늘날의 수학 수업에도 이것이 이용될 수 있는가?

4. 종이 1장의 두께는 대략 0.2mm 정도이다. 원하는 만큼 많은 횟수로 종이를 접을 수 있다고 가정할 때, 다음과 같은 횟수만큼 접힌 종이의 두께는 얼마가 되겠는가?
   a. 1 b. 2 c. 3 d. 4 e. 10 f. 20 g. 40 h. 64

5. A4 용지 1장을 고리가 되도록 잘라서 몸 전체가 그것을 통과할 수 있도록 만들어 보아라.

An Inconceivable Inn

상상할 수 없는 여관 79

무한집합의 개념은 오랫동안 수학자들을 당황하게 만들었다. 그러나 수학자들은 크기가 다른 두 개의 유한집합 사이에는 일대일 대응이 만들어지지 않는다는 사실을 알고 있었다. 그러나 오른쪽의 수수께끼를 보면 이것도 가능한 것처럼 보인다!

여관 주인은 9개의 방과 10명의 여행자들 사이에 일대일 대응을 만들었는가? 생각해 보아라!

독일의 수학자인 **힐베르트**도 이와 비슷한 문제를 낸 적이 있었다. 힐베르트의 문제에서 여관 주인은 처음에는 여행자에게 빈방이 없다고 말했다. 그러나 궁리를 한 여관 주인은 "당신에게 빈방을 줄 수 있는 방법을 찾았소." 라고 말했다. 그는 1번 방문을 두드려서 그 방 손님을 2번 방으로 옮겨달라고 했다. 그리고 2번 방 손님은 3번 방으로 옮겨가고, 이와 같이 방을 모두 옮기도록 했다. 놀랍게도 모든 손님은 새로운 방으로 옮겼으며, 늦게 도착한 여행자는 1번 방에 들어갈 수가 있었다! 여행자는 바로 침대에 누웠으나, 자신이 도착했을 때 방이 모두 차 있었는데 어떻게 자신을 포함한 모든 사람들이 방을 얻을 수 있었는지를 생각하다가 한참 동안 잠을 이루지 못했다. 그러다가 이 사람은 힐베르트의 여관에는 방이 무한 개가 있다는 사실을 알게 되었다. 손님들이 1명씩 옆방으로 옮기면 1번 방이 비게 됨을 아래 그림에서 알 수 있다.

$$\begin{array}{ccccccccccccccc} 1 & & 2 & & 3 & & 4 & & 5 & & 6 & & 7 & & \dots \\ & \nearrow & & \nearrow & & \nearrow & & \nearrow & & \nearrow & & \nearrow & & \nearrow & \\ 1 & & 2 & & 3 & & 4 & & 5 & & 6 & & 7 & & \dots \end{array}$$

무한에 관련된 내용은 13, 14, 51, 75번 글에서 더 찾아볼 수 있다. ★

지치고 발이 아픈 10명의 여행자가 눈뜨고 볼 수 없는 몰골로 길가의 여관에서 쉬려고 한다네. 어둡고 비바람 몰아치는 어느 날 밤에. 여관 주인이 "방이 9개뿐인데" 라고 말하자, "이렇게 하면 어떻겠소. 방 하나에 1명씩 들어가고' 마지막 방에만 2명이 들어가면!" 소란이 일어 곤란해진 주인은 그저 머리만 긁적일 수밖에. 이렇게 지친 사람들을 한 침대에 2명이 자게 할 수는 없지 않은가. 머리가 아팠던 주인은 곧 냉정해졌다 —그는 영리한 사람이었다—그래서 손님들을 편히 모시기 위해 이와 같은 교묘한 생각을 하게 되었다. A실에 2명을 넣고, 셋째 사람을 B실에, 넷째 사람을 C실에 배정하고, 다섯째 사람을 D실로 보냈다. 주인은 E실에 여섯째 사람을 넣고, F실에는 일곱째 사람을, 여덟째와 아홉째를 G실과 H실에, 그리고 주인은 A실로 달려가네. 그곳에는 내가 말했듯이 주인이 2명을 들여보냈지. 그곳에서 1명—마지막이자 열째—을 I실에 데려갔다네. 방 9개를—한 방에 1명씩—10명의 손님에게 드렸네. 그런데 이것이 나뿐만 아니라 영리한 사람들을 헷갈리게 한다네.

— 작자 미상

해보기 ACTIVITIES

1. 10명의 여행자에 관한 수수께끼를 풀어라.

2. **칸토어** Georg Cantor가 고안한 기수의 개념이 **힐베르트**의 역관과 어떤 관계가 있는가?

3. **갈릴레이**는 무한집합을 포함해 어떤 경우에도 전체는 그 부분보다 크다고 믿었다. 힐베르트의 여관은 이 생각이 잘못되었음을 어떻게 보여주는가?

4. 자신의 책 『모래알 계산자 *Sand Reckoner*』에서 **아르키메데스**는 아주 큰 수에 대해 썼으며, 무한의 개념에 대해 고심했던 것 같다. 그러나 그는 해변의 모래알이 무수히 많다고 생각하지는 않았다. 그가 지구상의 모든 모래알의 개수를 계산했던 방법을 조사해 보아라.

Brief Pi Tales

짤막한 π 이야기들 80

역사를 통해 보면 여러 가지 다양한 π의 값이 사용되었다. 고대 아시아에서는 π의 값으로 주로 3을 사용했다. 이집트의 『린드 파피루스』에서는 $\pi=\left(\frac{4}{3}\right)^4$ 또는 약 3.1604로 사용했다. 그리스의 수학자 **아르키메데스**는 원의 둘레가 내접 다각형의 둘레와 외접 다각형의 둘레 사이의 값이란 사실을 이용해, π의 값이 $\frac{223}{71}$과 $\frac{22}{7}$의 사이에 있다고 주장했다. 소수점 아래 셋째 자리에서 반올림하면 그가 구했던 π의 값은 3.14이다. 중국의 **조충지**(祖沖之, Zu Chonzhi, 480년경)는 $\frac{355}{113}$ 또는 3.1415929…를 구했는데, 이는 소수점 아래 6자리까지 정확한 값이다. 인도 수학자인 **아리아바타**와 **바스카라**는 각각 $\frac{62,843}{20,000}$과 $\frac{754}{240}$로 구했다.

弧田圖

得徑七周二十二乃祖氏之約率非密率也淳風等以爲密率失其實矣徽率與祖氏之約率相較則徽率密於約率

據注意取半圓驗之黃冪合損益相補適滿大方四分之一則青冪適八分之一也合青黃冪爲半外方四分之三朱實與黃冪相等舊以十觚之冪爲圓冪又以半圓論弧矢立法之疎顯然

중국의 수학자 유휘가 π의 근사값을 구했던 방법 (264).

이들은 π의 값을 구하기 위해 연구했던 많은 수학자 중 일부에 불과하다. 어떤 수학자는 현대적인 컴퓨터가 생기기 훨씬 이전에 정확한 근사값을 구하기도 했다. 영국의 러더퍼드William Rutherford는 1853년에 소수점 아래 400자리까지 정확한 값을 계산했다!

사람들은 π의 자릿수를 많이 기억하기 위해 여러 가지 다양한 연상 기억법을 고안해 내기도 했다. 1914년에 출판된《사이언티픽 아메리칸*Scientific American*》에 다음과 같이 기억하기 좋은 문장이 소개되었다.

> See, I have a rhyme assisting my feeble brain, its tasks offtimes resisting.

각 단어의 문자 수를 숫자로 바꾸면 소수점 아래 12자리까지 π의 정확한 값을 외울 수 있다.

1906년에 오어A. C. Orr는 이와 비슷하지만 더 자세한 기억 문장을 만들어 *Literary Digest*란 책에 소개했다. 이것으로 π의 소수점 아래 30자리까지 외울 수 있다.

> Now I, even I, would celebrate
> In rhymes unapt, the great
> Immortal Syracusan, rivaled nevermore,
> Who in his wondrous lore,
> Passed on before,
> Left men his guidance
> How to circles mensurate.

이것을 외워보겠는가?

실제로 숫자 π를 너무나도 중요하게 생각한 나머지 그 값을 법으로 정하려고 한 사람들도 있었다

1897년에 인디애나 주 의회는 법률 제246조를 제안했는데, 이것의 제1항은 다음과 같이 시작된다. "인디애나 주 의회에서 다음과 같이 정한다. 정사각형의 넓이가 변의 길이의 제곱과 같듯이, 원의 넓이는 그 둘레의 4분의 1과 같다."

이것이 매우 중요한 사안이라고 생각했던 주 의회는 이 조항을 67대 0이라는 투표로 통과시켰다. 그러나—이 조항의 내용을 주의 깊게 읽어보면 그 이유를 알겠지만—신문은 이것을 조롱거리로 다루었고, 따라서 주 상원은 이 안을 보류시켰다.

정확한 π의 값을 구하려다 실패한 사례에 대해 수학사학자인 이브스Howard Eves는 다음과 같은 글을 썼다. "때로는 우습고 엉뚱하기도 하지만 이런 노력들을 알리는 것도 필요하다." 그에 의하면, π의 정확한 값을 구했다고 주장하면서 그것을 발표하는 수많은 사람들은 '원적 문제 증세morbus cyclometricus' 에 시달린다고 한다.

π에 관련된 내용은 2번 글에서 더 찾아볼 수 있다. ★

해보기 ACTIVITIES

1. 1610년 π의 값을 소수점 아래 35자리까지 구했던 독일의 **반 퀼렌**Ludolph van Cleulen의 기발한 방법에 대해 조사해 보아라. 그 숫자는 그의 묘비에 새겨져 있으며, 오늘날 독일에서는 π를 '루돌프 수Ludolphine number' 라고도 한다.

2. 1760년 **드 뷔퐁**Comte de Buffon(1707-88)은 π의 값을 구하기 위해 확률론과 그의 유명한 바늘 방법을 이용했다. 그 방법은 무엇인가?

3. 역사적으로 π의 값을 구하는 데 무한급수를 많이 이용했다. 계산기나 컴퓨터를 이용해 다음 급수의 처음 20항까지의 합을 구해라.
   a. **라이프니츠**의 방법, $\pi=4(1-\frac{1}{3}+\frac{1}{5}-\frac{1}{7}+\frac{1}{9}-\frac{1}{11}+\ \cdots)$
   b. **오일러**의 방법, $\pi^2=6\{(\frac{1}{1})^2+(\frac{1}{2})^2+(\frac{1}{3})^2+\cdots\}$

4. a. 1897년 인디애나 주 의회의 법률 제246조의 원문을 조사해, 이 조항에서 서로 모순된 내용과 기하학적으로 모순되는 문장을 찾아라.
   b. 이 조항은 원과 정사각형의 둘레의 길이가 같으면 넓이도 서로 같다는 생각에서 연유했다. 이 생각이 틀렸음을 밝혀라. 등주 문제란 둘레가 일정할 때 넓이가 가장 큰 도형을 찾는 문제이다. 이 문제의 역사를 조사해 보아라.

Emmy Noether: A Modern Mathematics Pioneer

에미 뇌터: 현대 수학의 개척자 81

> 현존하는 가장 유능한 수학자들의 판단에 의하면, 뇌터는 여성에 대한 고등 교육이 시작된 이후로 지금까지 배출된 가장 중요하고 독창적인 수학 천재였다. 가장 재능 있는 수학자들이 수세기 동안 연구해 왔던 대수학 영역에서 그녀는 현세대 수학자들의 발전에 대단히 중요한 것으로 판명된 방법들을 발견했다.
>
> — 아인슈타인

독일 태생의 수학자 **뇌터** Emmy Noether(1882-1935)는 에를랑겐대학의 수학 교수로서 일을 사랑했으며, 자신의 사랑을 딸에게 전해주었던 **막스 뇌터** Max Noether의 딸이기도 했다. 자신의 결심과 부모의 격려에 힘입어 그녀는 여자가 고등 교육을 받는 데 비판적이었던 당시의 편견을 이겨낼 수 있었다. 이와 같은 편견은 1898년 에를랑겐의 과학원에서 발표한 문서에 잘 반영되어 있는데, 여학생들의 입학은 '모든 교육 질서를 뒤엎는 일'이라고 주장했다. 그녀는 학생이 제법 많은 학급에서 다른 1명의 여학생과 함께 에를랑겐에서 수학 강의를 청강했다. 그 대학은 여학생들을 공식적으로 등록시키지 않았는데, 1904년에 규정을 바꿔 그녀는 정식 학생으로 등록해 학업을 계속할 수 있었다. 그녀는 1907년 수학으로 박사 학위를 받았다.

뇌터의 수학적인 장점은 어려운 개념들을 추상적으로 변형하는 능력에 있었다. 수학 연구에서 강력한 도구로 사용되는 공리적 방법을 개발하는 데 기여했던 그녀는 현대 대수학을 발전시키는 데 크게 기여한 업적으로 널리 알려져 있다. 예를 들면, 그녀는 대수학을 위상수학과 연결시키기를 제안하면서 획기적으로 새로운 수학 연구 분야를 창출하는 데 영향을 끼쳤다(위상수학은 구부리거나 잡아당기는 것과 같은 변형에서도 변하지 않는 기하학 성질을 연구하는 분야이다). 이것과 함께 그녀의 다른 공헌의 중요성으로 인해 수학자 바일 Hermann Weyl(1885-1955)은 그녀의 추모식에서 다음과 같이 회고했다. "그녀는 무엇보다도 대수학 연구에서 새롭고도 획기적인 사고 방법을 창출했다." 여자들이 고등 교육을 받아서는 안 된다고 생각했던 많은 남

에미 뇌터. 시카고의 Stock Montage에서 제공한 사진.

자 교수들의 끊임없는 저항에도 불구하고, 뇌터는 또한 에를랑겐과 괴팅겐대학에서 아주 성공적이며 인기가 많은 교수였다. 그녀는 자기 학생들을 진심으로 돌보았으며, 거의 대부분이 남학생이었던 그녀의 학생들을 괴팅겐에서는 '뇌터 보이'라고 불렀다.

1933년 히틀러가 독일의 정권을 장악하면서 뇌터는 다른 유태계 지식인들과 함께 모든 학술 활동에 참여하는 것을 금지당했다. 그녀는 미국으로 이민을 가서 브린 모Bryn Mawr대학과 뉴저지의 프린스턴 고등연구소에서 강의와 연구를 계속했다. 그녀는 미국에서 2년도 채 안 되는 세월을 보냈으나 동료들과 학생들로부터 많은 존경과 우정을 얻었다. 1935년 그녀는 종양 제거 수술을 받다가 뜻하지 않게 운명했으며, 그녀의 죽음은 전 세계의 많은 친구들을 슬프게 했다. 그녀의 친구였던 모스크바 수학회의 알렉산드로프Pavel Sergeevich Aleksandrov(1896-1982)는 그녀를 회고하며 이런 찬사를 보냈다. "에미 뇌터는 최고의 여성 수학자였으며, 위대한 과학자였으며, 훌륭한 스승이었으며, 또한 언제까지나 기억에 남는 인물이다." ★

해보기 ACTIVITIES

1. 뇌터는 어떤 방법으로 20세기의 뛰어난 여성 수학자인 **타우스키-토드**Olga Taussky-Todd(1906년 출생)에게 영향을 주었는가?

2. 뇌터는 추상 대수학에 관한 연구를 했는데, 여기에서 계산은 전통적인 대수학에서 성립하는 계산 결과와 종종 다르게 나온다. 시계 대수에서 예를 들면, $9+5=2$이다. 지금이 오전 9시인데, 어떤 사람을 5시간 후에 만난다고 가정하자. 그러면 그 사람을 오후 2시에 만나게 된다. 시계 대수를 이용해 다음 방정식을 풀어라.

   a. $4+7=z$
   b. $8+7=y$
   c. $12+7=x$
   d. $12+12=w$
   e. $3+11+5+8=t$
   f. $5-3+7=s$
   g. $11-3+9=r$

3. 방정식 $x+11=1$을 생각하자. 전통적인 대수학과 시계 대수에서 이 방정식의 해는 무엇인가? 방정식 $x+y=6$을 생각하자. 전통적인 대수학과 시계 대수에서 이 방정식의 음이 아닌 정수 해는 몇 개인가?

Ramanujan's Formulas
라마누잔의 공식들 82

스리니바사 라마누잔.

라마누잔Srinivasa Ramanujan(1887-1920)은 남부 인도의 쿰바코남Kumbakonam에 있는 마을에서 자랐다. 주로 독학을 했던 그는 수학에 대한 매력에 푹 빠지게 되었다. 1903-14년에 그는 수학 공식과 이들 사이의 관계에 대한 내용을 3권의 노트에 기록했다. 라마누잔은 종이 살 돈이 없어 모든 계산과 실험을 석판에 했는데, 중간 과정은 모두 생략하고 최종 결과만 종이에 기록해 두었다. 만약 그가 영국의 수학자인 **하디**G. H. Hardy(1877-1947)에게 몇 가지 아이디어를 보내지 않았다면 그 많은 공식과 노트는 과연 지금까지 남아 있었을까 하는 의문이 남는다. 라마누잔의 정리들에 대해 하디는 다음과 같은 글을 남겼다. "나는 전에 이런 것들을 본적이 없다. 이것들을 잠깐 보기만 해도 대단한 수학자가 아니면 할 수 없는 것임을 알 수 있다. 이것들은 모두 사실임에 틀림없다. 왜냐하면 그가 아니고서는 아무도 그런 생각을 해낼 수 없었을 테니까."

1913년 하디는 라마누잔을 영국의 케임브리지대학에 초청했다. 유럽 수학의 내용에 익숙지 않았던 라마누잔은 영국에서 보낸 5년 동안 수학 지식을 보충하며 수많은 논문을 발표해 세계적으로 명성을 얻었다. 그러나 불행하게도 그는 영국의 겨울에 적응하지 못했다. 그는 춥고 습한 기후에 적절한 옷을 입지 못했고, 자신의 종교에서 허용하는 야채와 과일을 찾기가 쉽지 않아서 영양실조에 걸렸다. 결국 1917년 그는 병에 걸려 인도로 되돌아갔다.

라마누잔은 1920년에 사망했는데, 오늘날의 수학자들에게 다행스럽게도 그의 부인이 수학 공식들로 가득 찬 남편의 노트를 잘 보관하고 있었다. 케임브리지대학의 트리니티 칼리지의 도서관에서 보관하고 있었던 상자 속에서 편지와 청구서들과 함께 뒤섞여 있는 130장 가량의 날려 쓴 종이들이 1976년에 발견될 때까지, 그의 업적들은 거의 알려지지 않았었다. 그 이후로 수학자들은 '잃어버린 노트Lost Notebook' 라고 부르는 노트의 내용을 면밀히 연구해 오고 있는데, 또 다른 수백 장의 노트가 그의 사후에 발견되었다. 라마누잔의 노트는 수천 개의 공식들을 혼자서 메모해 놓았던 것이기 때문에 증명은커녕 그것이 어떻게 나온 것인지 힌트조차 거의 없었다. 그가 죽기 직전에 남긴 공식들 중에는 아직도 증명하지 못한 것들이 많이 남아 있다. 오늘날의 수학자들은 그가 정리를 발견했던 과정을 밝혀나가는 과정에서 새롭고 유용한 수학적 방법과 기술들을 발견했다.

라마누잔이 가장 좋아했던 분야는 무한급수였다. 그의 급수 공식 중 하나는 컴퓨터로 π의 소수점 아래 수백만 자리까지 계산하는 데 이용되고 있다. 그는 또한 연분수와 분할 이론에 관한 연구를 했다. 현대 물리학자들은 라마누잔이 발견한 분할을 통계역학의 문제를 푸는 데 이용하고 있다. 만약 라마누잔이 현대의 컴퓨터를 활용할 수 있었더라면 어떤 업적을 이룰 수 있었을까? 그의 사고는 그가 살았던 시대보다 수십 년은 앞서 있었다. 그의 유산은 오늘날의 수학자들을 앞으로 몇 년 동안 바쁘게 할 것이다.

인도의 수학에 관련된 내용은 2, 19, 24, 28번 글에서 더 찾아볼 수 있다. ★

해보기 ACTIVITIES

1. 라마누잔은 복잡하게 보이는 수 $e^{\pi\sqrt{163}}$이 정수라고 생각했는데, 그는 실제로 그 값을 계산했다. 1974년 애리조나대학의 브릴로John Brillo는 라마누잔이 옳았음을 증명했다. 브릴로는 라마누잔의 주장을 어떻게 증명했는가? 또 $e^{\pi\sqrt{163}}$의 값은 얼마인가?

2. 하디의 삶과 업적에 대해 조사하고, 그와 라마누잔 사이의 관계에 대해 말해 보아라.

3. 라마누잔과의 대화 중에, 하디는 자신이 방금 탔었던 택시의 번호인 1729는 별 특징이 없는 수라고 말했다. 그러나 라마누잔은 1729는 매우 흥미로운 수라고 말했다. 이 수는 왜 흥미로운가?

4. 라마누잔이 1913년 1월 16일 하디에게 보냈던 첫 편지의 내용을 조사해 보아라.

Counting and Computing Devices

계수기와 계산기 83

역사를 통해 보면, 복잡한 셈이나 계산을 제대로 하기 위해 많은 사람들은 신체적 또는 기계적인 여러 가지 도구를 사용해 왔다.

홀러리스의 정보 처리 기계에 있는 계수기.

손가락: 인류 역사를 통해 많은 문화권에서 언제든지 셈과 계산이 가능한 손가락을 이용하는 효과적인 방법들을 고안해 왔다. 손가락과 발가락이 모두 20개인 것에서 일찍이 20진법의 수 체계가 탄생했다.

주판: 그 역사가 5,000년 전까지 거슬러 올라가는 주판은 간단하지만 매우 효과적인 도구이다. 모양이 아주 다양하며 고대 중국, 그리스 및 로마에서 사용되었다. 아직도 일부 지역에서 사용되고 있다.

그리스의 기계식 컴퓨터: 1900년 그리스의 어부들이 에게해의 바닥에서 약 2,000년 전의 유물로 보이는 녹슨 기계를 발견했는데, 기계식 계산기의 일부로 추정되고 있다. 고대 그리스에 컴퓨터가 있었을까?

퀴푸: 15-16세기 남미의 잉카 제국은 끈에 매듭을 지어 색칠을 하는 방법을 이용해, 제국의 인구에서부터 흉년에 대비해 마을에 모아둔 음식의 양까지 모든 복잡한 기록을 남겼다.

네이피어의 뼈: 스코틀랜드의 네이피어가 발명한 것으로, 1부터 9까지의 숫자가 새겨진 막대기이다. 막대기를 회전시키면서 곱셈 계산을 했다.

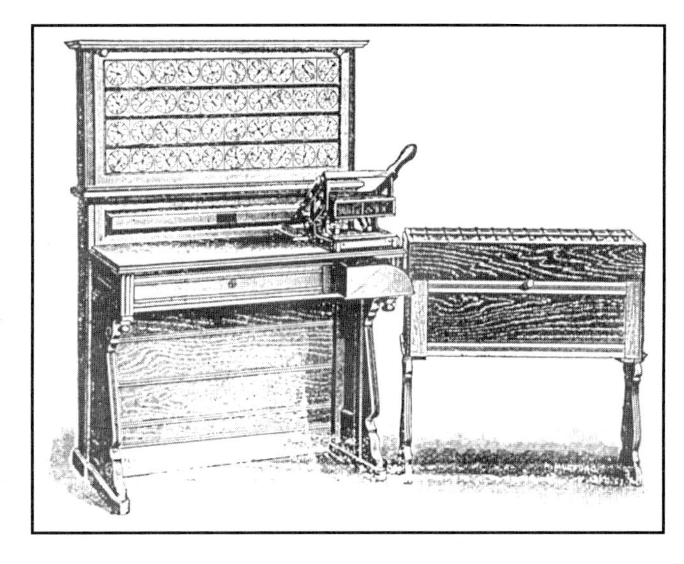
홀러리스의 정보 처리 기계의 특허 출원서에 있는 그림.

계산자: 네이피어가 발견한 로그를 계산하기 위해 영국의 오트레드William Oughtred(1574-1660)가 발명했다. 휴대용 로그표의 역할을 했기 때문에 계산자는 20세기에도 널리 사용되었다.

파스칼의 덧셈 기계: 1642년 프랑스의 파스칼Blaise Pascal(1623-62)이 발명한 이 기계는 세무 공무원이었던 아버지의 세금 계산을 돕기 위한 덧셈 계산 기계였다. 1673년 독일의 수학자 라이프니츠Gottfried Leibniz(1646-1716)는 이 기계를 개량해

곱셈과 나눗셈 계산 기능을 추가했다.

배비지의 차분기관: 1800년대 초에 영국인 배비지는 정보 처리용 프로그램이 가능한 정교한 기계를 만들었다. 그러나 그 당시의 기술로는 그 기계가 제대로 작동하는 데 필요한 정밀 부품을 기술자들이 만들지 못했다. 배비지와 영국의 수학자인 러블레이스는 현대 컴퓨터 발전의 토대를 마련했다.

홀러리스의 정보 처리 기계: 1800년대 말 미국인 기술자 홀러리스Herman Hollerith (1860-1929)는 천공 카드를 이용한 정보 처리 기계를 완벽하게 만들었다. 1916년 구멍 9개짜리 카드 천공기가 발명될 때까지 카드에 구멍을 일일이 하나씩 뚫어야만 했다.

셈과 계산기에 관련된 내용은 1, 21, 32, 39, 59, 70, 84, 88번 글에서 더 찾아볼 수 있다. ★

해보기 ACTIVITIES

1. 고대 사회에서 손가락을 사용해 어떻게 계산을 했는가? 몇 년 전 미국에서 유행했던 손가락 계산 방법인 지산법(指算法, Chisanbop)에 대해 조사해 보아라.

2. 일본식 주판soroban에는 윗부분에는 구슬이 한 개, 아랫부분에는 구슬이 4개 있다.

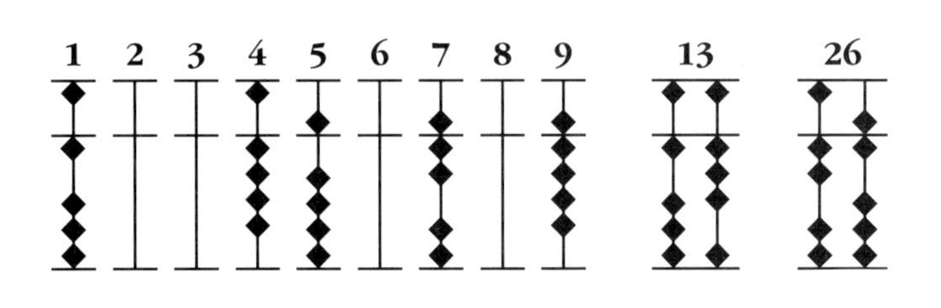

a. 왼쪽의 그림에서는 여러 가지 수를 나타내기 위한 구슬의 위치를 보여주고 있다. 주어진 숫자에 맞도록 구슬을 적절히 그려넣어라.

b. 주어진 구슬의 위치에 맞도록 알맞은 숫자를 써넣어라.

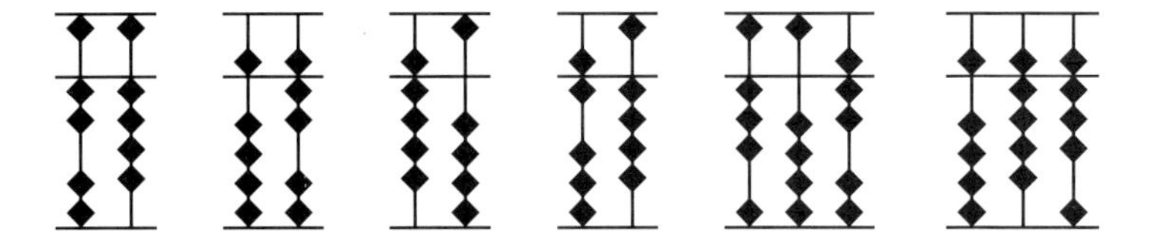

The Computer's Development

컴퓨터의 발달 84

혁신적인 기술들로 넘쳐나는 오늘날, 최초의 디지털 (계산용) 컴퓨터는 사람의 손가락이었다는 사실을 잊기 쉽다! 이 기본적인 계산 도구는 금이 새겨진 막대기, 자갈이 들어 있는 그릇, 주판 등과 같은 도구의 사용으로 빠르게 발전되었다.

고대 그리스인들이 기계를 사용해 계산을 했었다는 증거가 있으나, 기록에 남아 있는 최초의 계산기는 17세기 중반 파스칼에 의해 만들어진 것이다. 그의 발명품은 이후 200년 동안 보편적으로 사용된 덧셈 기계보다 앞서 있었다. 이 기계들은 숫자 0에서 9를 의미하는 10개의 톱니가 있는 여러 개의 바퀴를 사용했는데, 톱니바퀴가 9에서 0으로 넘어갈 때, 이것은 옆에 있는 바퀴의 톱니를 1개 움직였다. 19세기 초에 배비지는 차분기관이라고 불리는 더 복잡한 계산기를 발명했다. 러블레이스와 함께 그는 수학적 양에 따른 규칙에 따라 구멍이 뚫린 천공 카드를 설계했는데, 그 카드를 사용해 함수의 값을 구했다.

The New York Times Magazine

Section 6

TWENTY PAGES

A CHALLENGE TO TECHNOCRACY

An Examination of the Evidence Which the Technocrats Cite as Proof That a New Economic System Is Needed and a Conclusion That Their Statistics Have Been Highly Inflated

THE MACHINE AND MAN

테크노크라시Technocracy, 정부와 사회 조직이 전문 기술자에 의해 통제되어야 한다고 주장하는 운동으로, 컴퓨터 전성시대 직전에 번성했다. 《뉴욕 타임스》 1932년 8월호에서.

최초의 고속 전자계산기는 미국 육군이 군사용 발사체의 비행 탄도를 찾는 표를 계산하기 위해 설계되었다. 에니악(Electronic Numerical Integrator and Calculator, ENIAC)이란 이름이 붙여진 이것은 {0, 1}로 된 2진법 덧셈 구조를 사용했다. 연산 과정을 저장할 수 있는 컴퓨터의 개발은 또 하나의 중요한 발전이었다. 저장된 기억으로 계산을 할 수 있는 컴퓨터로 인해 사람들은 시간과 노력을 많이 절약할 수 있었다. 1940년대의 유니박(Universal Automatic Computer, UNIVAC)은 최초의 상업용 메모리 저장형 컴퓨터였다.

정부와 산업체에서 주로 사용했던 컴퓨터는 1955년에는 약 1천 대, 1960년에는 6천 대, 1970년에는 6만 대가 사용되었다. 오늘날 수백만 대의 컴퓨터가 가정, 학교 및 사업장에서 복잡한 수학 문제를 푸는 것에서부터 게임에 이르기까지 널리 사용되고 있다. 이렇게 컴퓨터의 사용이 증가할 수 있었던 이유는 마이크로칩의 발명으로 인해 컴퓨터의 속도나 기억 용량이 훨씬 좋아졌기 때문이다. 마이크로칩은 집적회로를 붙인 얇은 실리콘 판인데, 이것은 수백만 비트의 2진수로 된 정보를 저장할 수 있는 컴퓨터 운영 체제의 핵심 부품이다. 비록 사람들은 비수학적인 기능을 주로 사용하지만, 컴퓨터의 작동은 여전히 수학적 원리에 의존하고 있다. 자료는 수학적 논리로 만들어진 방법에 따라 저장되고 검색되며, 전자 언어와 영상은 2진 부호에서 하드 카피의 형태로 바뀐다.

컴퓨터 공학에서 가장 최신의 발전은 바로 인터넷이다. 이것은 전 세계의 수백만 사람들을 실시간으로 연결해 준다. 인터넷은 1969년 미국 국방성의 연구소를 연결하기 위해 개발된 것인데, 지금은 정보나 통신에 관심 있는 사람이라면 누구나 이용할 수 있게 되었다. 로세토Louis Rosetto와 메트카프Jane Metcalf의 『유선으로 *Wired*』와 같은 출판물과 이것의 온라인 버전인 『열선으로 *Hotwired*』는 21세기를 맞이해 온라인 문서, 음향, 사진, 비디오 및 오락을 가능하게 하는 새로운 매체로 신문화를 제공한다.

계산에 관련된 내용은 39, 70, 83, 88번 글에서 더 찾아볼 수 있다. ★

해보기 ACTIVITIES

1. 2진법의 수 체계는 1, 2, 4, 8, 16, …의 값을 사용한다.
   a. 양팔저울에서 1, 2, 4, 8, 16g짜리 추를 사용해 1에서 31g의 무게를 측정할 수 있음을 보여라. 1kg까지의 무게를 측정하려면 어떤 무게의 추가 더 필요한가?
   b. 2진법의 수를 문자로 옮기는 알파벳을 만들어라(이것은 컴퓨터 문자 작성기에 사용되는 원리이다).

2. 초보적인 프로그램 언어인 BASIC과 LOGO는 1960년대 중반에 개발되었다. 이것과 다른 컴퓨터 언어에 대해 조사해라. 이것들과 연관된 흥미 있는 특징이나 이야기가 있는가? 프로그램을 배우는 사람들에 대한 잠재 가치는 무엇인가?

3. 관심 있는 분야에 컴퓨터를 사용해 보고, 거기에서 얻은 것을 수업 시간에 발표해 보자. 이를테면, 다음과 같은 멀티미디어 발표를 해보아라. 멀티미디어를 사용해 발표할 것을 만들어라. 간단한 컴퓨터 프로그램을 하나 작성해서, 이것을 작성한 의도와 사용 방법을 설명해라. 이야기를 하나 쓴 후에 이것을 컴퓨터를 이용해 책으로 만들어보아라. 재미있는 정보를 모아서 스프레드시트를 작성해 보고, 자료를 정리하는 데 스프레드시트가 편리한 이유를 설명해라. 그림 그리는 프로그램을 이용해 작품을 만들어보고, 또 작곡도 해보아라.

Bees as Mathematicians?

벌도 수학을 알아?

> 벌은… 어떤 기하학적인 감각에 의해 … 정육각형이 정사각형이나 정삼각형보다 더 클 뿐만 아니라, 같은 양의 재료를 써서 더 많은 양의 꿀을 담을 수 있음을 안다.
>
> — 파푸스(Pappus, 300년경)

꿀벌은 거의 완벽한 육각형을 연속된 격자 모양이 되도록 서로 붙여서 벌집을 짓는다. 벌들이 왜 이와 같은 모양으로 집을 짓는지 그 이유를 알아보자.

만약 벌들이 벌집을 원 모양으로 짓는다면 이웃하는 벌집과 공유하는 벽이 없게 되고, 벌집과 벌집 사이의 빈 공간은 낭비일 것이다. 마찬가지로, 5, 7, 8각형의 벌집도 벽이 붙어 있으면서 빈틈이 없는 연속된 격자 모양을 만들 수 없다. 그러나 정삼각형이나 정사각형 모양의 벌집은 연속된 격자를 이룰 수 있을 것이다.

둘레가 p인 벌집을 생각해 보자. 이것이 정사각형의 둘레라면, 그 정사각형의 한 변의 길이는 $x=\frac{1}{4}p$이고, 넓이는 $A=x^2=(\frac{1}{4}p)^2=\ 0.0625p^2$이 된다.

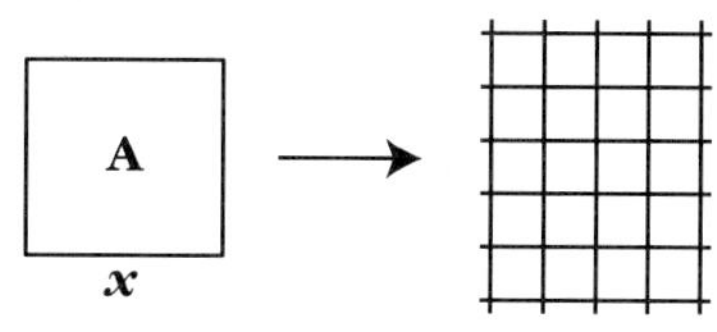

한 변의 길이가 y인 정삼각형의 넓이는 $A=\frac{1}{2}y\times\frac{\sqrt{3}}{2}y$이다(정삼각형의 높이가 $\frac{\sqrt{3}}{2}y$이다).

만약 이 삼각형의 둘레가 p이면, y에 $\frac{1}{3}p$를 대입해 다음을 얻는다.

$$A=\frac{1}{2}\times\frac{1}{3}p\times\frac{\sqrt{3}}{2}\times\frac{1}{3}p\fallingdotseq 0.048p^2$$

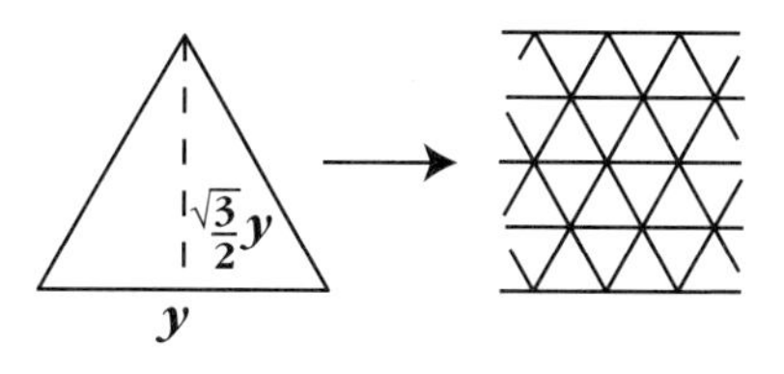

따라서, 둘레의 길이가 같은 경우, 정삼각형의 넓이가 정사각형의 넓이보다 작다.

변심거리가 a이고, 둘레의 길이가 p인 정육각형의 넓이는 $A=\frac{1}{2}ap$이다(변심거리란 정다각형의 중심에서 변까지의 수직 거리를 말한다). 한 변의 길이가 z이면 변심거리는 $\frac{\sqrt{3}}{2}z$가 되고, 이때 정육각형의 넓이는 $A=\frac{1}{2}\times\frac{\sqrt{3}}{2}z\times p$이다. 여기서 z에 $\frac{1}{6}p$를 대입시키면 다음을 얻는다.

$$A=\frac{1}{2}\times\frac{\sqrt{3}}{2}\times\frac{1}{6}p\times p\fallingdotseq 0.072p^2$$

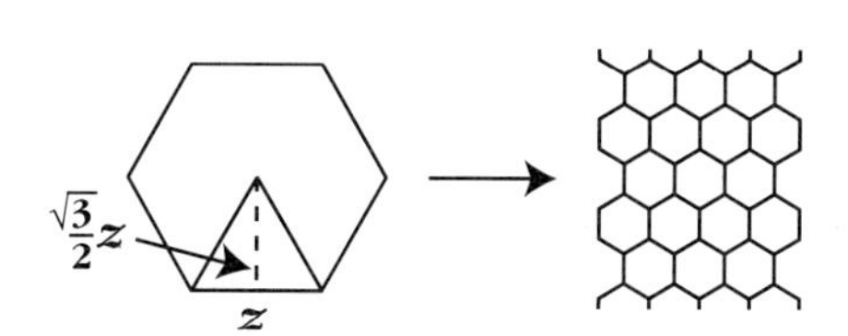

그런데 $0.072p^2>0.0625p^2>0.048p^2$이

므로, 둘레가 일정할 때—따라서 벌집을 짓는 재료가 일정할 때 가장 큰 벌집의 모양은 정육각형이 될 것이다. 양봉하는 사람이 벌들이 집을 지을 때 육각형 얼개를 만들어준다—벌들은 다른 모양의 집을 짓지 않는다. 육각형이 가장 경제적인 공간을 만든다는 사실을 벌들은 본능적으로 알고 있는 것일까? ★

해보기 ACTIVITIES

1. 방 하나를 만드는 데 벌들이 사용하는 밀랍의 평균적인 양은 얼마나 되며, 방 하나에 얼마의 꿀을 저장할 수가 있는가? 또 벌집에서 찾아볼 수 있는 또 다른 흥미로운 특징들은 무엇인가?

2. 벌들이 새 집을 지을 때, 옛 집과 같은 방향으로 집을 짓는 이유는 무엇인가?

3. 길이가 12cm인 철사가 있다.
   a. 이것을 직사각형 모양으로 구부릴 때, 넓이가 가장 큰 경우 두 변의 길이는 얼마인가?
   b. 이 철사를 정사각형이나 원 모양으로 구부릴 때, 어느 것이 더 넓은가?

12cm

von Neumann: Mathematics as Experience

폰 노이만: 경험적인 수학 86

수학의 형식주의적 사상에 그다지 영향을 받지 않았던 헝가리 태생의 미국 수학자 폰 노이만John von Neumann (1903–57)은 자유분방한 성격으로, 수학은 경험을 통해서 발전한다고 믿었다. 어릴 때부터 주목을 받았던 폰 노이만의 수학적 재능은 화학공학 학위를 받기 위해 취리히의 공과대학에서 대부분의 시간을 보내면서도 부다페스트대학에서 수학으로 박사 학위를 받을 정도였다. 그는 독일에서 강사직을 얻었으나, 유태인 배경을 가진 대부분의 수학자나 과학자들처럼 그도 유럽의 정치적인 혼란을 피해 미국으로 이민을 갔다. 그는 1933년 뉴저지주의 프린스턴에 있는 고등연구소의 회원이 되었는데, 그곳에서 수리물리학(특히 양자론), 해석학, 격자론, 추상 대수학, 컴퓨터 공학 등의 발전에 많은 기여를 했다.

폰 노이만이 수학에 기여했던 것 중 하나는 게임 이론의 개척이었는데, 이것은 현대 수학의 실용적 발전 중의 하나로 여겨진다. 게임 이론은 최상의 전략을 결정하기 위해 전략적 경쟁의 모형을 분석하는 학문으로, 지금은 경제 계획과 사회과학 연구를 위시한 다양한 분야에 이용되고 있다. 냉전 시대에는 자본주의 진영과 공산주의 진영 모두가 최소 손실 전략을 구축하기 위해 그의 아이디어를 이용했다.

극도로 어려운 문제도 머릿속에서 풀 수 있는 재능 외에, 폰 노이만은 뛰어난 유머 감각도 지녔다. 자동차 사고가 난 후에 자신의 찌그러진 자동차에서 빠져나오면서 그는 다음과 같이 말했다. "오른쪽 편의 나무들은 시속 60마일로 질서정연하게 나를 지나가고 있었다. 그런데 그 중 하나가 갑자기 내가 가는 길로 뛰어들었다." ★

> 수학적으로 아주 훌륭한 영감은 대부분 경험으로부터 나온다. 인간의 모든 경험에서 분리된 수학적 엄밀성에 대한 절대적이며, 결코 변하지 않는 개념이 존재하리라고 믿기란 거의 불가능하다.
>
> — 폰 노이만

THEORY OF GAMES AND ECONOMIC BEHAVIOR

By JOHN VON NEUMANN, and OSKAR MORGENSTERN

PRINCETON
PRINCETON UNIVERSITY PRESS
1947

폰 노이만과 모르겐슈테른이 저술한 유명한 『게임 이론과 경제 행동』(프린스턴대학 출판부, 1947)의 표지.

해보기 ACTIVITIES

1. 수학계에 내려오는 이야기에 의하면 폰 노이만은 다음 문제를 굉장히 빨리 풀었다고 한다. 새 한 마리가 같은 선로 위를 마주 보고 달려오는 두 대의 기차 사이를 왔다갔다하며 날고 있었다고 한다. 두 대의 기차는 처음에 510마일 떨어져 있었는데, 서로 시속 80마일과 40마일의 속도로 달려오고 있었다. 새는 시속 150마일의 속도로 날고 있었다. 새가 두 대의 기차 사이에 갇힐 때까지 날았던 전체 거리는 얼마인가? 이 문제를 빨리 계산할 수 있는가?

2. 컴퓨터와 살아 있는 유기체를 폰 노이만이 비교한 것에 대해 조사해 보아라.

3. 3개의 문 중에서 1개의 뒤에 아주 값진 상품이 놓여 있다. 나머지 2개의 문 뒤에는 아무것도 없다. 하나의 문을 선택하라—그 문은 열리지 않고, 다른 문 하나가 열려서 그 뒤에 상품이 없다는 것을 보여준다. 한 번 더 문을 선택하면 그 문 뒤에 상품이 있는지 없는지 알 수 있을 것이다. 상품을 탈 확률을 최대가 되게 하려면 어떻게 해야 하는가? 처음에 선택했던 문을 두 번째에도 선택을 해야 하는가, 아니면 열리지 않았던 문을 선택해야 하는가?

The Inquisitive Einstein

87 호기심쟁이 아인슈타인

> 반짝 반짝 작은 별.
> 그것이 무엇일까, 정말 궁금해요.
> — 어린이 동요

물리학자인 **아인슈타인**Albert Einstein(1879–1955)의 발견과 주장들이 전 세계를 놀라게 했던 것을 우리는 아직도 기억하고 있다. 한때는 무명의 사무원이었던 아인슈타인은 스위스 특허 사무소에서 퇴근을 하면 바이올린으로 모차르트를 연주하거나 상대성 이론을 연구하면서 휴식을 취했다.

아인슈타인은 그때까지 받아들여지던 뉴턴Isaac Newton의 법칙으로는 우주의 현상을 정확하게 설명할 수 없다고 생각했다. 시간 · 길이 · 질량은 절대적인 양이 아니라 속도에 따라 변한다고 믿었던 그는 빛의 속도는 항상 일정하며, 광선을 기준으로 광원이나 관측자가 움직이는 속도와 독립적이라고 주장했다. 그는 이런 생각들을 상대성 이론에서 종합했다. 그 과정에서 그의 유명한 방정식인 $E=mc^2$을 찾아냈는데, 에너지(E)는 질량(m)에 빛의 속도(c는 초속 299,000km)의 제곱을 곱한 것이다. 이 결과는 우라늄 원자가 분열해 질량의 일부가 에너지로 바뀌는 현상으로 증명이 되었다.

독일의 수학자 **가우스**와 **리만**의 사상에 크게 영향을 받은 아인슈타인은 가로 · 세로 · 높이 · 시간으로 결정되는 4차원의 굽은 우주를 제안하기도 했다. (가우스와 리만에 관련된 내용은 61번과 66번 글에서 더 찾아볼 수 있다.) 과학자들은 아인슈타인의 이론에 대해 고심하면서도, 그의 이론이 몇 가지 우주의 수수께끼를 풀 수 있어 감탄의 눈으로 보게 되었다.

891

3. *Zur Elektrodynamik bewegter Körper;*
von A. Einstein.

Daß die Elektrodynamik Maxwells — wie dieselbe gegenwärtig aufgefaßt zu werden pflegt — in ihrer Anwendung auf bewegte Körper zu Asymmetrien führt, welche den Phänomenen nicht anzuhaften scheinen, ist bekannt. Man denke z. B. an die elektrodynamische Wechselwirkung zwischen einem Magneten und einem Leiter. Das beobachtbare Phänomen hängt hier nur ab von der Relativbewegung von Leiter und Magnet, während nach der üblichen Auffassung die beiden Fälle, daß der eine oder der andere dieser Körper der bewegte sei, streng voneinander zu trennen sind. Bewegt sich nämlich der Magnet und ruht der Leiter, so entsteht in der Umgebung des Magneten ein elektrisches Feld von gewissem Energiewerte, welches an den Orten, wo sich Teile des Leiters befinden, einen Strom erzeugt. Ruht aber der Magnet und bewegt sich der Leiter, so entsteht in der Umgebung des Magneten kein elektrisches Feld, dagegen im Leiter eine elektromotorische Kraft, welcher an sich keine Energie entspricht, die aber — Gleichheit der Relativbewegung bei den beiden ins Auge gefaßten Fällen vorausgesetzt — zu elektrischen Strömen von derselben Größe und demselben Verlaufe Veranlassung gibt, wie im ersten Falle die elektrischen Kräfte.

Beispiele ähnlicher Art, sowie die mißlungenen Versuche, eine Bewegung der Erde relativ zum „Lichtmedium" zu konstatieren, führen zu der Vermutung, daß dem Begriffe der absoluten Ruhe nicht nur in der Mechanik, sondern auch in der Elektrodynamik keine Eigenschaften der Erscheinungen entsprechen, sondern daß vielmehr für alle Koordinatensysteme, für welche die mechanischen Gleichungen gelten, auch die gleichen elektrodynamischen und optischen Gesetze gelten, wie dies für die Größen erster Ordnung bereits erwiesen ist. Wir wollen diese Vermutung (deren Inhalt im folgenden „Prinzip der Relativität" genannt werden wird) zur Voraussetzung erheben und außerdem die mit ihm nur scheinbar unverträgliche

과학 학술지에 게재된 아인슈타인이 스물네 살에 쓴 논문. 이 논문은 특수 상대성 이론에 관한 것으로, 어떤 형태의 에너지에 관한 개념과 에너지의 양은 질량에 속력의 제곱을 곱한 것과 같음($E=mc^2$)을 설명하고 있다.

아인슈타인은 한때 다음과 같이 말했다. "호기심 많은 어린아이처럼 우리는 인류의 탄생에 대한 위대한 신비를 쉬지 않고 탐구해야 한다." 그는 우주를 지배하는 수학적 법칙이 존재한다고 믿었지만, 우리가 이용하는 법칙들이 정확한 것인지는 모른다고 했다. 그러나 그것을 이용해 정확한 우주의 법칙에 점점 더 가까이 다가갈 수 있기를 바라고 있다. 수학을 이 세상과 관련지어서 그는, "넓은 의미에서 수학 또는 좁은 의미에서 기하학은 자연 현상을 이해하려는 우리의 필요성에 그 존재 가치를 두고 있다."고 했다. 많은 사람들은 아인슈타인을 매우 명석한 사람으로 생각했으나 그는 자신에 대해 다음과 같이 말했다. "나에게 특별한 재능이 있는 것이 아니라, 다만 호기심이 많을 뿐이다." ★

해보기 ACTIVITIES

1. 과학에 대한 능력이 뛰어났던 **밀레바** Mileva Einstein-Maric는 1903년 아인슈타인과 결혼을 했다. 『아인슈타인의 그늘에서: 밀레바 아인슈타인-마리치의 비극적인 삶』의 작가인 트로멜-플뢰츠 Senta Tromel-Ploetz 등과 같은 사람들은 아인슈타인에게 돌아간 공적 중의 상당 부분을 그녀에게 돌려야 한다고 주장했다. 이 같은 주장에 대해 조사해 보아라.

2. 어떤 이유로 유럽의 과학자들은 1939년 아인슈타인으로 하여금 미국의 루즈벨트 대통령에게 편지를 보내도록 권유했는가? 또 이 편지의 내용은 무엇이었는가?

3. 아인슈타이늄einsteinium이란 무엇인가?

Grace Murray Hopper: Ever Confident

항상 자신에 차 있었던 그레이스 머레이 호퍼 88

> 용서를 구하는 것이 허락을 받는 것보다 더 쉽다.
>
> — 호퍼

호퍼Grace Murray Hopper(1906~92)는 자신의 목표가 무엇인지 잘 알고 있었다. 그것은 수학의 연구에 푹 빠져 사는 것이었다. 그녀는 바사Vassar대학에서 수학과 물리학을 복수 전공했으며, 예일대학에서 수학으로 박사 학위를 받았다. 바사대학으로 돌아온 그녀는 1943년 해군 예비역으로 입대하기 전까지 10년 동안 수학을 가르쳤다. 수학적 능력을 인정받은 그녀는 정보실에 배속되어 컴퓨터와 프로그래밍에 관한 일을 했다.

호퍼가 처음 다루었던 컴퓨터는 세계 최초의 자동 순차 대용량 디지털 컴퓨터인 마크 1호Mark I였는데, 길이가 15m 이상으로 많은 중계기가 열렸다 닫혔다 하면서 굉장한 소음을 냈다. 호퍼는 얼마 지나지 않아 이 컴퓨터의 작동 원리를 파악했다. 동료들은 프로그램 능력에 놀라움을 금치 못했으며, 자신의 능력에 대해 자신에 차 있던 그녀는 "내가 완전하게 정의를 할 수 있는 것은 무엇이든지 컴퓨터가 처리하게 할 수 있다."고 말했다. 1950년대 말 사용자에게 보다 친숙한 프로그래밍 언어를 만들기 위해 호퍼는 익숙하지 않은 기호 대신 영어를 사용하는 컴퓨터 언어를 개발했다. 그리고 나서 그녀는 영어를 코드로 변환시키는 프로그램을 개발했다. 이것에서 COBOL(COmmon Business Oriented Language)이라는 프로그램 언어가 탄생했는데, 오늘날에도 널리 사용되고 있다.

그레이스 머레이 호퍼. Digital Equipment사가 제공한 사진.

해군에서 거의 50년 동안 근무한 호퍼는 해군 소장까지 진급을 했다. 그녀는 뛰어난 근무 성적과 컴퓨터 업무로 많은 훈장을 받았을 뿐만 아니라, 자료처리관리협회는 올해의 컴퓨터 과학자로 선정했으며, 영국의 컴퓨터학회는 공로 회원으로 선정하기도 했다. 79세의 나이로 은퇴했을 때, 그녀는 해군에서 최고령 장교이자 유일한 여성 제독이었다. 일생 동안 그녀는 200회 이상의 강연을 했는데, 컴퓨터의 전자 정보가 10억분의 1초 동안에 이동하는 거리를 보여주기 위해 29.2cm 길이의 철사를 보여주곤 했다.

계산에 관련된 내용은 39, 70, 83, 84번 글에서 더 찾아볼 수 있다. ★

해보기 ACTIVITIES

1. 다음은 가상적인 COBOL 프로그램을 두 줄 적은 것이다.

```
MULTIPLY RATE_OF_PAY BY HOURS_WORKED GIVING
GROSS_PAY ROUNDED.
COMPUTER EXCESS=(HOURS_WORKED-40)*1.5
```

이 프로그램을 실행시키면 어떤 계산이 수행되는가?

2. 다음과 같은 컴퓨터 용어를 조사해라.
   a. 기계어Machine language
   b. 어셈블리 언어Assembly language
   c. 컴파일러Compiler

3. 컴퓨터의 전자 정보가 다음 거리를 이동하는 데 얼마나 걸리는가?
   (a) 1km (b) 100km (c) 1,000km
   필요한 정보를 위의 글에서 찾아 답해라.

4. 대중적으로 많이 쓰이는 컴퓨터 언어로 BASIC(Beginner's All-Purpose Symbolic Instruction Code)과 FORTRAN(FORmula TRANslation)이 있다. 이것이 COBOL과 어떻게 다른가?

5. 컴퓨터 전문 용어인 버그bug란 단어를 채택하는 데 호퍼가 어떻게 관여했는가?

Shiing-shen Chern: A Leader in Geometry

천싱선: 기하학의 선도자 89

중국 태생의 미국 수학자인 **천싱선**(陳省身, Shing-Shen chern, 1911년 출생)은 고전 기하학과 현대 기하학의 발전과 연구에 오랫동안 심혈을 기울였다. 특히 미분 기하학에 관한 그의 연구는 수학과 수리물리학의 여러 분야에 많은 영향을 끼쳤다.

천싱선.

어린 시절 그는 아버지로부터 숫자와 계산법을 배웠다. 이에 흥미를 느낀 천싱선은 혼자서 산수를 공부했는데, 여러 가지 어려운 문제에 부딪히면서 그는 자신의 수학적 자질을 향상시키려는 오랜 탐색의 길을 걷게 되었다. 성인이 되어서 이런 그의 욕구는 훨씬 더 도전적이 되었다. 1930년 난카이[南開]대학을 졸업할 때 그는 자기에게 고등 수학을 가르칠 교수들이 대부분 학생들의 독창성이나 창의성을 키워주기보다는 틀에 박힌 문제 풀이에만 급급해한다고 판단했다. 이런 답답한 환경에서 벗어나기 위해 유학을 결심하지만 유학 비용을 감당할 수 없어 그는 베이징에 있는 칭화[清華, Qing Hua]* 대학의 대학원에 입학해 이학석사 학위를 받았다. 또한 그는 그곳에서 국비 유학생의 기회를 얻어 1934년 졸업하면서 미국에서 2년 동안 국비로 공부할 수 있었다. 그러나 곡선과 평면의 이론에 대한 그의 관심 때문에 결국 그는 독일의 함부르크로 갔다가 다시 프랑스의 파리로 가게 되었다.

천싱선은 외국에서 연구하는 것에 만족했으나, 1937년 칭화대학에서 수학 교수직을 제안해 귀국했는데 바로 그해에 중일전쟁이 발발했다. 전쟁으로 인해 생활과 외국과의 교신이 매우 힘들어졌으나, 중요한 연구를 계속 수행할 수는 있었다. 그 결과 그는 중국에서 가장 뛰어난 수학자라는 명성을 얻게 되었는데, 그의 명성은 외국에도 널리 알려져 1943년 뉴저지 주의 프린스턴대학에 있는 고등연구소의 연구원이 되었다. 프린스턴에서 보낸 2년 동안 그의 연구는 많은 결실을 맺게 되었으며, 그곳에서 천싱선은

---

* '청화' 의 현대식 영문 표기는 Tsinghua이다(옮긴이).

자신의 가장 위대한 업적 중의 일부를 완성했다.

1946년 그는 중국으로 돌아와 중국의 수학연구소 설립을 주도했다. 그러나 중국은 2년 뒤 내전에 휩싸여 1949년 그는 가족들과 함께 다시 미국으로 건너갔다. 그후 그는 30년 동안 일리노이 주의 시카고대학과 버클리의 캘리포니아대학에서 수학을 가르쳤다. 교수로서의 많은 업적 외에도 그는 중국이 세계의 수학계를 이끌어나갈 수 있는 환경을 조성하고자 오랫동안 헌신했다. 그런 목적으로 그는 1985년 난카이 수학연구소를 설립하기도 했다. 그곳은 중국뿐만 아니라 세계 여러 곳의 수학자들과 학생들이 아이디어를 교환하고 연구에 집중할 수 있는 곳이 되었다.

미분기하학에서 이룩한 그의 주요 업적들과 국가간의 연구 결과와 아이디어 교환을 위한 그의 노력으로 인해, 천싱선은 수학계를 이끌어준 정신적 지도자로서 수학사의 한 부분을 차지하게 되었다.

중국의 수학에 관련된 내용은 4, 8, 22, 26, 48, 71번 글에서 더 찾아볼 수 있다. ★

해보기 ACTIVITIES

1. 천-폰트랴긴Chern-Pontryagin 수란 무엇인가?

2. 천싱선은 1981년 버클리에 있는 캘리포니아대학의 수학연구소를 설립하는 데 큰 역할을 했다. 이 연구소는 왜 설립되었는가? 또 그곳에서 지금 어떤 연구가 이루어지고 있는가?

3. 천싱선이 10대였을 때 중국에서 받았던 수학 교육은 어떤 종류였으며, 지금 우리가 받고 있는 교육과 어떻게 달랐는가?

M. C. Escher: Artist and Geometer

M. C. 에셔: 예술가이자 기하학자 90

네덜란드 태생인 **에셔**Maurits Cornelis Escher(1898-1972)는 어린 시절 수학이나 과학에 많은 관심이 없었다. 그러나 그는 치밀한 성격으로, 목공과 목각을 배우는 수업을 통해 숙련된 기술을 체계적으로 습득하게 되었다. 이런 속성은 어른이 되어서 그가 제작했던 정교하면서도 신비로운 회화 작품들에서 찾아볼 수 있다.

> 우리 주변을 둘러싸고 있는 불가사의에 휩싸여보고, 또한 내가 관찰했던 것을 분석하고 곰곰이 생각해 봄으로써, 나는 수학의 영역 안에 남게 되었다.
>
> — 에셔

초기 작품에서 에셔는 자신의 표현을 빌리자면 '평면의 균등한 분할' 또는 대칭성에 의존하는 그림으로 실험을 했다. 그러나 그는 1922년 스페인 여행을 다녀온 후 몇 년이 지날 때까지도 이 주제로 열심히 작품 활동을 하지는 않았다. 스페인의 그라나다에 있는 13세기 무어왕조의 알람브라 궁전을 장식하고 있는 기하학적 문양에 영향을 받은 이후로 에셔의 작품 성향은 크게 바뀌게 되었다. 그는 동물, 사람, 식물과 같은 알아볼 수 있는 생명체를 이용했다. 이슬람 종교의 교리에 따라서 무어인들은 아름답고 질서 있고 합리적인 우주를 상징하는 추상적인 기하학 문양만을 사용해 장식을 했다.

대칭성과 평행이동, 회전이동, 대칭이동과 같은 변환을 더 잘 이해하기 위해 에셔는 몇 년 동안 기하학을 공부했다. 정삼각형 또는 다른 정다각형으로 만들어진 격자 위에서 이런 변환들을 이용해, 그는 모자이크 세공tessellation 또는 타일 깔기tiling를 창작했다. 모자이크 세공이란 겹쳐지거나 빈틈이 생기지 않도록 같은 모양을 배열해 어떤 표면을 덮는 것을 말한다. 에셔는 자신의 모자이크 세공 기법을 발전시켜 신비로우면서도 혼란한 그림을 자주 그렸다. 「파충류」(1943)라고 제목을 붙인 그의 판화에서 작은 도롱뇽처럼 생긴 동물들이 그림 속의 2차원 세계를 벗어나 3차원의 세계로 나왔다가, 책상 위에 놓인 어떤 물체 위를 기어넘은 후 다시 그림 속의 2차원 세계로 되돌아간다.

에셔의 「요술 거울」(1946). M. C. Escher/Cordon Art-Baarn-Holland 제공.

에셔의 몇 가지 그림 속에는 놀라운 모순이 담겨져 있다—상상 속의 상황을 그린 어떤 그림에서는 우리의 눈을 의심하게 만든다. 예를 들면, 「폭포」(1961)라는 작품에서 물줄기는 높은 곳에서 아래

로 떨어졌다가 다시 원래의 위치로 거슬러 올라가는 것처럼 보인다. 따라서, 이 물줄기는 영구적인 원 운동을 하고 있다. 또 다른 그림에서는 건물 내부의 층과 층 사이에 계단이 연결되어 있고—그런데 외부로 연결되는 계단이 있는가?— 창문들은 사람들이 쳐다보는 마을의 일부가 된다.

역설과 모순에 관련된 내용은 13번과 72번 글에서 더 찾아볼 수 있다. 예술과 수학에 관련된 내용은 34, 35, 50, 59, 100, 101, 107번 글에서 더 찾아볼 수 있다. ★

해보기 ACTIVITIES

1. 정다각형이란 모든 변의 길이가 같고 모든 내각의 크기가 같은 다각형을 말한다. 변이 3, 4, 5, 6, 8개인 정다각형을 그려보아라. 이들 중 겹쳐지거나 빈틈이 생기지 않도록 평면을 덮을 수 있는 것은 무엇인가?

2. 변환, 평행이동, 회전이동, 대칭이동의 뜻을 정의해라. 이러한 개념들이 우리 주변의 예술이나 건축에 어떤 방법으로 이용되는가?

3. 역설이란 자기 모순적이며 거짓된 생각이나 상황을 뜻한다. 또한 이것은 실제로 옳은 사실을 불합리한 생각이나 상황으로 표현하는 것을 말한다. 에셔의 그림에서 이런 역설적인 형태를 찾을 수 있는가? 찾아낸 역설에 대해 설명해 보아라. 그의 역설 중에서 사실적 요소를 담고 있는 것이 있다고 생각하는가? 설명해 보아라.

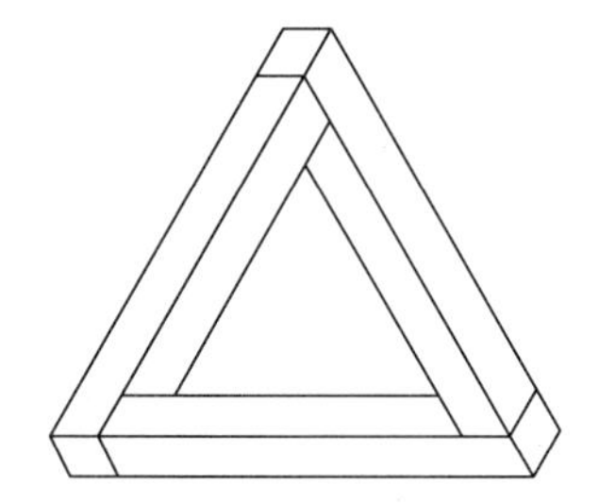

4. 기하학 프로그램을 이용해 타일 깔기 디자인을 만들어보아라.

5. 왼쪽 그림의 펜로즈Penrose 삼각형은 3차원에서 만들어지지 않는 물체의 그림을 그려 보이는 역설을 나타내고 있다. 이 삼각형을 직접 그려보아라. 이것을 만드는 것이 왜 불가능한지도 설명해 보아라.

Moon Flights

달나라 여행 91

> 얼마나 멀어야 멀다고 하는가? 얼마나 높아야 높다고 하는가? 시도해 보지 않으면 절대 모른다.
>
> — 장애인 올림픽의 표어

1969년 7월 20일 미국의 우주인 **암스트롱**Neil Alden Armstrong은 인류 최초로 달에 발을 내디뎠다. 현대의 수학, 과학 및 인류의 독창성은 수백 년 동안 꿈과 환상의 대상이었던 것을 현실이 되게 했다.

달에서 영감을 얻은 상상력이 풍부한 사람들은 이 밝은 세계로의 여행에 관한 이야기를 많이 썼다. 초기의 작가들은 이 지구의 이웃에 관해 아는 것이 거의 없었기 때문에 그것을 실감나게 묘사하지는 못했다. 많은 사람들은 달은 그저 멀리 떨어져 있는 또 하나의 땅덩어리로, 당시의 이동 방법으로는 달에 도달하기 어렵다고만 생각했었다. 달나라 여행에 관한 이야기는 그냥 독자들에게 즐거움을 주기 위한 것일 뿐이었다. 그리스의 작가 **루시안**Lucian(120–180년경)은 새의 날개를 달고 달로 날아가거나 회오리바람에 의해 달까지 날아갔던 영웅들에 관한 이야기를 썼다. 이탈리아의 시인인 **아리오스토**Ludovico Ariosto(1474–1533)는 서사시 「성난 오를란도*Orlando Furioso*」(1516)에서 성경에 나오는 선지자 엘리야 앞에 나타났던 마차*를 타고 달까지 날아갔던 영웅에 관한 이야기를 만들었다.

심지어 진지한 천문학자였던 **케플러**조차 이런 환상에 빠지곤 했다. 그는 한 영웅이 꿈속에서 달까지 가는 이야기를 썼다. 신기하게도 이 작품이 달의 '(지구와 같은) 현실적인' 상황을 처음으로 설정한 것으로 알려져 있는데, 그 이야기에서 달의 낮과 밤의 길이는 각각 2주일 간이었다.

갈릴레오가 달이 우주에 떠 있는 실체임을 밝힌 후로 달나라 여행에 관한 이야기는 인기가 더 높아졌다. 영국의 작가인 **고드윈**Francis Godwin(1562–1633)이 쓴

저술가, 극작가, 군인, 탐험가였던 베르주라크의 일생과 업적은 로스탄드Edmund Rostand가 1897년에 쓴 희곡에 나오는 내용보다 훨씬 더 엄청난 것이었다. 위의 그림은 우주여행의 가능성을 다루었던 베르주라크의 『달과 태양 세계의 제국에 관한 희극적 역사』(런던, 1687)의 한 페이지이다.

---

* 「열왕기 하」 2장 11절(옮긴이).

『달에 간 사나이 *The Man in the Moon*』에서 주인공은 커다란 새들이 끄는 수레를 타고 달로 날아간다. 이런 작품들은 모두 지구와 달 사이의 공간이 공기로 채워져 있다고 가정했다 — 그때까지 인류는 공기가 없는 높이까지 땅에서 위로 올라가본 적이 없었다.

지금은 지구 바깥의 우주 공간이 진공 상태이며, 새처럼 날아서 달까지 갈 수 없다는 사실을 너무나 잘 알고 있다. 프랑스의 작가 **베르주라크**Cyrano de Bergerac(1619-55)는 1650년 달에 도달할 수 있는 7가지 방법에 대해 설명했다. 그 중 6가지는 환상에 불과한 방법이었으나, 7번째는 로켓의 개념을 이용한 방법이었다 — 이때는 **뉴턴**이 로켓학의 기본 원리를 수립하기 약 40년 전이었으며, 1969년의 달 착륙을 실현한 우주여행 기술이 개발되기 300년 전이었다! ★

해보기 ACTIVITIES

1. 달의 크기는 어느 정도이며, 지구와 비교하면 어떻게 되는가? 지구에서 달까지의 평균 거리는 얼마인가? 또 가장 짧은 거리와 긴 거리는 얼마인가?

2. 달에 관한 소설적인 이야기를 몇 가지 찾아보아라. 달에는 어떤 물리적 성질이 있다고 생각하는가? 달까지 어떻게 여행하는 것으로 가정했는가?

3. 페리스Timothy Ferris가 쓴 『우주와 눈 *The Universe and Eye*』에 나오는 다음 생각들에 대해 의견을 말해 보아라.
   a. 지구의 생태학적 재앙을 피해 달이나 다른 행성들을 정복하려고 한다면, 이런 노력은 실패로 돌아갈 것이다.
   b. 우리가 지구를 잘 가꾼다면, 달이나 다른 행성에도 지구와 같은 환경을 정착시킬 수 있을 것이다.

4. 지구는 끝없이 넓고 신비로운 우주의 바다에 떠 있는 자그마한 섬에 불과하다고 미국의 내과의사인 **토머스**Lewis Thomas는 말했다. "20세기 과학의 가장 위대한 성과는 인간의 무지함을 발견한 것이다."라는 그의 말에 대한 의견을 말해 보아라.

Percentages and Statistics: What Do They Tell Us?

백분율과 통계: 우리에게 무엇을 말해 주는가? 92

역사적으로 통계의 어원은 'state-istics' 로서, 세금을 거두어들일 수 있는 농장이나 특정 지역에서 군 복무가 가능한 남자가 얼마나 되는지 파악하기 위해 국가에서 수집한 정보를 뜻한다. 지금은 통계 자료를 일상생활에서 흔히 접할 수 있다. 통계가 우리에게 유용한 정보를 제공해 주지만, 그것이 실제로 의미하는 것과 그렇지 않는 것을 판단하는 법을 알아야 한다.

> 틀렸거나 이해할 수 없는 결론은 종종 평범하고 오래된 잘못의 결과로 생긴다. 비율과 백분율은 계산이 꼬이게 하는 가장 흔한 원인이다. 때로는 숫자를 하나하나 짚어가는 것이 일을 더 쉽게 해결하는 경우도 있다.
> — 무어Davids. Moore 통계: 개념과 논쟁
>
> 어떤 사람이 한쪽 다리는 뜨거운 솥 안에 넣고, 다른 쪽 다리는 냉동고 안에 넣은 채 서 있을 때, 통계학자는 평균적으로 그는 쾌적한 상태에 있다고 말할 것이다.
> —《*Quote*》(1975년 6월 29일자)

1977년 8월의 노동부 통계에 의하면, 백인 노동자의 실업률은 6.1%였던 반면 아프리카 출신 미국인 노동자의 실업률은 14.5%였다. 이 통계와 관련해,《뉴욕 타임스》(1977년 9월 3일자)는 다음과 같은 기사를 썼다.

> 노동부는 또한 흑인 대 백인의 실업률이 "계속 증가해 8월에는 비정상적으로 높은 2.4대 1에 도달했다" 고 발표했는데, 이는 백인 실업자 1명당 2.4명의 흑인 실업자가 있다는 뜻이다.

실업률 비의 값 $\frac{14.5}{6.1}$가 대략 2.4임이 사실인 반면, 노동 인구에서 백인보다 아프리카 출신 미국인이 월등히 적은 것도 사실이다. 예를 들어, 노동 인구가 1,000명의 백인과 100명의 아프리카 출신 미국인으로 구성된다고 하자. 노동부의 통계에 의하면, 백인 실업자 수는 1,000×6.1%, 대략 60명이다. 아프리카 출신 미국인 실업자 수는 100×14.5%, 대략 15명이다. 그러므로 사실은 1명의 아프리카 출신 미국인 실업자마다 4명의 백인 실업자가 있는 것이다. 이와 같은《뉴욕 타임스》의 결론은 통계 자료를 수집하는 사람이 백분율과 실제 계수를 혼동할 때 생기는 결과를 보여준 전형적인 예이다.

때때로 통계학자들이 어떤 상황을 결정하는 모든 요소를 고려할 수 없기 때문에, 그들의 자료가 틀리거나 엉뚱한 결과를 보여줄 수도 있다. 통계는 어떤 쟁점에 대한 여론에 영향을 끼칠 수 있기 때문에 정확하지 않은 자료는 전혀 상관없는 결론을 도출할 수도 있다. 예를 들어, 어느 대도시의 경찰서장이 새로 취임했다고 하자. 그가 취임한 지 첫 1년 동안 그 도시에서 신고된 경범죄의 건수가 두 배로 증가했다. 새로 취임한 경찰서장이 무능하다고 할 수 있는가? 이 내용을 자세히 보면 이 통계의 결과는 보다 효율적인 신고 제도에 의한 성과라고도 할 수 있다. 우리가 확인할 수 있는 사실은 '신고된' 범죄의 건수만 증가했다는 점이다. 그렇다면 신임 서장이 취임하기 전 해에 발생했던

범죄 건수와 비교해서 올해 '실제로' 일어난 범죄 건수에 대해 무엇을 알 수 있는가?

통계에 관련된 내용은 104번 글에서 더 찾아볼 수 있다. ★

해보기 ACTIVITIES

1. 어느 대학은 수학과와 철학과 학생만 선발하는데, 입학 경쟁이 아주 치열하다. 다음은 전체 지원자의 입학 결과에 대한 자료이다.

	남학생	여학생
합격자	35	20
불합격자	45	40

a. 남학생과 여학생 합격자의 비율은 각각 몇 %인가?

b. 여학생에 대한 차별이 있었다고 보는가? 학과별 입학 결과에 대한 자료는 아래와 같다.

수학과

	남학생	여학생
합격자	30	10
불합격자	30	10

철학과

	남학생	여학생
합격자	5	10
불합격자	15	30

c. 이 자료는 전체 지원자의 입학 결과에 대한 자료와 비교해 일관성이 있는가?

d. 수학과에 합격한 남학생과 여학생의 비율은 각각 몇 %인가?

e. 수학과에서 여학생에 대한 차별이 있었다고 보는가?

f. 철학과에 합격한 남학생과 여학생의 비율은 각각 몇 %인가?

g. 철학과에서 여학생에 대한 차별이 있었다고 보는가?

h. 이 대학은 여학생에 대한 차별이 있는가?

2. 어느 회사의 무설탕 껌의 포장지에 쓰인 다음 글에 대한 의견을 말해 보아라. "조사 대상 치과의사 5명 중 4명이 껌을 씹는 환자들에게 무설탕 껌을 추천했다."

3. 다음에 인용된 글을 읽고 각자의 의견을 말해 보아라.

흡연이 통계의 주된 원인 중의 하나임이 이제 추호도 의심할 여지없이 증명되었다.

–크네벨Fletcher Knebel

통계적 사고는 언젠가는 유능한 사람이 되는 데 쓰기와 읽기 능력처럼 필요하게 될 것이다.

– 웰스H. G. Wells

우리들 각각은 태어나도록 예정되지 않았던 다른 수백만의 생명이 볼 때 하나의 통계적 불가사의이다.

–아이즐리Leslie Eiseley

When a Loss Could Have Been a Win

져야 이길 수 있는 경기 93

신문의 스포츠 난에 "애틀랜타 브레이브스는 나머지 두 게임을 져야 플레이오프에 진출할 수 있다"라고 쓴 기사를 상상할 수 있겠는가? 믿거나 말거나, 1981년 미국 메이저리그 야구에서 이와 비슷한 상황이 일어날 뻔했다. 선수들의 파업으로 계획되었던 경기가 취소되어 협회는 기존의 4조가 각자 시즌을 둘로 나누어 운영하기로 결정했다. 파업 당시, 각 조에서 선두였던 팀이 전반기 시즌의 챔피언이 되기로 하고 파업이 끝나면 후반기 시즌을 시작하기로 했다. 각 조에 다음과 같은 플레이오프 지침이 정해졌다.

1. 전 · 후반기의 우승팀이 다르면, 그 두 팀이 플레이오프를 치른다.
2. 전 · 후반기의 우승팀이 같으면, 이 팀이 양 시즌에 걸쳐 승률이 가장 높은 팀과 플레이오프를 치른다(이것은 플레이오프를 치러 수입을 올리려는 의도이다).

이 지침은 그대로 확정이 되었다. 이 지침은 합리적인 것처럼 보였으나, 협회 관계자들에게 아래와 같은 가상적인 상황이 제시되었다.

후반기 시즌에 두 게임이 남았다고 가정하자.

전반기 시즌
최종 성적

후반기 시즌
2게임 남은 성적

	승	패			승	패
다저스	50	20		다저스	48	20
브레이브스	49	21		애스트로스	47	21
애스트로스	40	30		브레이브스	45	23
파드리스	32	38		레즈	25	43
자이언츠	20	50		자이언츠	21	47
레즈	19	51		파드리스	18	50

브레이브스가 나머지 두 게임을 다저스와 경기를 갖게 되었다고 하자. 후반기의 기록에 의하면 브레이브스는 두 게임이 남은 상황에서 후반기의 우승팀이 될 수 없다. 만약 애스트로스가 후반기 우승을 하게 되면, 이 팀이 조 우승을 놓고 다저스와 플레이오프를 치르게 된다. 그러나 만약 다저스가 후반기 우승을 하게 된다면, 양 시즌에 걸쳐 승률이 가장 좋은 팀과 플레이오프를 치르게 된다.

비록 브레이브스가 남은 두 게임에서 패하더라도 이 팀의 전체 기록은 94승 46패가 되어 애스트로스가 남은 두 게임을 이길 때의 89승 51패보다 승률이 더 좋다. 그래서 브레이브스는 다음과 같은 상황에 놓이게 될 것이다. 그들이 마지막 두 게임에서 모두 패하면 자동적으로 플레이오프에 진출하게 된다. 그러나 만약 다저스를 상대로 한 게임이나 두 게임을 이기게 되면 그들은 플레이오프에 진출하지 못할 수도 있다. 따라서, 브레이브스의 전략은 다저스에게 나머지 두 게임을 그냥 바치는 것이다. 다행히 1981년 시즌에서 이와 같이 황당한 상황은 일어나지 않았다. ★

해보기 ACTIVITIES

1. 야구의 마이너리그는 왜 전 · 후반기로 나누어 시즌을 운영하는가?

2. 최근 들어 규모가 큰 스포츠 리그는 정규 시즌이 끝난 후 16팀 정도가 플레이오프에 참가하는 제도를 도입하고 있다. 이 제도는 승률이 비교적 좋지 않은 팀에게도 우승할 기회를 제공한다. 각자가 좋아하는 야구, 농구, 하키, 미식축구 리그에 대해 다음 질문에 답해라.
   a. 승률이 가장 좋지 않으면서 우승을 한 팀은 어느 팀인가?
   b. 정규 시즌과 플레이오프에서 승수보다 패수가 더 많으면서도 우승할 가능성이 있음을 보여라.

3. 테니스 토너먼트에서는 8명의 선수를 그림과 같은 사다리의 1회전 자리에 무작위로 배정한다. 결승전의 패자는 준우승자가 된다. 만약 선수들의 순위가 정해져 있고, 모든 선수는 자기보다 순위가 낮은 선수를 반드시 이긴다고 할 때, 순위가 두 번째로 높은 선수가 준우승할 확률은 얼마인가?

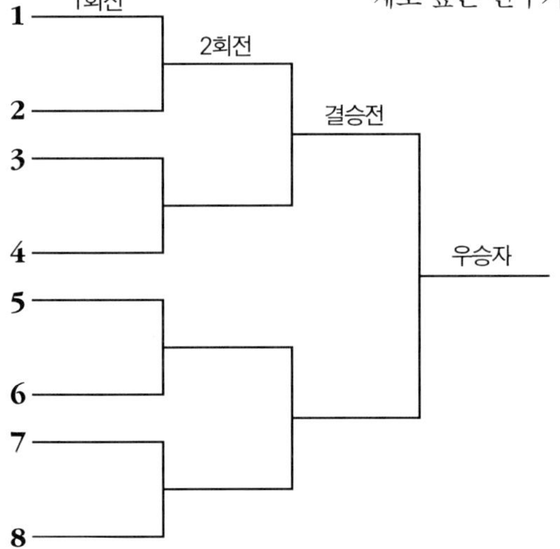

Voices from the Well
『우물 속의 목소리들』 94

수학과 과학 분야에서 여성들의 업적이 정당한 대우를 받기 시작한 것은 최근 들어서였다. 앞의 글에서 보아왔듯이 수학사에 등장하는 사람들의 이름은 대부분 남성들이다. 여러 분야에서 명성을 얻은 여성들은 사회적 편견과 대학에서 수학과 과학 교육을 제대로 받지 못하는 등 많은 불평등을 극복하면서 그들의 업적을 이룩했다.

성악과 재봉 교육을 받았지만, 허셜은 자신이 과학에 더 관심을 갖고 있음을 알았다. 그녀는 천문학 연구에 50년 이상을 바쳤다.

1982년 극작가인 **오우핸드**Terre Ouwehand는 역사, 신화, 문학, 예술 등에 나오는 특별한 여성들이 등장하는 『우물 속의 목소리들 *Voices from the Well*』이라는 희곡을 썼다. 그리스 합창 형식으로 쓰여진 이 희곡에서 역사적 인물들은 자기 생존 시대의 장면에 등장해 독백을 한다. 등장인물 중 한 사람인 **허셜**Caroline Herschel은 오빠인 윌리엄William Herschel과 함께 현대 천문학의 기초를 세웠다. 캐롤라인은 — 여러 개의 혜성과 성운을 발견하는 등 — 많은 업적을 이루었음에도 불구하고, 이는 모두 오빠인 윌리엄의 몫으로 돌아갔다. 그가 천왕성을 발견한 공로로 영국의 왕실 천문학자가 된 경우도 여기에 포함된다.

『우물 속의 목소리들』에서 오우핸드는 허셜의 좌절감을 다음과 같이 보여준다.

(망원경 앞에 앉아서, 무릎에 노트를 얹고)

(혼자 중얼거리며) …평균 항성 진폭…고정된 타원형의 지수로 이등분되고…연간 별 시차점에 연결되는데—

#

(무대 밖의 사람에게 대답하며) 예…예, 오빠, 준비 다 됐어요. 그래요, 망원경 두 개 모두 저녁 먹을 때 이야기했던 그대로 수평각도와 수직각도를 정확히 맞춰 놓았어요…항상 그랬듯이. 맞아요, 오빠. 시간이 지나가 버렸어요—시리우스의 각도는 이미 60도가 되었으니…

(자신에게, 노트에 적으며) 일지: 내일: 윌리엄의 시계 수리하러 보내기.

#

(무대 밖에서) 예, 오빠의 관측점 옆에 의자 하나를 더 놓고 그 위에 일지를 얹어 두었어요…(자신/객석을 향해) 분부만 내리면—1초 만에—저의 관측점에서 뛰어나와, 곁

테르 오우핸드. 와이어Kathleen Weir가 제공한 사진.

으로 가서 오빠가 관측한 것을 받아적을게요…언제나 그랬던 것처럼.

(자기 노트에 적으며) 일지: 내일: 예비 의자를 천갈이 보냄. 서두를 필요 없다고 말함.

#

(무대 밖에서) 아뇨, 오빠, 오빠의 50배 렌즈 새것이 어디 있는지 몰라요—어젯밤 분명히 상자 안에 있었어요, 왜냐하면 오빠가 자러 간 뒤에 제가 그걸 제자리에 두었거든요…(자신/객석을 향해) 닦고 갈아서, 다시 닦아 광을 낸 뒤에요, 오빠의 모든 렌즈와 모든 안경과 모든 거울과 모든 반사경과 모든 탐지기처럼요…

#

당연히 그 일은 제가 오빠의 저녁 관찰 결과를 또박또박 옮겨적어서, 수학적 계산을 꼼꼼히 확인하고, 반드시 출판되어 현대 천문학의 결정적인 교재로 인정받게 될 오빠의 두꺼운 책에 모든 것을 다시 정성들여 한 자도 틀림없이 기록을 끝마친 뒤에 하지요—

결국에는 허셜의 많은 업적도 인정을 받았다. 그녀와 **서머빌**은 1835년 여성으로서는 처음으로 왕립 천문학회의 명예 여성회원이 되었다. (서머빌에 관련된 내용은 65번 글에서 더 찾아볼 수 있다.) ★

해보기 ACTIVITIES

1. 『우물 속의 목소리들』에 등장하는 다른 여성들은 누구인가?

2. 캐롤라인 허셜의 일생과 업적에 대해 조사해라. 그녀와 오빠 윌리엄 사이의 관계와 **아인슈타인**과 **아인슈타인-마리치**Mileva Einstein- Maric 사이의 관계를 비교해 보아라.

3. 수학에서 허셜과 비슷한 좌절을 겪었던 두 여성으로 **스콧**Charlotte Angas Scott(1858-1931)과 **뉴슨**Mary Francis Winston Newson(1869-1959)을 꼽을 수 있다. 그들의 일생과 업적에 대해 조사해 보아라.

Gender Equity in Mathematics

수학에서의 성 평등 95

> 우리의 목표는 사람들이 수학을 편하게 대하도록 하는 것이다. 수학은 사람들이 두려워하지 않는 대상이 되어야 한다. 결국 수학은 우리가 몰라서 그렇지, 우리 주변 어디에나 존재한다.
>
> — 테오니 파파스(Theoni Pappas)

18세기에 『여성 일기 *The Ladies Diary*』는 여성들이 쉽게 접할 수 있었던 몇 안 되는 수학 자료 중 하나였다. 그리고 19세기에 들어서 교육을 받았다는 여성들조차도 책이나 가정교사를 제공해 주는 가족이나 친구가 있지 않는 한 기본적인 산수 정도만 배우는 것이 고작이었다.

비록 20세기에는 여자아이들과 여성들이 조금 더 자유롭게 수학 교육의 기회를 가질 수 있었지만, 여전히 많은 사람들은 이 분야를 '남성들의 영역'으로 인식하고 있다. 그러나 거의 장려를 받지 못했음—또는 공공연한 방해—에도 불구하고 많은 여성들은 수학과 과학에서 박사 학위를 받고 그 분야에서 눈부신 업적들을 남겼다. 예를 들어, 1983년 **로빈슨**Julia Robinson 박사는 미국 수학회의 회장으로 선출되었는데, 그녀는 미국 수학회 역사상 첫 여성 회장이 되었다. 로빈슨 박사는 20년 이상의 수학 연구로 많은 존경을 받았으며, 회장에 선출되기 몇 년 전에는 유명한 국립 과학학술원National Academy of Sciences의 회원으로 선출되기도 했다.

수학과 과학 분야에서의 차별 대우에 직접 맞서기 위해 많은 단체가 설립되었다. 1971년 아메리칸대학의 그레이Mary Gray 교수는 동료 교수들이 성차별 문제를 공식적으로 다루어주기를 요청하는 회보를 발행했다. 그 결과 '**여성과 수학**Women and Mathematics'이라는 기관이 탄생했다. 비슷한 시기에 셀즈Lucy Sells 박사는 많은 젊은 여성들이 보수가 높고 사회적, 경제적으로 유용한 직업을 가질 기회를 수학이 가로막는 '결정적인 여과기'의 역할을 한다는 연구 결과를 발표했다. 이 연구 결과를 검토한 결과 1973년 일단의 여성 교육자들과 과학자들이 캘리포니아 주의 버클리에서 '**수학/과학 연락망** Math/Science Network'을 결성했다. 그 후 얼마 되지

The LADIES *Diary*:
OR, THE
Woman's ALMANACK
For the YEAR of our LORD, 1738.
Being the *Second* after *Bissextile*, or LEAP-YEAR:
Containing many Delightful and Entertaining *Particulars*, Peculiarly Adapted for the *Use* and *Diversion* of the
FAIR-SEX.

Being the *Thirty-Fifth* ALMANACK ever Publish'd of this Kind.

1. HAIL! happy LADIES of the *BRITISH* Isle,
On whom the GRACES and the MUSES smile.

2. LONG had your lovely *Shape*, and matchless *Mein*,
The Wonder of the Neighb'ring Nations been;

3. NATURE to make your *Triumph* more compleat,
To peerless CHARMS has added piercing WIT.

4. NO more let *SCYTHIA* vaunt her FEMALE-HOST,
Nor their SEMIRAMIS th' *Assyrians* boast;
WIT join'd to BEAUTY, *Fame* shall now record,
Which lead more Captive than the Conqu'ring Sword.

Printed by *A. Wilde*, for the Company of STATIONERS, 1738.

'놀랍고도 재미있는 읽을거리가 많고, 특히 부인들이 이용하고 오락용으로 사용했던' 『여성 일기』. 스탠퍼드대학 도서관의 특별 소장품부에서 제공한 사진.

않아서 이 조직은 '시야를 넓혀라Expanding Your Horizons' 라는 회의를 조직해 경제, 산업 및 교육 분야의 여성들이 고등학교 여학생들을 초청해 수학과 과학 교육의 중요성을 강조하는 활동과 대화를 하룻동안 나누기도 했다. 1995년 이 조직은 수천 명의 자원봉사자들과 함께 회의를 개최했는데, 전국적으로 35만 명 이상의 중고등학교 여학생들이 참가했다.

요즘은 '**수학 교육계의 여성**Women in Mathematics Education', '**여성과 수학 교육 국제협의회**International Organization of Women and Mathematics Education' 와 같은 여러 단체들이 설립되어 다양한 분야에서 일하고 있는 여성들의 관심의 대상이 되고 있다. 특히, **EQUALS**와 Family Math at the Lawrence Hall of Science와 같은 단체들은 수업 시간에 성차별을 방지할 수 있는 방법에 대해 교사들을 대상으로 강습회를 개최하기도 한다. 또한, 정부와 기업체 및 연구기관에서도 수학 교육의 중요성을 이해시키는 데 기여하고 있다.

평등한 교육에 관한 많은 사람들의 노력 덕분에 수학과 과학 분야에서의 여성들의 참여와 성공이 빠르게 증가하고 있다. ★

해보기 ACTIVITIES

1. 여성 수학자 한 사람 이상을 만나보아라(인근에 있는 대학의 수학과에서 관심 있는 수학자를 만날 수 있도록 도와줄 것이다). 만나서, 그들의 전공 분야와 직장 생활에서 부딪히는 장애에 대해 토론해 보고, 그 결과를 수업 시간에 발표해 보아라.

2. 전 세계 여성들이 교육과 직장에서의 평등을 위해 오랫동안 투쟁해 왔다. 한 나라를 선택해 이전이나 현재 이런 분야에서 여성들의 권리가 발전했는지 또는 퇴보했는지 알아보아라.

Rózsa Péter and Recursion

로차 피터와 반복 96

> 내 자신도 수학에서 내부적으로 사용될 목적으로 창조된 분야에서 일한다. 그것이 이른바 반복 함수의 이론이다—나도 이 이론이 실용적으로 응용되리라고는 꿈에도 생각하지 못했다. 그리고 요즘은? 반복 함수에 관한 내 책은 소련에서 출판된 두 번째의 헝가리 수학책이 되었으며, 완전히 실용적인 목적에서 이 책의 주 내용은 컴퓨터 이론에 없어서는 안 되는 것이 되었다. 그리고 머지 않아 이른바 순수 수학의 모든 분야에도 필요하게 될 것이다… 아무도 자기가 쓸모 없는 일을 하고 있지 않나 걱정하지 않아도 된다.
>
> — 피터

헝가리의 수학자 **피터**Rózsa Péter(1905-77)는 재귀함수recursive function의 이론에 선도적으로 기여했다. 또한 처음으로 재귀함수 자체를 연구 대상으로 삼기도 했다. 오늘날 반복recursion은 컴퓨터 프로그래밍에서 중요한 역할을 하며, 수 계산 과정과 프랙탈fractal과 같은 기하학적 대상을 정의하는데 이용되고 있다. 아래에 주어진 시어핀스키 개스킷Sierpiński gasket과 코흐 눈송이Koch Snowflake는 반복적으로 정의된 프랙탈의 한 예이다. (프랙탈에 관련된 내용은 35, 101, 103, 107번 글에서 더 찾아볼 수 있다.)

1927년 피터는 부다페스트의 에트보스 로란드Eötvös Loránd대학을 졸업하고 계속 공부해 세계적인 논리학자가 되었다. 그녀의 지식을 비수학자들과 나누기 위해 그녀는 『무한과 놀기: 수학적 탐험과 소풍 *Playing with Infinity: Mathematical Explorations and Excursions*』(1961)을 출판했는데, 인기가 많아 12개 국어로 번역이 되었다. 재귀함수와 컴퓨터 언어 사이의 연결에 관한 책인 『컴퓨터 이론에서의 재귀함수 *Recursive Functions in Computer Theory*』는 그녀의 수학적 연구의 절정을 보여주고 있다.

피터는 반복을 다음과 같이 정의했다. "라틴어가 어원인 반복은 자연수의 수열의 항을 거꾸로 짚어가는 것과 비슷한데, 이것은 유한 번의 단계를 거치면 끝나게 된다. 이런 반복을 이용하면 정수론에서 사용되는 가장 복잡한 함수의 값도 유한 번의 단계로 계산이 된다. 중요한 것은 유한 번의 단계에서 끝난다는 것이다."

반복의 개념을 이해하기 어려운가? 다른 사람도 마찬가지이다. 이것은 일상생활 속에서 겉으로 드러나는 것이 아닌 추상적인 개념이기 때문에 대부분의 사람들은 이해하기 어렵다. 매사추세츠 주의 뉴턴에 있는 교육개발센터Education Development Center의 **와트**Molly Lynn Watt는 교사와 학생들이 반복을 이해하기 쉽게 도와주는 연극을 고안해 냈다. 이 연극에서 학생(연기자)들은 반복을 '몸으로 연기하기' 위해 연극의 기법을 이용한다. 와트는 이 개념을 LOGO 프로그램 언어와 관련지어서 설명한다. LOGO가 자신의 복제를 자신의 도우미로 사용해 복잡한 문제를 풀 때, 피터의 '유한 번의 단계' 로 그 문제를 나누어서 반복의 개념을 이용한다.

어떤 연극은 생일 파티 후에 접시를 닦는 것이다. 만약 LOGO가 사람이라면, 이것

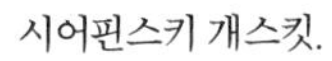

시어핀스키 개스킷.

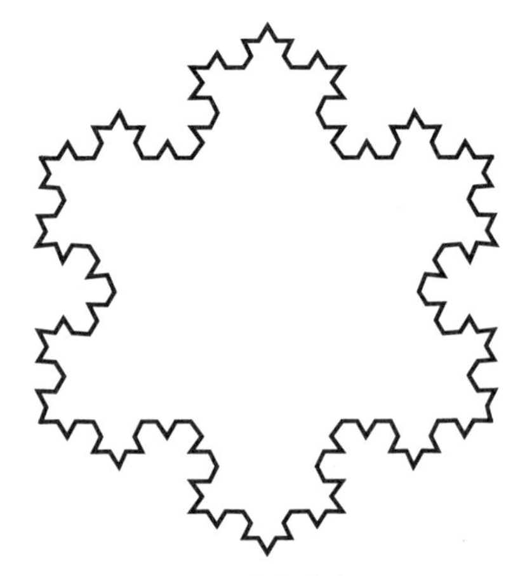

코흐 눈송이.

은 손님이 집으로 모두 돌아간 후에 모든 접시를 닦으려 하지 않을 것이다. 이것은 반복적인 방법으로 일을 끝내려 할 것이다. 먼저, 수행할 과정을 만든다.

```
TO DO.BIRTHDAY.PARTY.DISHES
    만약 당신의 식기받침이 비어 있으면
        STOP
        아니면: 그 자리에서 접시를 집어라
        Wash dishes
        Dry dishes
        Put dishes away
        DO.BIRTHDAY.PARTY.DISHES
END
```

첫 연기자가 과정의 첫 줄인 DO.BIRTHDAY.PARTY.DISHES를 따라하는데, 이것은 연기자가 식기받침이 비어 있는지 확인하는 것을 지시한다. 만약 그 자리가 비어 있으면 닦을 접시가 없기 때문에 연극은 끝이 난다. 만약 식기받침 위에 접시가 있다면 연기자는 그 과정을 한줄 한줄 계속해서 따라간다. 그 연기자는 집어서, 씻고, 말리고, 치운 후에 다음 연기자가 그 과정을 따르도록 한다. 다음 연기자가 같은 과정을 따르면 다시 다음 연기자를 부르고, 그 다음 연기자도 같은 과정을 따르는 등 계속 반복한다. 결국 식기받침이 없는 연기자를 부르면 그 과정은 끝이나고 연극도 끝이 난다. 그러므로 반복은 큰 일을 여러 개의 작은 일로 나누는 데 사용되었으며, 일을 더 쉽게 완성하도록 했다.

다음은 반복이 수 계산 과정에 사용되는 방법의 한 예이다. 함수 $n!$은 'n계승 factorial' 이라고 읽는데, $n \geq 0$일 때, $1 \times 2 \times 3 \times \cdots \times (n-1) \times n$과 같다.

계승함수를 반복적으로 정의하면 다음과 같다.

$$f(n) = \begin{cases} 1, & n = 0 \\ n \times f(n-1), & n > 0 \end{cases}$$

위의 두 가지 정의는 서로 같다. 예를 들어, $4! = 1 \times 2 \times 3 \times 4 = 24$이고, 다음을 알 수 있다.

$$\begin{aligned} f(4) &= 4 \times f(3) \\ &= 4 \times 3 \times f(2) \\ &= 4 \times 3 \times 2 \times f(1) \\ &= 4 \times 3 \times 2 \times 1 \times f(0) \\ &= 4 \times 3 \times 2 \times 1 \times 1 \\ &= 24. \bigstar \end{aligned}$$

해보기 ACTIVITIES

1. '하노이Hanoi 탑' 은 1883년에 고안된 고전적인 퍼즐이다. 이 퍼즐을 푸는 방법을 배워 풀이 방법을 반복의 개념을 사용해 설명해 보라.

2. 반복을 이용하는 LOGO 프로그램을 만들어보아라.

3. BASIC, LOGO, PASCAL은 모두 학교에서 배우는 컴퓨터 언어이다. 각 언어가 반복을 이용하는 방법을 서로 비교해 보아라.

Triskaidekaphobia

13 공포증 97

> 수는 미신에서 태어나서 신비에서 자라났다… 숫자들은 한때 종교와 철학의 기본이 되었으며, 숫자의 속임수들은 쉽게 믿는 사람들에게 엄청난 영향을 끼쳤다.
> — 파커F. W. Parker

정말로 길고 발음하기도 힘든 영어 단어로 표현되는 **13 공포증**Triskaidekaphobia은 우리 사회의 많은 사람들에게 영향을 끼친다. 해마다 13일의 금요일이 적어도 하루는 있다는 것을 수학적으로 증명할 수 있지만, 그날이 오면 미국의 경제는 예약 취소, 결근 등의 이유로 수백만 달러의 손실을 입는다. 13일의 금요일이 오기 전에 방송에서 사람들의 주의를 끄는 '불길한 13' 이야기들 때문에 이 문제는 더욱 증폭이 된다.

13 공포증은 역사적으로 많은 인물과 사건에 영향을 끼쳤다. 사업가였던 포드Henry Ford는 13일의 금요일에는 아예 근무를 하지 않았다. 백만장자인 게티Paul Getty는 한때 다음과 같이 말하기도 했다. "내가 식탁에 둘러앉은 13명에 끼인 것이 정말 싫다." 호텔에 투숙하는 많은 사람들이 13호실의 사용을 꺼려해 객실 번호를 주로 12, 12A, 14로 매겨서 13을 배제하고 있다. 1965년 영국 여왕 엘리자베스 2세가 독일의 한 기차역의 13번 승강장에서 기차를 탄다는 사실을 알게 된 그 역의 직원들은 승강장의 번호를 12A로 바꾸기도 했다. 어떤 사람들은 13에 대한 공포는 황도대에 12개의 별자리만 두고—위치로 봐서 포함될 수도 있었던—13번째인 뱀자리Ophiuchus를 제외시켰기 때문이라고 추측하기도 한다.

놀랍게도 13 공포증이 어디에서 유래했는지 아직까지 만족스러운 해답을 얻지 못하고 있다. 고대 유대인들은 유대 알파벳의 13번째 글자인 M이 죽음을 의미하는 mavet의 첫글자이기 때문에 13이 불길하다고 생각했다. 어떤 사람들은 고대 바빌로니아, 중국, 로마 등지에서 완성과 완전을 상징하는 행운의 숫자인 12 다음에 13이 오기 때문에 13을 불길한 숫자로 생각했다. 그런데 또 다른 사람들은 13에 대한 공포는 『성경』에 나오는 최후의 만찬에 13명이 식사를 했기 때문이라고 생각한다. 오늘날의 13 공포증에 대한 좀더 현실적인 출처를, 몇 년 전만 해도 런던에서 무게를 줄여서 빵을 구워 팔다가 적발되면 엄한 벌을 받았던 사실 때문이 아닐까로 짐작한다. 그들은 최소한의 무게를 맞추기 위해 빵 한 다스(12개)를 팔 때 1개를 추가로 더 주었다고 한다. 그래서 그들은 13이란 숫자를 피하기 위해 이것을 제과점의 한 다스 또는 긴 다스라고 불렀다.

합리주의자들은 13 공포증을 갖고 있는 사람들은 단지 13이 불길하다고 믿으면서 자랐기 때문이라고 주장한다. 금요일인 13일에 사고가 많이 일어나는 것은 일부 사람들이 걱정으로 인해 불안해하기 때문일 것이다. 또한, 13일 공포증 환자는 그날에 많이 일어났던 좋은 일들은 간과하는 반면, 나쁜 일은 과장하기 마련이다. 이런 형태의 자기 암시는 일상생활에서 결코 드문 일이 아니다.

수의 중요성에 관련된 내용은 12, 21, 31, 33, 34, 44, 54, 59번 글에서 더 찾아볼 수 있다. ★

해보기 ACTIVITIES

1. 해마다 13일의 금요일이 적어도 하루는 있음을 증명해라(힌트: 1월 1일을 생각해하라. 어떤 해이든지 이날은 일요일부터 토요일 중의 하나이다).

2. 12가 행운의 숫자이거나 '좋은' 의미와 연관되어 있는 역사적인 예를 몇 가지 조사해 보아라.

3. 고대 마야의 역법에서 13은 왜 중요했는가?

4. 역사적으로 14는 왜 '좋은' 숫자로 생각되어졌는가? (혹시 13 뒤에 오는 숫자는 무엇이든 다 좋게 보였을지도 모른다!)

5. 미국 헌법의 제13조 수정 조항은 무엇인가? 미국과 숫자 13이 관련된 것으로는 또 무엇이 있는가?

The Four-Color Problem

4색 문제 98

지도 색칠하기는 특히 위상수학을 연구하는 수학자들을 위시해 오랫동안 많은 수학자들의 관심을 모아왔다. 답을 얻기 위해 고심했던 문제는 다음과 같다. 지도에서 인접한 나라를 다른 색을 칠해 구별하려면 적어도 몇 가지의 색이 필요한가? 이 문제의 핵심은 이웃한 어떤 두 나라도 같은 색으로 칠하지 않는다는 것이다. 이 문제는 **4색 문제**four-color problem로 알려져 있다.

오른쪽 그림처럼 영토의 경계가 모두 지도의 가장자리에서 출발해 가장자리에서 멈추는 직선으로 되어 있다면, 단 2가지의 색만 필요하다. 이 경우에는 직선이 몇 개가 그어지더라도 2가지 색이면 충분하다. 영역의 경계가 완전히 직선으로만 되어 있지 않은 지도는 어떻게 되는가? 적어도 4가지 색이 필요하다는 것을 쉽게 알 수 있다. 오른쪽 가운데의 원 그림을 보면, 이 그림에는 분명히 4가지 색이 필요하다. 3가지 색으로는 절대 칠할 수 없음을 알 수 있다. 오른쪽 아래에 있는 미국 지도의 부분을 보면 보다 확실해진다. 그림에 있는 색대로라면, '?' 로 표시된 주는 빨강, 초록, 파랑이 아닌 다른 색으로 칠해야 할 것이다.

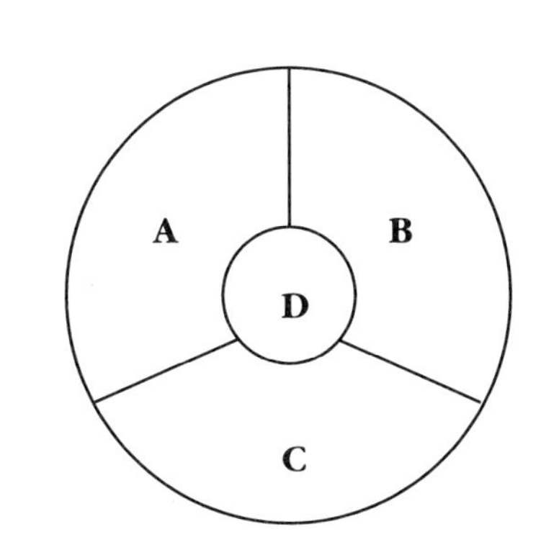

4색 문제는 1852년 수학 교육자인 **드 모르간**의 제자였던 거스리Frederick Guthrie가 처음으로 제기했다. (드 모르간에 관련된 내용은 68번 글에서 더 찾아볼 수 있다.) 그것은 곧 다른 수학자들의 관심을 끌게 되었으며, 많은 수학자들은 4가지 색이면 충분할 것이라고 확신했지만 아무도 증명을 하지는 못했다. 그후 수십 년 동안 여러 증명들이 제시되었으며, 그 중 몇몇은 맞은 것으로 인정되기도 했으나 후에 모두 틀렸다는 것이 확인되었다.

1976년에 일리노이대학의 **아펠**Kenneth Appel(1932년 출생)과 **하켄**Wolfgang Haken(1928년 출생)은 토론토에서 개최된 수학 회의에서 컴퓨터를 이용한 증명을 제시했다. 그들의 증명에는 컴퓨터를 1,000시간 이상 가동시켜서 십만 가지가 넘는 서로 다른 상황을 확인하는 작업도 포함되어 있었는데, 이 작업은 한 사람이 평생 동안 해야

하는 분량이었다. 한 세기의 최고 업적으로 인정된 것 외에도, 4색 문제의 증명은 컴퓨터를 주로 사용해 만들어진 최초의 증명이란 점에서 더욱 중요하다. 많은 수학자들이 가능성을 지워나가는 증명 방법은 사람의 예리한 통찰력에서 나온 결과인 만큼 확실하지 않다고 생각했기 때문에 그것은 수학계에서 큰 논쟁을 불러일으켰다. ★

해보기 ACTIVITIES

1. 4색 문제는 평평한 면에 그려진 지도에 적용된다. 뫼비우스 띠에 지도를 그려서 그 영역에 색칠을 해라. 4가지보다 더 많은 색이 필요한 지도를 만들 수 있는가? (뫼비우스 띠에 관련된 내용은 74번 글에서 더 찾아볼 수 있다.)

2. **원환**(圓環, torus)이란 도넛이나 타이어 튜브와 같이 생긴 3차원 곡면이다. 4가지 색보다 많은 색이 필요한 지도를 원환 위에 만들 수 있는가?

3. 다음 성질을 만족시키는 주는 미국에 하나밖에 없다. '이 주는 6개의 다른 주와 접경해 있는데, 이 주 안에는 남쪽으로 계속 이동하면 이웃 6개의 주에 각각 도착하는 지점이 있다.' 이 주는 어디인가?

4. 왼쪽 지도는 미국 지도의 큰 부분을 보여주고 있다. 이것을 4가지 색으로 칠해 보아라.

Problems in Probabilistic Reasoning

확률론적 추론 문제 99

현대 수학 교육에 확률론 공부가 포함되어야 한다는 것은 수학 교육자들 사이에서는 일반적으로 합의된 사실이다. 서스캐처원Saskatchewan대학의 수학 강사인 **호프**Jack A. Hope와 **켈리**Ivan W. Kelly는 자주 접하는 확률론적 추론 문제 5개를 다음과 같이 제시했다.

1. **일상생활 속에서 사용되는 확률론적 용어들의 뜻이 아주 애매하다는 것을 잘 모르고 있다.** 아래에 주어진 흔히 사용되는 용어들의 뜻이 얼마나 애매모호한가를 확률의 값(0부터 100%까지)으로 나타낼 수 있다.

애매한	아마	그럴 수 있지	거의 확실한
기회가 크지 않다	작은 기회	큰 기회	기대할 수 있다
합당한 기회	아주 그럴듯한	할 것 같은	가망이 없는

   이들의 확률을 여러분이 구한 값과 다른 학생들이 구한 값을 비교하면, 그 값이 상당히 다르다는 사실을 발견할 수 있을 것이다.

2. **우리는 때때로 어떤 독립사건의 예측이 과거의 비슷한 사건의 결과로부터 분리될 수 없다고 믿는다.** 동전을 5번 던져서 앞면이 4번, 뒷면이 1번 나왔다고 하자. "다음에 앞면이 나올 확률이 얼마인가?" 라고 물으면, 대부분의 사람들은 정답인 50% 외에 다른 답을 말할 것이다. 이런 형태의 추론 오류는 '도박사의 오류' 로 알려져 있는데, 17세기의 유명한 도박사인 메레Chevalier de Méré도 이것을 알고 있었다(친구인 파스칼에게 자신의 도박 방법을 분석해 주기를 요청했던 메레는 확률론 연구의 계기를 마련했다).
3. **작은 표본에서 지나친 확신을 자주 갖는다.** 큰 병원이 2개가 있는 도시를 생각해 보자. 병원 A에서 하루 평균 45명의 아기가 태어나고, 병원 B에서는 15명의 아기가 태어난다고 하자. 하루에 태어나는 아기들의 60%가 같은 성이 되는 날의 수는 어느 병원이 더 많은가? 그런 날의 수가 두 병원에 비슷하게 생길 것 같은가? 첫 질문에 대한 정답은 B이다. 그 이유는 작은 표본이 큰 표본보다 다양성이 더 크기 때문이다.
4. **정상이 아닌 사건을 확률이 낮은 사건과 혼동하는 경우가 있다.** 어떤 사건이 정상

이 아니라고 해서 눈에 덜 띄는 사건보다 일어날 확률이 작다는 뜻은 아니다. 잘 섞어 놓은 카드 한 벌에서 4장의 카드를 꺼낼 때 어느 경우의 가능성이 더 큰가. 하트 A, 스페이드 A, 다이아몬드 A, 클럽 A, 또는 하트 2, 스페이드 Q, 하트 7, 클럽 10? 가능성이 같다고 말한다면 옳은 대답이다.

5. **잘 알려졌거나 중요한 사건의 빈도를 짐작하기 어려울 때가 종종 있다.** 예를 들어, 살인에 의한 사망자가 심장마비에 의한 사망자보다 더 많을 것이라고 생각할 것이다. 미디어는 살인에 의한 사망을 일반적인 사망보다 더 많이 보도하기 때문에, 일부 사람들이 살인에 의한 사망률은 과대 평가하고 심장마비에 의한 사망률은 과소 평가하는 경향이 있다.

확률에 관련된 내용은 44, 46, 49번 글에서 더 찾아볼 수 있다. ★

해보기 ACTIVITIES

1. 실제 뉴스 보도에 대한 다음 문장을 읽고 의견을 말해 보아라. "그날 밤 늦게 우리는 뉴스를 보고 있었는데… 그 TV의 일기예보 담당자는 토요일에 비가 올 가능성은 50%이고, 일요일에도 50%인데, '결론적으로' 이번 주말에는 비가 올 가능성이 100%가 된다고 말했다."

2. 어느 전기 회사의 다음과 같은 광고가 주장하는 내용에 대한 의견을 말해 보아라. 만약 전기 절약장치를 설치한다면, "50달러의 환불을 받고 에너지는 200%나 절약할 수 있습니다."

3. 다음 문제들의 차이점을 조사해 보아라.

문제 1: 동전을 10번 던질 때, 다음 중 어느 결과가 나올 가능성이 가장 큰가? 또한 가능성이 가장 작은 경우는?

a. H H H H H H H H H H

b. H T H H T H T H H T

c. T T T T T H H H H H

문제 2: 동전을 10번 던질 때, 다음 중 나올 가능성이 가장 큰 경우와 가장 작은 경우는 어느 것인가?

a. 앞면은 10번, 뒷면은 0번

b. 앞면은 6번, 뒷면은 4번

c. 앞면은 5번, 뒷면은 5번

Ethnomathematics
민족 수학 100

> 일상생활에서 사용되는 수학 지식은 눈에 잘 띄지 않는다. 그것은 다른 활동에 숨겨져 있기 때문에 사용하는 사람조차도 자신이 그것을 아는지 모르고 지나간다. 굴을 캐는 여자들의 말에서 우리는 이런 점을 보게 된다. "학교를 안 다녀봐서 이런 것들은 몰라요. 굴을 캐니까 굴에 대해서는 잘 알지요. 그것도 값만 알면 돼요. 굴 5개를 750원에 판다면, 1개에 150원인 셈이지요."
> 비슷한 현상이 다른 문화권에서도 관찰된다. 그러나 이런 현상이 사람들의 수학 지식을 깊이 관찰하려는 우리의 노력을 꺾지는 못한다.
>
> — 길가 수학과 학교 수학

문화나 사회적 배경이 다른 나라 사람의 수학적 경험에 대해 공부하게 되면, 그 사람의 경험이 당신과 아주 많이 다름을 알게 될 것이다. 다른 문화권의 사람들이 수학적 지식을 배우는 다양한 방법에 대해 연구하는 학문을 **민족 수학** ethnomathematics이라고 한다.

학문적 입장에서 수학은 일반적으로 보편적이며 만인의 공통이라고 학생들은 배운다. 즉, 모든 사람은 수학은 문제, 계산 및 기호로 구성된 어떤 특정한 지식의 결정체라고 생각한다. 이런 관점 때문에 전 세계의 각 나라에서는 실생활에서 사용되는 실질적인 수학을 수학이 아니라고 생각한다. 예를 들어, 브라질의 길거리에서 물건을 파는 어린아이들과 건설 현장에서 일하는 성인 노동자들은 일할 때 수학을 이용하지만, 그것이 학교에서 배운 것이 아니기 때문에 그들은 그것을 수학이라고 여기지 않는다. 전통 기술로 베를 짜는 사람들이 비록 제대로 이해하지는 못했지만 기술에 담겨 있는 복잡한 수학적 개념을 이해하고 있었으리라 짐작된다. 대칭성이나 짜 맞추기 등과 같은 기하학적 원리는 전 세계적으로 지역 사회에서 사회적, 경제적으로 중요한 역할을 하는 퀼트 제작의 예술로 전승되고 있다.

문화적 차이에서 오는 수학적 이해의 차이를 종종 언어를 통해 알 수 있다. 에콰도르의 전통 케추아Quechua 문화권의 어린이들은 수학을 실생활에서 사용하는 것으로 이해하지만, 언어 사이에 숫자에 대한 명칭의 관계가 불확실하기 때문에 학교에서 스페인어로 배운 수학을 그냥 외우기만 하는 것 같다. 이를테면, 그들은 222를 케추아 말로 *ishcai patsac ishcai chuna ishcai*라고 하는데, '백이 둘, 십이 둘, 둘'의 뜻이다. 그런데 222를 스페인어로는 *doscientos veintidos*라고 하는데, '백 둘과 이십 이'의 뜻으로서 십의 자리를 나타내는 직접적인 표현이 없다.

브라질의 담브로시오Ubiratan D'Ambrosio의 제안으로 1985년 **국제 민족수학연구그룹**International Study Group on Ethnomathematics(ISGEm)이 결성되었다. 이 그룹은 여학생, 이민자, 시골 학생, 빈곤 학생 등을 포함하는 계층들을 대상으로 수학 학습 조건을 향상시키는 일을 활발히 했다. ISGEm의 지속적인 노력의 결과로 전 세계의 수학 교육자들은 비형식적인 수학 교육이 많이 이루어지고 있으며, 교육의 사회적 배경이 학생의 학업 성취에 큰 영향을 끼치고, 교육의 질은 문화의 이해 정도에 의해 결정된다는 사실을 알게 되었다.

비학문적 수학에 관련된 내용은 21, 25, 35, 50, 54, 59번 글에서 더 찾아볼 수 있다. ★

해보기 ACTIVITIES

1. 문화적 배경이 다른 사람을 만나보아라(문화적 배경은 성, 출생지, 인종, 생활 수준 등을 모두 포함한다). 만나는 목적을 설명하고, (개인적이 아니라) 문화적 관점에서 그 사람의 수학적 경험이 어떤지에 대해 의견을 나누어보아라. 그 사람의 경험이 당신과 다른가? 다르다면 어떻게 다른가?

2. 수학 지식을 거의 사용하지 않을 것 같은 직업을 가진 사람을 두 명 만나보아라. 논리, 확률, 추론, 측정, 계산, 자료 분석 등을 고려한 수학의 넓은 관점에서 그들의 일을 생각하도록 요청해 보아라. 그들은 자신의 일에 수학이 필요 없다고 생각하는가? 그들의 대답에 놀랐는가? 이 일로 배우게 된 것을 조별로 발표해 보아라.

3. 수학에 흥미를 갖고 있으며 직업상 수학을 계속 이용해야 하지만, 전통적으로 수학과 관련이 있는 분야에서 일하지 않으려는 사람들이 있다. 직물 디자이너, 조각가, 인쇄 전문가, 음악가 등이 이 부류에 포함된다. 수학을 이용해 자신의 분야에서 독창적으로 일하는 사람들에 대해 조사해 수업 시간에 발표해 보아라.

Fascinating Fractals
환상적인 프랙탈 101

최근 들어 폴란드 출생의 수학자인 **만델브로트**Benoit Mandelbrot(1924년 출생)는 자기 복제로 이루어진 곡선 종류에 관심을 끌고 있는 프랙탈로 알려진 수학의 한 분야에 사로잡혔다('자기 복제' 란 어떤 모양의 일부와 전체가 닮은 경우를 말한다). 다음 두 가지의 예는 프랙탈의 전형적인 성질을 보여준다.

시어핀스키 개스킷

1916년 폴란드 수학자인 **시어핀스키**Waclaw Sierpiński(1882-1969)는 시어핀스키 삼각형이라 하는 개스킷을 소개했다. 이것을 만드는 방법은 먼저 (아래의 검은색 삼각형처럼) 큰 삼각형을 하나 그린 다음, 각 변의 중점을 연결해 만든 중간에 있는 (흰색) 삼각형을 지워버린다. 이렇게 하면 작은 검은색 삼각형이 3개 남는데, 각각에 대해 앞의 과정을 반복한다. 이 과정을 반복, 계속한다. 아래 그림은 처음 몇 단계를 보여주고 있다.

시어핀스키 삼각형은 이 과정을 무한히 계속한 결과 처음 삼각형 속에 남아 있는 점들의 집합이다. 한 가지 흥미로운 사실은 다음과 같다. 이 과정을 무한히 계속하면 (검은색 삼각형의 전체 넓이인) 개스킷의 넓이는 0에 가까워지지만, (검은색 삼각형 전체 둘레의 길이인) 개스킷의 둘레는 한없이 길어진다.

코흐 눈송이

눈송이 곡선은 1904년 스웨덴의 수학자인 **코흐**Helge von Koch(1870-1924)에 의해 만들어졌다. 이것을 만들기 위해 먼저 선분 하나를 3등분 해서 가운데의 것을 밑변이 없는 정삼각형으로 바꾼다. 그런 다음 4개의 작은 선분에 각각 이 과정을 반복해 16개의 새로운 선분을 만들고, 다시 이 과정을 계속한다. 아래 그림은 처음 몇 단계를 보여준다.

이제 정삼각형의 각 변에 위의 과정을 한없이 계속하면 코흐 눈송이 곡선을 만들 수 있다. 다음 그림은 몇 단계가 진행된 것이다.

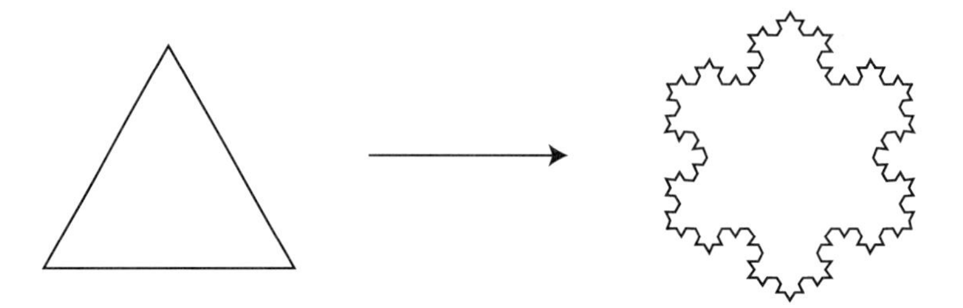

시어핀스키 개스킷에서처럼 눈송이 곡선의 둘레의 길이도 무한히 증가한다. 눈송이 곡선 내부의 넓이도 유한하지만, 개스킷의 넓이와는 달리 0으로 접근하지는 않는다. 눈송이의 넓이가 첫 단계의 정삼각형을 그렸던 직사각형 종이의 넓이보다 항상 작을 것이라고 믿는 것에는 눈송이의 넓이가 유한하다는 직관이 작용했을 것이다.

프랙탈에 관련된 내용은 35, 96, 103, 107번 글에서 더 찾아볼 수 있다. ★

해보기 ACTIVITIES

1. 시어핀스키 개스킷을 생각하자. 처음 정사각형의 한 변의 길이를 1이라 할 때, (가운데 정삼각형을 지우는) 1단계 작업 후의 도형 둘레의 길이는 얼마인가? 2단계 작업 후의 길이는? 3단계 작업 후의 길이는? 10단계 작업 후의 길이는?

2. 코흐 눈송이를 그리는 첫 단계의 정삼각형의 넓이를 1이라 할 때, 1단계 작업 후의 도형의 넓이는 얼마인가? 2단계 작업 후의 넓이는? 10단계 작업 후의 넓이는? 작업 단계가 무한히 계속될 때 넓이의 극한값은 얼마인가?

3. 만델브로트는 차원이 분수로 표시되는 대상을 표현하기 위해 '프랙탈' 이란 용어를 새로 만들었다. 예를 들어, 선분이 1차원적 대상이고 정사각형이 2차원적 대상인 반면에, 시어핀스키 개스킷의 차원은 1과 2 사이의 수이다. 이것은 무수히 많은 선분으로 이루어져 있지만, 넓이를(양수로) 갖지 않는다. 분수 차원을 어떻게 계산하는지 조사해 보고서를 제출해라.

Reatha Clark King: Woman of Science

리사 클라크 킹: 과학의 여인 102

리사 클라크 킹. 밀스 장군 재단에서 제공한 사진.

선사시대의 여인들은 수백 가지 식용과 약용 식물을 실험적으로 구별하는 법을 배우면서 자기 부족들의 먹을거리를 모았다. 이 여인들은 햇볕과 비가 어떤 식물에 어떻게 영향을 끼치며, 어떤 조건하에서 이 식물들이 잘 자라며, 언제쯤 이 식물들을 사용할 수 있는지를 계절이 바뀔 때마다 관찰했다. 이 고대 식물학자들(?)을 최초의 여성 과학자들이라고 할 수 있다. 오늘날 여성들은 과학의 모든 분야에서 많은 기여를 하고 있다.

수학은 과학뿐만 아니라 여러 계량적 분야에서 아주 중요한 역할을 한다('계량적' 이란 '수량으로 측정이 가능한' 이란 뜻이다). 이런 분야에서 일하는 과학자들은 논리, 연역적 추론, 확률, 측정, 계산, 자료 분석 등과 같은 수학적 개념에 크게 의존한다.

과학 분야의 직업에서 자신의 수학적 능력을 발휘해 성공한 여성으로 **킹**Reatha Clark King(1938년 출생) 박사를 들 수 있다. 조지아 주의 시골에서 태어나 목화밭과 농장에서 긴 시간을 일해야 했던 그녀는 처음에는 고향 학교의 교사가 되고자 했다. 그러나 클라크대학에서 화학에 매료된 그녀는 시카고대학에 진학해 그곳에서 화학으로 박사 학위를 받게 되었다. 킹이 여성으로서 그녀의 조상들보다는 더 많은 교육 기회를 가졌지만, 화학과 대학원에서는 몇 안 되는 여학생 중의 한 사람으로서 때로는 외로움을 느끼기도 했다.

공부를 마친 다음 그녀는 국립 표준연구소National Bureau of Standard에서 6년간 불소 연소 색체계에 관한 연구를 했고, 그 뒤 요크York대학의 화학과 교수로 재작한 후에 부학장이 되었다. 그녀는 다시 세 번째 학위를 취득하기 위해 경영학 공부를 시작했다. 미네소타 주의 메트로폴리탄 주립대학의 총장으로 11년 간 재직하면서 그녀는 소수계와 여성들의 고등 교육의 기회를 늘리기 위해 많은 노력을 했다. 현재 킹 박사는 교육, 건강 복지, 예술, 문화 분야를 지원하는 밀스 장군 재단General Mills Foundation의 이사장과 실행이사를 겸하고 있다.

스푸트니크 발사에 관해 1957년에 나온 이런 흥미 있는 책 표지는 정체 상태였던 과학 세계를 구소련 과학이 깨뜨리는 것을 보여주고 있다. 이것에서부터 시작되어 계속된 우주 탐험에 매료되어, 수학과 과학 분야에서 뛰어난 젊은 여성들이 많이 배출되었다.

모든 사람들이 질 좋은 교육을 받아야 한다는 킹 박사의 신념은 다음과 같이 요약할 수 있다. "우리에게 가능성을 제공하는 원천은 바로 교육이며, 실질적인 기술이 중요하며, 모든 이들에게 교육 기회를 제공하기 위한 나의 노력의 원천은 끝이 없음을 나는 젊은 시절에 깨닫게 되었다." ★

해보기 Activities

1. 과학 분야에 크게 기여했거나 현재 기여하고 있는 여성에 대해 조사해 보아라. 조사한 내용을 수업 시간에 발표해 보자.

2. 18세기 수학자이자 과학자인 **샤틀레**Émilie du Châtelet(1706–49)의 생애와 업적에 대해 조사해 보아라.

3. 1994년 슈메이커-레비 9호란 이름의 혜성이 목성과 충돌했다. 이 혜성을 처음 발견한 사람인 캐롤린 슈메이커Carolyn Shoemaker와 유진 슈메이커Eugene Shoemaker 및 레비David Levy의 성을 따서 이름을 붙였는데, 이 혜성의 경로와 충돌을 관측했던 팀에는 여성 과학자가 몇 명 포함되어 있었다. 이 충돌이 과학계와 대중에게 어떤 영향을 끼쳤는가? 또 이 사건은 어떤 점에서 중요한가? 이것을 주제로 다룬 잡지와 신문 기사를 조사해, 그 내용을 보고작성해 제출하라.

How Long Is a Coastline?

해안선의 길이는 얼마나 될까? 103

미국의 대서양 연안의 길이는 얼마나 될까? 프랙탈과 혼돈 이론에서 최근의 관심사는 사람들로 하여금 이런 형태의 의문이 생각했던 것보다 훨씬 더 복잡하다는 사실을 깨닫게 했다. 일반적인 지구본에서 대서양 연안은 오른쪽 그림에서와 같이 상당히 매끄러운 곡선으로 나타내어진다. 그러나 미국만 보여주는 지도에서는 이것은 다소 울퉁불퉁하게 보일 것이고, 미국의 동부 지방만 보여주는 지도에서는 훨씬 더 울퉁불퉁할 것이다. 동부 해안선은 크고 작은 만과 곶, 기타 불규칙한 해안 지형이 많아서 해안선의 길이 측정은 사용하는 척도에 따라 오차가 상당히 클 수밖에 없다. 상당히 짧은 해안선조차 그 자체로 아주 불규칙한 모양을 나타내고 있다!

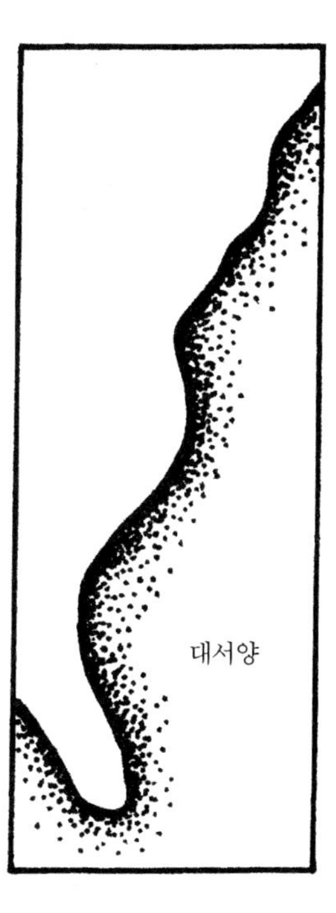

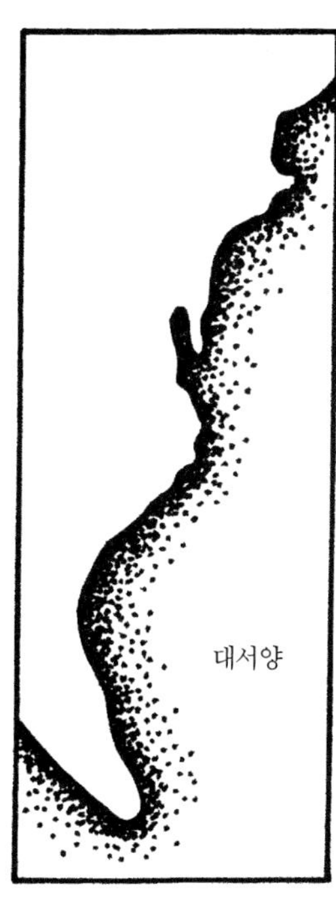

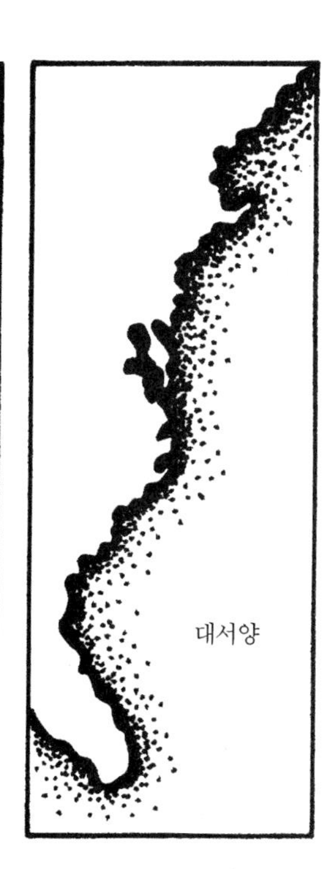

해안선 길이 측정의 복잡성을 묘사할 때, 우리는 코흐의 눈송이 프랙탈을 그리는 방법을 이용할 수 있다. 물론 해안선이 눈송이 곡선처럼 규칙적이지는 않지만, 오른쪽 그림과 같은 모델은 "해안선의 길이는 얼마나 될까?" 라는 질문에 대한 가능한 접근 방법을 제시해 준다. 이 그림은 같은 길이로 연결된 해안선을 나타내는데, 계속해서 그린 그림은 더 세밀한 부분을 보여준다.

처음 질문으로 다시 돌아가자. "미국의 대서양 연안의 길이는 얼마나 될까?"

프랙탈에 관련된 내용은 35, 96, 101, 107번 글에서 더 찾아볼 수 있다. ★

해안선의 길이 = 100마일

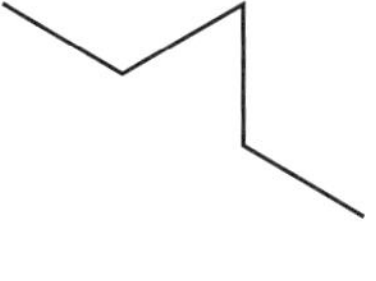

작은 만이 생긴다.
해안선의 길이 = 133마일

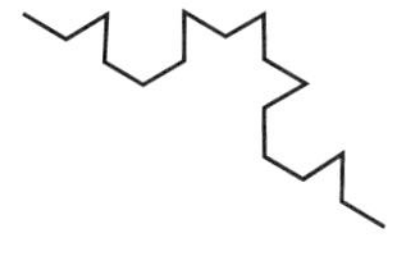

더 작은 만들이 생기는데,
어떤 것은 작은 만 안에 생기기도 한다.
해안선의 길이 = 178마일

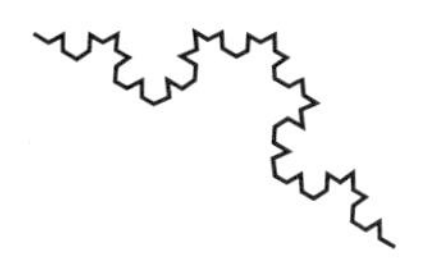

훨씬 더 작은 만들이 생기고,
일부는 작은 만 안에 생긴다.
해안선의 길이 = 237마일

해보기 ACTIVITIES

1. 프랙탈과 관련된 다음 내용을 조사해 보아라.
   a. 페아노 곡선Peano curve
   b. 악마의 계단The devil's staircase
   c. 자기 닮음Self-similarity
   d. 공간을 채우는 곡선Space-filling curve

2. 현대 지도 제작법에서 프랙탈의 개념이 어떻게 이용되는가?

3. 영국이나 불규칙한 국경이 있는 다른 나라의 지도를 구해라. 거리를 계산할 수 있도록 지도에 축척이 나와 있는지 확인해 보아라.
   a. 지도에서 국경을 따라 여러 개의 점을 찍어라. 이웃하는 점들끼리 선분으로 연결해 다각형을 만들어라. 다각형의 (각 변의 길이를 더해 구한) 전체 둘레의 길이를 이용해 국경의 길이를 추정해 보아라.
   b. 점의 개수를 두 배로 해 a의 방법을 반복해 보아라.
   c. 위의 a와 b의 방법으로 구한 값을 비교해 보아라. 어떻게 하면 국경의 길이를 더 정밀하게 구할 수 있는가?

에드나 파이사노: 통계학을 이용해 지역사회 돕기 104

> …내 부족에게 실질적으로 중요한 일들을 계속해 나가기 위해, 나는 통계학 공부를 더 할 필요가 있다.
>
> — 파이사노

파이사노Edna Lee Paisano(1948년 출생)가 아이다호 주의 스위트워터Sweetwater에 있는 네페르세Nez Percé족의 인디언 보호구역에서 자라는 동안 그녀는 가족의 문화적 전통을 지키고 이를 일상생활의 한 부분으로 만드는 법을 배웠다. 이를테면, 할머니는 그녀에게 모카신moccasin과 구슬 지갑을 만드는 방법을 가르쳐주셨는데, 이것을 팔아서 가족의 생계에 도움을 줄 수 있었다. 또한 그녀의 부족은 네페르세 지역에서 낚시, 사냥, 광산 개발권을 소유하고 있었기 때문에 자급자족이 가능했으며, 파이사노의 뒷마당에 있는 티피tipi 안에서 그녀의 가족은 정기적으로 사슴고기를 말리거나 훈제로 만들었다.

그녀는 보호구역에 있는 자신의 고향과 자연을 사랑했지만, 부족의 안녕을 위해 성공적으로 일하기 위해서 그곳을 떠나기로 결심했다(이런 노력의 결과로 그녀는 어머니의 뒤를 따르게 되었다. 파이사노가 어렸을 때 어머니 프랜시스Frances는 특수 교육 분야의 교사 자격증을 취득한 후 석사 학위까지 받았다. 어머니는 1980년 미국 원주민들을 위한 교육 업적으로 미국 교육연합회National Educational Association로부터 레오 리노Leo Reano 기념상을 수상했다). 수학과 과학에 재능이 뛰어난 학생으로 그녀는 워싱턴대학에 입학해 통계학을 공부하면서 사회사업학 석사 학위를 취득했다. 대학 시절 그녀는 워싱턴 주의 시애틀에 있는 미국 원주민협회에서 일하면서 시애틀의 포트 로턴Fort Lawton에 있는 미국 원주민들을 위한 문화센터 건립에 깊이 관여해 이를 성공적으로 이끌었다.

에드나 파이사노.

사회사업 전문가로서 파이사노는 보호구역을 방문해, 생활과 교육의 질적 향상을 위한 지원과 상담을 하면서 원주민 부족 대표들과 많은 시간을 보냈다. 그러나 그녀는 관절염 때문에 출장을 다닐 수 없게 되어 새로운 직장을 구하게 되었다. 그래서 1976년 인구조사국에 취직해 미국 원주민과 알래스카 원주민들을 담당하게 되었는데, 그녀는 원주민으로서는 처음으로 인구조사국의 전임 직원이 되었다.

보호구역을 방문하고 또 자신이 개발한 설문지와 1980년의 인구 조사를 통해 얻은 자료를 분석한 결과, 파이사노는 어떤 지역에서는 인디언 원주민들이 실제 인구보다 조사 결과가 더 적게 보고 되고 있음을 발견했다. 부족 단위로 지급되는 중요한 연방 지원금의 배당액이 인구 조사 결과를 기초로 하고 있기 때문에 파이사노는 최신 통계 기법을 이용해 조사의 정확도를 높였다. 수학과 실질적으로 관련이 큰 컴퓨터 프로그래밍, 인구통계학, 통계학 분야의 교육을 권장하고 주민들에 대한 홍보를 강화해 그녀와 동료들은 인디언 원주민들에게 인구 조사의 중요성을 알리는 데 힘썼다.

파이사노의 이런 노력으로 1990년의 인구 조사에서 미국 주민 중 인디언 원주민의 인구 증가율이 38%로 나타났다. 그녀의 노력이 결코 헛되지 않았음을 보여주었다.

미국 원주민 수학에 관련된 내용은 3, 6, 24, 25, 32, 40, 59번 글에서 더 찾아볼 수 있다. 통계학에 관련된 내용은 92번 글에서 더 찾아볼 수 있다. ★

해보기 Activities

1. 파이사노는 원래 법적으로 인디언 원주민의 소유인 포트 로턴을 원주민에게 반환하도록 미국 정부를 설득하는 과정에서 구속되었다. 이와 관련된 사실을 조사해 보아라.

2. 잘못 이용될 때 통계 결과는 엉뚱한 결과를 초래하기도 한다.
   a. 역사적으로 통계를 잘못 이용한 사례를 찾아보아라.
   b. 최근의 잡지나 신문, 텔레비전 광고 등에서 통계의 오류에 대한 예를 찾아보아라. 이런 오류의 결과에 대해 토론해 보아라.
   c. 통계학에서 평균값mean, 중앙값median, 최빈값mode과 같은 세 가지 대표값의 뜻을 구별하지 못하는 사람들이 많다. 이것의 뜻을 말해 보아라.

3. **몬탈보**Fanya Montalvo(1948년 출생)의 생애에 대해 읽어보아라. 그녀는 수학 분야에 어떻게 기여했는가?

Escalante: Stand and Deliver

에스칼란테: 「손들고 꼼짝 마」 105

> 나는 이 나라에서 그리 오랫동안 살지 않았지만, 이 점만은 분명히 알고 있다. 로스앤젤레스 동부 지역에 사는 라틴아메리카 출신 저소득층의 열여섯 살 난 학생은 많은 위험한 것들에 노출되어 있다. 미적분은 위험한 것이 아니다.
>
> — 에스칼란테, 「손들고 꼼짝 마」

에스칼란테Jaime Escalante는 1980년대에 로스앤젤레스의 가필드 고등학교에 다니는 라틴아메리카 출신의 우수한 학생들 중에서 해마다 단지 몇 명만이 대학에 진학하는 점을 걱정했다. 이런 현상을 개선하기 위해 그는 자신이 가르치는 학생들이 진학과 취업에 적극적으로 도전하는 데 필요한 준비를 잘 할 수 있도록 혼자서 개혁 운동을 시작했다. 그의 학생들은 교육이 제공하는 많은 가능성에 대해 관심이 적었기 때문에 학생들로 하여금 공부가 중요하다는 것을 믿게 하기란 쉽지 않았다. 에스칼란테는 그들에게 다음과 같이 말했다. "성공해서 돈을 벌려면 컴퓨터나 물리학, 화학 또는 생물학을 공부하면 좋다. 그러자면 그 분야의 언어를 배워야 하는데, 그 언어가 바로 수학이다."

수학 교사로서 에스칼란테의 성공 사례를 바탕으로 한 영화 「손들고 꼼짝 마 *Stand and Deliver*」로 인해 그의 좌우명인 '소망'을 뜻하는 스페인어 *ganas*는 이제 미국 전역에 널리 알려져 있다. 에스칼란테가 자신의 학교에 미적분 특별반Advanced Placement Caculus Program을 운영하게 된 것도 바로 그의 *ganas*에 의한 것이었다. 그의 특별반 때문에 가필드 고등학교는 나중에 미국에서 미적분 AP시험의 통과율이 가장 높은 학교 중 하나가 되었다. 처음 특별반을 편성해 AP시험을 준비할 때 학생들은 미적분 공부를 해 AP시험에 도전하는 것은 시간 낭비라고 생각했었다. 그러나 에스칼란테의 격려와 독려에 힘입어 학생들은 방과후는 물론, 주말에도 자신들이 불가능하다고 생각했던 것을 성취하기 위해 서로 도우면서 열심히 공부했다. 마침내 그들이 AP시험을 치렀을 때, Educational Testing Service(ETS)는 처음에는 그들이 부정 행위를 한 것이 아닌가 하고 의심했다. 그래서 학생들은 ETS의 감독하에 재시험을 치른 결과, 그들은 처음과 똑같은 성적을 받았다. 이것은 뛰어난 정신력과 결의와 *ganas*의 놀라운 승리를 보여준 것이었다.

재키 조이너-커시Jackie Joyner - Kersee가 「에스칼란테와 함께하는 미래 FUTURES」에 출연해 에스칼란테와 학생들을 만나, 서울 올림픽에서 금메달을 따기 위한 자신의 목표를 달성하는 데 수학이 아주 중요하게 이용되었음을 이야기하고 있다.

미국의 레이건 대통령이 에스칼란테를 미국의 가장 탁월한 교육자 중의 한 사람으로 선정한 것과 더불어 캘리포니아 주의 교육담당 책임자인 호니그Bill Honig는 1988년 그에게 전국 교육자상National Educator Award을 수여하는 자리에서, 에스칼란테를 '학생들에게 용기를 북돋워주고 수업 현장을 살아 움직일 수 있도록 새로운 시도를 두려움 없이 도입한' 사람으로 소개했다.

학생들에게 좀더 가까이 다가가기 위해 에스칼란테는 텔레비전의 교육 프로그램 시리즈인 「에스칼란테와 함께하는 미래FUTURES」를 진행하게 되었다. 이 시리즈는 과학과 교육 발전재단Foundation for Advancements in Science and Education (FASE)이 제작하고, 공익방송국Public Broadcasting System(PBS)에서 방송하고 있다. 이 시리즈는 수학과 과학에 기초를 둔 다양한 분야에 대한 관심을 학생들에게 소개하고 있다. PBS의 역사상 가장 인기 있는 학습 프로그램인 이것은 방송 분야에서 가장 명예로운 상인 피버디상George Foster Peabody Award을 위시해 50개 이상의 상을 수상하기도 했다. 에스칼란테는 또한 PBS에서 방송된 FASE의 가족 특집인 'Math… Who Needs It?!' 과 'Living and Working in Space: The Countdown Has Begun' 에도 출연했다. ★

해보기 ACTIVITIES

1. 수업 시간에 영화 「손들고 꼼짝 마」를 학생들과 함께 시청해라. 공부와 수학에 대한 학생들의 태도를 바꾸는 과정에서 에스칼란테가 만났던 많은 장애를 그는 어떻게 극복했는가? 이 영화가 전하고자 하는 메시지는 무엇이라고 생각하는가?

2. 전국 교육자상 프로그램은 어디에서 후원하는가? 또 이 상의 목적은 무엇인가?

3. 여러분의 개인적인 목표를 달성하는 데 도움을 주었던 교사에 대해 써보아라. 수업 시간에 자신의 경험을 발표해 보아라.

4. 여러분의 장래 계획은 무엇인가? 여러분이 만났던 사람들의 생애로부터 긍정적인 영향을 받을 수 있다고 생각하는가?

Chaos in Jurassic Park

쥬라기 공원의 혼돈 106

우리가 사는 이 세상을 이해하기 위한 끝없는 연구에는 아직도 공부해야 할 분야가 많다. 수학자와 과학자들은 1970년대에 들어서 자연의 불규칙적이고 불연속적이며 또한 변덕스러운 일면을 컴퓨터를 사용해 탐구하기 시작했다. 그들은 이전에는 혼돈으로 분류되었던 구름의 모양, 혈관의 뒤엉킴, 은하계의 성단 등과 같은 상황 속에서 놀라운 질서를 발견했었다. 크라이턴Michael Crichton의 공상과학 스릴러 영화인 「쥬라기 공원Jurassic Park」은 **혼돈 이론**chaos theory의 아주 재미있는 내용을 극중의 수학자인 말콤Ian Malcolm의 시각과 생각을 통해 보여주고 있다.

코스타리카 해안에서 멀리 떨어진 섬에는 해먼드 재단에서 설립한 비밀스러운 테마 공원인 쥬라기 공원이 있다. 그 재단 소속 과학자들이 공룡의 DNA를 복구해 복제하는 놀라운 기술력의 결과로 오래 전에 사라졌던 생명체가 쥬라기 공원에서 살게 된다. 해먼드John Hammond는 자신의 비밀을 세상에 알려 이 놀라운 공원을 일반인들에게 공개할 계획을 세운다. 말콤은 해먼드의 비밀을 알고 있는 몇 안 되는 사람 중 한 사람으로, 그는 처음부터 쥬라기 공원이 불완전하다고 생각했다.

티라노사우루스.

무시무시한 형태의 혼돈이 질서의 외관 뒤에 숨어 있을 수 있음이 판명되었다.
— 호프스태터Douglas Hofstadter

"이 섬에서의 계획을 실행에 옮겨서는 안 된다고 내가 끊임없이 말하지 않았던가요" 라고 말콤이 말했다. "내가 처음부터 당신이 공원 문을 닫게 될 것이라고 예상하지 않았던가요."

"문을 닫는다!" 해먼드는 화가 난 채 서 있었다. "우습게 됐군."

…(해먼드의 변호사가 묻는다.) "당신의 보고서에는 해먼드의 계획이 실패할 것으로 되어 있지요?"

"맞습니다."

"혼돈 이론에 의해서요?"

"그렇습니다."

…"그러나 실제로 그가 한 것을 보려면 그 섬을 둘러봐야 하지 않겠습니까?"

"아닙니다. 그럴 필요 없습니다. 사소한 것에 신경 쓸 때가 아닙니다. 혼돈 이론에 의하면 그 섬은 예상치 못할 정도로 변화가 빠르게 진행될 것입니다."

"당신은 그 이론을 확신한다 이 말이지요."

"물론이지요. 틀림 없이 확신합니다." 말콤은 의자에 기대 앉으면서 다시 말했다. "그 섬은 마치 꼭 일어나기로 되어 있는 사고처럼 문제덩어리입니다."

말콤은 날씨처럼 우리가 며칠 앞도 예측하지 못하는 현상이 있다는 점을 자신의 말을 수용하려 하지 않는 그들을 상대로 집요하게 설명한다. 공룡을 무성 생식시킨 과학자인 우Wu 박사의 논리에 따라, 공룡은 모두 암컷이기 때문에 번식이 되지 않는다는 점은 충분히 예측 가능했다. 그러나 말콤의 생각은 달랐다.

벨로시랩터

…말콤이 말했다…" 당신의 compy(Compsognathus longipes의 애칭)들은 번식을 해요."

"나는 그렇게 생각하지 않아요." 우 박사는 머리를 가로저었다.

"아뇨, 그들은 번식을 합니다. othnielia, maiasaur, hypsy, velociraptor도 마찬가지입니다."

그런데 만약 그 공룡들이 번식을 했다면, 공원에 있는 공룡의 수를 세고 추적하는 감시 컴퓨터가 어째서 새끼들을 감지하지 못했을까? 말콤은 컴퓨터 프로그램을 조사해 그 속에 숨어 있는 문제점을 찾아냈다.

"자, 이제 문제점이 보이지요." 말콤은 말을 이어간다. "당신은 공룡이 사라질 것을 걱정해, 컴퓨터가 당신이 입력해 놓은 숫자보다 공룡의 수가 적은지만을 확인하도록 프로그래밍해 놓았어요.

그런데 그것이 문제가 아닙니다.

문제는 공룡의 수가 당신이 입력했던 숫자보다 더 많다는 것입니다."

혼돈 이론은 어떤 구조에서 초기의 미세한 차이점이 나중에는 전혀 예측할 수 없는 변화를 초래할 수 있음을 말해 준다. 어떤 구조에서 무심코 지나쳐버린 작은 결점이 심각해질 수 있어, 말콤이 말한 대로 완전히 복구 불능의 상태가 될지도 모른다. 쥬라기 공원에서는 인간이 수백만 년 전에 존재했던 상황을 재현시키고자 애쓴 결과, 평화롭고 통제가 가능한 것처럼 보였던 한 섬을 혼돈 이론의 제물로 만들고 말았다.

말콤은 "당신이든 우리 중의 누구이든 이 섬에서 살아서 빠져나갈 수 있으리라 생각하시오?" 라고 탄식했다.

혼돈 이론에 관련된 내용은 35, 101, 103, 107번 글에서 더 찾아볼 수 있다. ★

해보기 ACTIVITIES

1. 혼돈 이론은 초기의 작은 변화가 미래에 예측 불가능한 결과를 초래할 수 있다고 말한다. 대부분의 사람들은 많은 경우에 1과 1.001의 차는 무시해도 좋을 정도로 작다는 생각에 동의할 것이다. 우리는 1의 거듭제곱은 항상 1임을 알고 있다. 다음과 같은 1.001의 거듭제곱의 값이 1의 거듭제곱과 얼마나 차이가 나는지 계산기를 사용해 확인해 보아라.

   a. 1.001^{100}

   b. 1.001^{1000}

   c. $1.001^{20,000}$

   d. $1.001^{100,000}$

2. 쥬라기 공원에서 암컷 공룡이 알을 품게 된 이유는 무엇인가?

3. 공룡의 키를 보여주는 그래프를 조사해 수학자 말콤은 쥬라기 공원의 공룡들이 번식을 하고 있다는 결론을 내렸다. 그가 어떻게 그런 결론을 내리게 되었는가? (소설책에는 그래프가 나오지만, 영화에서는 화면에 이것을 보여주지 않았다.)

4. 「쥬라기 공원」이 우리에게 전하고자 하는 메시지는 무엇인가?

Names in Chaos and Fractals

혼돈과 프랙탈에 관련된 사람들 107

> 구름은 공처럼 둥글지 않고, 산은 원뿔처럼 뾰족하지도 않으며, 해안선은 원처럼 구부러져 있지 않고, 나무껍질은 매끄럽지 않으며, 벼락도 일직선으로 떨어지지 않으며… 자연의 많은 패턴은 너무나 불규칙하고 조각 나 있어서…
> 이와 같은 패턴의 존재는 우리로 하여금 유클리드가 '형태가 없는' 것으로 한쪽으로 밀쳐놓았던 것들의 형태를 연구하도록, 즉 '무정형'의 형태학의 연구에 도전하도록 한다.
> — 만델브로트

줄리아: 오늘날 가장 아름다운 프랙탈의 대부분은 현대 역학계 이론에서 줄리아Gaston Julia가 이룬 업적에서 나온 것으로, 이들을 줄리아 집합이라고 한다. 컴퓨터로 이미지를 생성하는 도움 없이도 줄리아와 그의 동료인 파토우Pierre Fatou는 단순히 원이나 이차곡선이 아닌 나선이나 나뭇가지 또는 불꽃 등을 만들어내는 기하학 방정식의 가능성을 연구했다. 제1차 세계대전 때 프랑스의 군인으로 참전한 줄리아는 코가 떨어져나갈 정도의 큰 부상을 입었다. 그 결과 그는 고통스러운 수술을 여러 차례 받아야 했고, 그의 독창적인 수학적 업적 중 많은 부분은 병원 침대에서 만들어졌다.

만델브로트: 폴란드의 바르샤바에서 태어난 만델브로트는 복잡한 해안선, 산의 능선과 계곡, 눈송이 등과 같이 기존 기하학에서 할 수 없었던 자연 속의 불규칙성을 분석하기 위해 프랙탈 기하학을 발전시켰다. 프랙탈 기하학에서 이런 자연 현상이 중요한 이유는 이들이 통계학적으로 자기 복제, 다시 말해 부분이 전체와 같기 때문이다. 또한, 만델브로트는 아름다우면서도 놀라운 복잡성을 가진 오른쪽 그림과 같은 만델브로트 집합을 '발견'했으며, 다소 관련이 적어 보이는 현대 혼돈 이론 분야에서 다양하게 나타나는 이상한 끌개attractors의 존재를 처음으로 알아냈다.

로렌츠: 1960년 로렌츠Edward Lorenz는 기상에 관한 단순한 컴퓨터 모형을 다루다가 초기에 거의 일치하는 두 기상 조건이 시간이 흐른 뒤에 서로 식별할 수 없을 정도로 완전히 다른 기상 상태로 발전할 수 있음을 발견했다. 이것이 나비 효과로 알려진 현상이다. 로렌츠의 관찰은 바로 혼돈 이론의 시작을 뜻한다.

만델브로트 집합.

파이겐바움: 미국 뉴멕시코 주의 로스앨러모스 국립연구소에서 물리학자로 근무하던 파이겐바움Mitchell Feigenbaum은 역학계를 연구하면서, 과학에서 기존에 받아들인 연구 방법을 무시하는 문제점이 혼돈 이론에서 제기됨을 알게 되었다. 이를테면, 많은 초기 조건에도 불구하고 조직 체계는 처음에는 정상적으로 순조롭게 운행되다가, 변수들이 임계값에 도달하게 되면 갑자기 무질서하게 변할 수 있음을 증명했다. 1970년대에 파이겐바움은 불규

칙성의 여러 가지 형태 사이의 관계를 연구하기 시작해 혼돈 안에 숨어 있는 놀라운 질서를 찾아냈다.

파이트겐: 파이트겐Heinz-Otto Peitgen에게 이 세상은 복잡한 반복 과정의 결과로 얻어지는 아름다운 이미지로 가득 찬 예술적 대상이었다. "자연 물질의 진정한 면모는 무엇인가? 예를 들어, 나무에서 중요한 것이 무엇인가? 곧게 뻗어 있다는 점인가, 아니면 프랙탈의 성질인가" 라고 그는 말한다. 실험과 신기술을 두려워하지 않고, 그가 수학에서 이룬 업적은 만델브로트 집합의 구조에 집중되었다. 파이트겐은 프랙탈과 혼돈의 아름다움을 널리 알리는 데 기여했다.

드베이니: 역학계에 관한 드베이니Robert L. Devaney 교수의 전문 지식의 범위는 그가 일할 때 보여주는 적극성만큼이나 광범위하다. 미국의 50개 주 중에서 46개 주를 포함한 전 세계가 그의 활동 무대이다. 복소해석적 역학계 및 역학계의 컴퓨터 실험에 관한 50편이 넘는 논문을 발표했고, 혼돈 이론에 관한 단편영화도 몇 편 제작했다. 뿐만 아니라 그는 학교 수업에서 혼돈 이론, 프랙탈 및 역학계의 개념과 기술을 효과적으로 사용할 수 있도록 교사들을 교육할 목적으로 설립된 역학계 및 그에 관한 기술 개발 과제의 책임자로 일했다.

프랙탈과 혼돈 이론에 관련된 내용은 35, 96, 101, 103, 106번 글에서 더 찾아볼 수 있다. ★

해보기 ACTIVITIES

1. 줄리아 집합의 예를 몇 가지 찾아보아라. 이것은 어떻게 만들어지는가? 또, 이들이 탈출점의 집합 및 갇힌 점들의 집합과 어떤 관계가 있는가?

2. 혼돈 이론에서 이상한 끌개의 뜻을 자세히 말해 보아라.

3. 복소평면에서 수들이 만델브로트 집합 속에 어떻게 갇히는가?

4. 아래 그림은 피타고라스의 나무를 만드는 처음 4단계를 보이고 있다. 별도의 종이에 더 큰 정사각형을 그려서 열 번째 단계까지 완성해라.

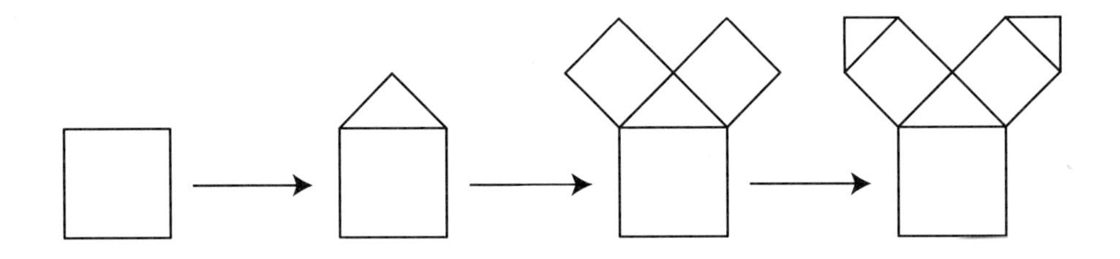

Geometric Shapes and Politics

기하학적 도형과 정치 108

오른쪽에 있는 미국 노스캐롤라이나 주 지도상의 검게 색칠된 지역의 형상을 어떤 이는 '실에 꿴 진주' 라고도 하는데, 이것을 원 · 직사각형 · 삼각형 등과 같이 흔히 사용하는 기하학 용어로는 표현하지 못한다. 이 지역은 아주 복잡하고, 길이는 256km로, 어떤 지점은 고속도로 한쪽 차선의 폭 정도밖에 되지 않는다. 믿거나 말거나 이 지역은 노스캐롤라이나 주의 제12 하원 선거구를 나타낸다.

North Carolina
12th District
Source: U.S. Census Bureau
Eligible voters
412,000
Black 53.3%
White 46.7%

1993년 7월 미국 연방대법원은 이 선거구가 위헌의 여지가 있을 수 있다고 5대 4의 표결로 판결했다. 1965년에 제정되었던 선거법에 대한 1982년의 개정법은 심각한 인종 차별의 전력이 있었던 주에서는 소수계 후보가 선출될 가능성이 크도록 정치적으로 선거구를 조정해야 한다고 정했다. 그 결과, 노스캐롤라이나 주의 제12 선거구는 아프리카계 유권자의 수가 53%가 되도록 재조정되었다(《타임》, 1993년 7월 12일 기사). 그런데 이렇게 작위적인 선거구는 인종적 기준으로 선거구를 나누는 것이 미국 내의 정치적 파벌주의를 조장하지 않을까 염려하는 다수의 대법관들의 견해에 반하는 것이었다.

《타임》이 제공한 그림.

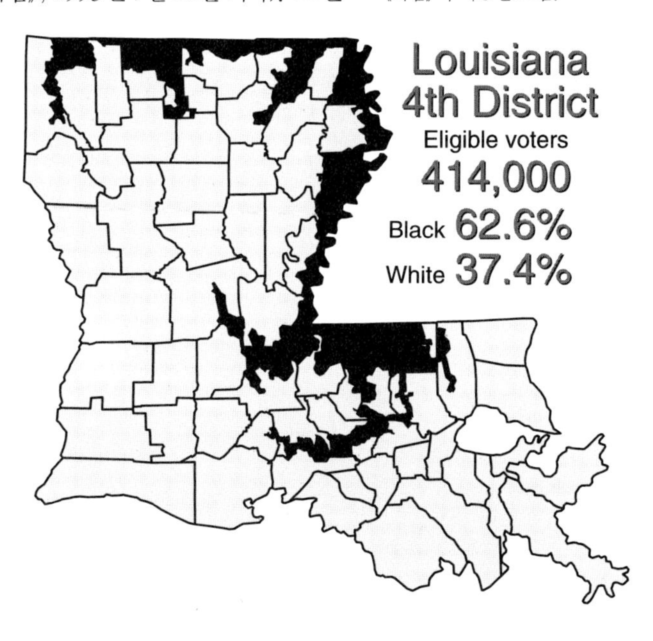

1993년의 대법원 판결은 인종적 기준에 따른 선거구의 정치적 조정이 투표에 영향을 끼치지 못하는 유권자들의 대표권을 보장해 주는 데 효과적인지 아닌지에 대한 양비론적인 의미가 있다.

이상하게 생긴 선거구는 노스캐롤라이나 주 외의 다른 곳에도 있다. 1992년에 정해진 루이지애나 주의 제4 선거구의 길이는 640km인데, 가장 좁은 곳의 폭은 2.4m밖에 되지 않았다. 이 선거구는 주 경계선을 따라 북동쪽으로 가다가 남쪽으로 여러 갈래로 퍼지면서 소수계 유권자들을 포함하고 있었다. 그 이후로 이 선거구는 두 번 조정이 되었으며, 지금은 루이지애나 주의 북서쪽을 크게 포함하고 있다. ★

해보기 ACTIVITIES

1. 우리나라의 선거구를 조사해 보아라. 지난 몇 년 사이에 바뀐 적이 있는가? 선거구 중에서 기하학적으로 이상하게 생긴 곳이 있는가?

2. 앞의 글에 나온 선거구의 일부 지역은 길이에 비해 폭은 축구장보다도 좁다. 여러분이 이런 곳에 산다면 대부분의 이웃은 다른 선거구에 속하게 될 것이다. 이런 현상이 지역 사회에서 여러분에게 어떤 영향을 끼치겠는가?

3. 미국 노스캐롤라이나 주의 넓이를 안다면, 제12 선거구의 넓이를 어떤 방법으로 구할 수 있는가?

4. 투표에 영향을 끼치지 못하는 유권자들의 대표권을 보장해 주기 위해 선거구를 정치적으로 조정해야 하는지에 대해 조를 짜서 토론해 보아라.

참고문헌

1 알려지지 않은 셈의 기원

Bell, E.T. *The Last Problem*. Washington, DC: Mathematical Association of America, 1990.

——. *The Magic of Numbers*. New York: McGraw-Hill, 1946.

Eves, Howard. *An Introduction to the History of Mathematics*. New York: Holt, Rinehart and Winston, 1990.

Friberg, J. "Numbers and Measures in the Earliest Written Records." *Scientific American* (Feb 1984) 78-85.

Joseph, George G. *The Crest of the Peacock: Non-European Roots of Mathematics*. New York: Penguin Books, 1991.

Ore, Oystein. *Number Theory and Its History*. Mineola, NY: Dover, 1988.

Pappas, Theoni. *The Joy of Mathematics*. San Carols, CA: Wide World/Tetra, 1989.

Room, Adrian. *The Guinness Book of Numbers*. Middlesex, England: Guinness Publishing, 1989.

Struik, Dirk J. *A Concise History of Mathematics*. Mineola, NY: Dover, 1987.

Zaslavsky, Claudia. *Africa Counts: Number and Pattern in African Culture*. New York: Lawrence Hill Books, 1979.

2 원주율에 관한 옛 자료

Beckmann, Petr. *A History of π* New York: St. Martin's Press, 1976.

Dunham, William. *The Mathematical Universe: An Alphabetical Journey Through the Great Proofs, Problems, and Personalities*. New York: John Wiley, 1994.

Gillings, Richard J. *Mathematics in the Time of the Pharaohs*. Cambridge, MA: MIT Press, 1972.

Kasner, Edward, and James R. Newman. *Mathematics and the Imagination*. Redmond, WA: Tempus Books, 1989.

Pappas, Theoni. *More Joy of Mathematics*. San Carols, CA: Wide World/Tetra 1991.

3 이집트와 아메리카의 피라미드

Closs, M.P. (ed). *Native American Mathematics*. Austin, TX: University of Texas Press, 1986

Eves, Howard. *An Introduction to the History of Mathematics*. New York: Holt, Rinehart and Winston, 1990.

Fakhry, Ahmed. *The Pyramidas*. Chicago: University of Chicago Press, 1974.

Gillings, Richard J. *Mathematics in the Time of the Pharaohs*. Mineola, NY: Dover, 1982.

Jacobs, Harold. *Mathematics: A Human Endeavor*. San Francisco: W.H. Freeman, 1987.

Tompkins, Peter. *Secrets of the Great Pyramid*. New York: Harper and Row, 1971.

4 중국의 수학

Andrews, William S. *Magic Squares and Cubes*. Mineola, NY: Dover, 1960.

Bennett, Dan. *Pythagoras Plugged In: Proofs and Problems for the Geometer's Sketchpad*. Berkeley, CA: Key Curriculum Press, 1995.

Fults, J.L. *Magic Squares*. La Salle, IL: Open Court Publishing, 1974.

Joseph, George G. *The Crest of the Peacock: Non-European Roots of Mathematics*. New York: Penguin Books, 1991.

Li, Yan, and Du Shiran. *Chinese Mathematics: A Concise History*. New York: Oxford University Press, 1987.

Libbrecht, Ulrich. *Chinese Mathematics in the Thirteenth Century: The Shu-shu Chiu-Chang of Ch' in Chiu-shao*. Cambridge, MA: MIT Press, 1973.

Mikami, Yoshio. *The Development of Mathematics in China and Japan*. New York: Chelsea Publishing, 1961.

Swetz, Frank J. *The Sea Island Mathematical Manual: Surveying and Mathematics in Ancient China*. University Park, PA: Penn State University Press, 1992.

——, and T.I. Kao. *Was Pythagoras Chinese? An Examination of Right Triangle Theory in Ancient China*. Reston, VA: National Council of Teachers of Mathematics 1977.

5 『린드 파피루스』와 세인트 아이브스의 수수께끼

Bell, E.T. *The Last Problem*. Washington. DC: Mathematical Association of America, 1990.

Boyer, Carl. *A History of Mathematics,* 2nd ed rev. Uta C. Merzbach. New York: John Wiley, 1991.

Chace, A.B. *The Rhind Mathematical Papyrus*. Reston, VA: National Council of Teachers of Mathematics, 1979.

Ellis, Keith. *Number Power in Nature and in Everyday Life*. New York: St. Martin's Press, 1978.

Eves, Howard. *An Introduction to the History of Mathematics*. New York: Holt, Rinehart and Winston, 1990.

Gillings, Richard J. *Mathematics in the Time of the Pharaohs*. Mineola, NY: Dover, 1982.

Maor, Eli. *To Infinity and Beyond: A Cultural History of the Infinite*. Boston: Birkhauser Bosoton, 1987.

Resnikoff, H.L., and R.O. Wells. *Mathematics in Civilization*. Mineola, NY: Dover, 1985.

Robins, Gay, and Charles Shute. *The Rhind Mathematical Papyrus*. Mineola, NY: Dover, 1987.

6 초기의 천문학

Asimov, Isaac. *Guide to Earth and Space*. New York: Ballantine Books,

1991.
Bushwich, N. *Understanding the Jewish Calendar.* Brooklyn, NY: Moznaim, 1989.
Cleminshaw, C.H. *The Beginner's Guide to the stars.* New York: Thomas Y. Crowell, 1977.
McLeish, John. *The Story of Numbers: How Mathematics Has Shaped Civilization.* New York: Fawcett Columbine, 1991.
Moeschl, Richard. *Exploring the sky.* Chicago: Independent Publishers Group, 1989.
Newman, James R. *The world of Mathematics.* Redmond, WA: Tempus Books, 1988
Tauber, Gerald E. *Man's View of the Universe.* New York: Crown Publishers, 1979.

7 고대의 우주론

Alic, Margaret. *Hypatia's Heritage.* Boston: Beacon Press, 1986.
Hawking, Stephen. *A Brief History of Time.* New York: Bantam Books, 1988.
Moeschl, Richard. *Exploring the Sky.* Chicago: Independent Publishers Group, 1989.
Scarre, Chris (ed). *Timelines of the Ancient World.* New York: Dorling Kindersley, 1993.
Tauber, Gerald E. *Man's View of the Universe.* New York: Crown Publishers, 1979.

8 고대 세계의 역법

Aero, Rita. *Things Chinese.* New York: Doubleday, 1980.
Closs, M.P. (ed). *Native American Mathematics.* Austin: University of Texas Press, 1986.
Francis, Richard L. *Mathematical Look at the Calendar.* Arlington, MA: COMAP, 1988.
Gardner, Martin. *Fractal Music, Hypercards, and More.* New York: W.H. Freeman, 1992.
Scarre, Chris (ed). *Timelines of the Ancient World.* New York: Dorling Kindersley, 1993.
Schiffer, M.M., and L. Bowden. *Role of Mathematics in Science.* Washington, DC: Mathematical Association of America, 1984.
Zaslavsky, Claudia. *Africa Counts: Number and Pattern in African Culture.* New York: Lawrence Hill Books, 1979.

9 전설의 사나이 탈레스

Bell, E.T. *The Last Problem.* Washington. DC: Mathematical Association of America, 1990.
——. *The Magic of Numbers.* New York: McGraw-Hill, 1946.
Boyer, Carl, *A History of Mathematics,* 2nd ed rev. Uta C. Merzbach. New York: John Wiley, 1991.
——. *The History of Mathematics and Its Conceptual Development.* Mineola, NY: Dover, 1979.
Johnson, Art. *Classical Math: History Topics for the Classroom.* Palo Alto, CA: Dale Seymour, 1994.
Maor, Eli. *To Infinity and Beyond: A cultural History of the Infinite.* Boston: Birkhauser Boston, 1987.
Pappas, Theoni. *The Joy of Mathematics.* San Carlos, CA: Wide World/Tetra, 1989.
Swetz, Frank. *Learning Activities from the History of Mathematics.* Portland, ME: J. Weston Walch 1994.

10 그리스의 황금기

Aaboe, Asger. *Episodes from the Early History of Mathematics.* Washington, DC: Mathematical Association of America, 1978.
Bell, E.T. *The Last Problem.* Washington, DC: Mathematical Association of America, 1990.
Boyer, Carl. *A History of Mathematics,* 2nd ed rev. Uta C. Merzbach. New York: John Wiley, 1991.
Eves, Howard. *An Introduction to the History of Mathematics.* New York: Holt, Rinehart and Winston, 1990.
Heath, T.L. *History of Greek Mathematics,* Vols I and II Mineola, NY: Dover, 1981.
Hoffman, Paul. *Archimedes Revenge: The Challenge of the Unknown.* New York: W.W. Norton, 1988.
Kline, Morris. *Mathematics in Western Culture.* New York: Oxford University Press, 1964.
Kramer, Edna. *The Nature and Growth of Modern Mathematics.* Princeton: Princeton University Press, 1981.

11 고대 그리스의 수학자들

Bell, E.T. *Men of Mathematics.* New York: Simon and Schuster, 1986.
Burton, David. *The History of Mathematics: An Introduction.* Boston: Allyn and Bacon, 1985.
Dunham, William. *Journey Through Genius: The Great Theorems of Mathematics.* Somerset, NJ: John Wiley, 1990.
Heath, T.L. *History of Greek Mathematics,* Vols I and II. Mineola, NY: Dover, 1981.
Hoffman, Paul. *Archimedes Revenge: The Challenge of the Unknown.* New York: W.W. Norton, 1988.
Hollingdale, Stuart. *Makers Of Mathematics.* New York: Penguin Books, 1989.
Lightner, James. "A Chain of Influence in the Development of Geometry." *Mathematics Teacher* (Jan 1991) 15-19.
Vergara, William C. *Mathematics in Everyday Things.* New York: Harper and Brothers, 1959.

12 이상수와 무리수

Bell, E.T. *The Last Problem.* Washington, DC: Mathematical Association of America, 1990.
Bennett, Dan. *Pythagoras Plugged In: Proofs and Problems for The Geometer's Sketchpad.* Berkeley, CA: Key Curriculum Press, 1995.
Boyer, Carl. *A History of Mathematics,* 2nd ed rev. Uta C. Merzbach. New York: John Wiley, 1991.
Hollingdale, Stuart. *Makers of Mathematics.* New York: Penguin Books, 1989.
Kline, Morris. *Mathematics: The Loss of Certainty.* New York: Oxford University Press, 1980.
Ore, Oystein. *Number Theory and Its History.* Mineola, NY: Dover, 1988.
Room, Adrian. *The Guinness Book of Numbers.* Middlesex, England: Guinness Publishing, 1989.
Smith, Sanderson. *Great Ideas for Teaching Math.* Portland, ME: J.

Weston Walch, 1990

13 제논의 역설

Agostini, Granco. *Math and Logic Games.* New York: Harper & Row, 1980.

Bell, E.T. *Men of Methematics.* **New Yorks: Simon and Schuster, 1986.**

Boyd, James N. *Professor Bear's Mathematical World.* Salem, VA: Virginia Council of Teachers of Mathematics, 1987.

Bunch, Bryan H. *Mathematical Fallacies and Paradoxes.* New York: Van Nostrand Reinhold, 1982.

Davies, Paul. *The Edge of Infinity.* **New York: Simon and Schuster, 1982.**

Maor, Eli. *To Infinity and Beyond: A Cultural History of the Infinitie.* **Boston: Birkhauser Boston, 1987.**

Pappas, Theoni. *The Joy of Mathematics.* **San Carlos, CA: Wide world/Tetra, 1989.**

Salmon, Wesley (ed). *Zeno's Paradoxes.* New York: Bobbs-Merrill Educational Publishing. 1970.

14 무수히 많은 소수

Davis, Philip, and Reuben Hersh. *The Mathematical Experience.* Boston: Birkhauser Boston, 1981.

Dunham, William. "Euclid and the Infinitude of Primes." *Mathematics Teacher* (Jan 1987) 16-17.

Gardner, Martin. "The Remarkable Lore of the Prime Numbers." *Scientific American* (Mar 1964) 120-128.

Hardy. G.H.A. *A Mathematician's Apology.* Cambridge, MA: Cambridge University Press, 1992.

Maor, Eli. *To Infinity and Beyond: A Cultural History of the Infinite.* **Boston: Birkhauser Boston, 1987.**

Olson, Melfried, and Gerald Goff. "A Divisibility Test for Any Prime." *School Science and Mathematics* (Nov 1986) 578-581.

Shockley, James E. *Introduction to Number Theory.* New York: Holt, Rinehart and Winston, 1967.

Smith, Sanderson. *Great Ideas for Teaching Math.* **Portland, ME: J. Weston Walch, 1990.**

15 유클리드의 『원론』

Adele, Gail. "When Did Euclid Live? An Answer plus a Short History of Geometry." *Mathematics Teacher* (Sept 1989) 460-463.

Bell, E.T. *The Last Problem.* Washington, DC: Mathematical Association of America, 1990.

Boyer, Carl. *A History of Mathematics,* 2nd ed rev. Uta C. Merzbach. New York: John Wiley, 1991.

Eves, Howard. *An Introduction to the History of Mathematics.* **New York: Holt, Rinehart and Winston, 1990.**

Heath, T.L. *History of Greek Mathematics,* Vols I and II Mineola, NY: Dover, 1981.

——. *13 Books of Euclid's* Elements. Mineola, NY: Dover, 1956.

Knorr, W.R. *The Evolution of the Euclidean Elements.* Boston: D. Reidel Publishing, 1975.

Maor, Eli. *To Infinity and Beyond: A cultural History of the Infinite.* **Boston: Birkhauser Boston, 1987.**

16 아폴로니오스와 원뿔곡선

Boyer, Carl. *A History of Mathematics,* 2nd ed rev. Uta C. Merzbach. New York: John Wiley, 1991.

Eves, Howard. *An Introduction to the History of Mathematics.* **New York: Holt, Rinehart and Winston, 1990.**

Jacobs, Harold. *Mathematics: A Human Endeavor.* **San Francisco: W.H. Freeman, 1987.**

Pappas, Theoni. *The Joy of Mathematics.* **San Carols, CA: Wide World/Tetra, 1989**

17 에라토스테네스의 계산

Bell, E.T. *The Last Problem.* Washington, DC: Mathematical Association of America, 1990.

Boyer, Carl. *A History of Mathematics,* 2nd ed rev. Uta C. Merzbach. New York: John Wiley, 1991.

Eves, Howard. *An Introduction to the History of Mathematics.* **New York: Holt, Rinehart and Winston, 1990.**

Johnson, Art. *Classical Math: History Topics for the Classroom.* **Palo Alto, CA: Dale Seymour, 1994.**

Moise, Edwin, and Floyd Downs. *Geometry.* Menlo Park, CA: Addison-Wesley, 1982.

Resnikoff, H.L., and R.O. Wells. *Mathematics in Civilization.* Mineola, NY: Dover, 1985.

Swetz, Frank. *Learning Activities from the History of Mathematics.* **Portland, ME: J. Weston Walch, 1994.**

18 필로와 종교, 그리고 수학

Barrow, John D. *Pi in the sky: Counting, Thinking, and Being.* **New York: Oxford University Press, 1992.**

Davis, Philip, and Reuben Hersh. *Descartes' Dream.* New York: Harcourt Brace Jovanovich, 1986.

Ferris, Timothy. *The Universe and Eye.* **San Francisco, CA: Chronicle Books, 1993.**

Hawking Stephen. *A Brief History of Time.* New York: Bantam Books, 1988.

Jaki, Stanley L. *Cosmos and Creator.* Edinburgh: Scottish Academic Press, 1980.

Ross, Hugh. *The Fingerprint of God.* Orange, CA: Promise publishing, 1989.

Thiel, Rudolf. *And There Was Light: The Discovery of the Universe.* New York: Alfred A. Knopf, 1957.

Wolfson, Harry. *Religious Philosophy.* Cambridge, MA: Harvard University Press, 1961.

19 헤론과 브라마굽타의 공식

Dutta, B., and A.N. Singh. *History of Hindu Mathematics.* Bombay, India: Asia Publishing House, 1962.

Dunham, William. "An 'Ancient/Modern' Proof of Heron's Formula." *Mathematics Teacher* (Apr 1985) 258-259.

Eves, Howard. *An Introduction to the History of Mathematics.* **New York: Holt, Rinehart and Winston, 1990.**

Heath,T.L. *History of Greek Mathematics,* Vol II. Mineola, NY: Dover, 1981.

Neugebauer, Otto. *The Exact Sciences in Antiquity.* Mineola, NY: Dover,

1969.
Oliver, Bernard. "Heron's Remarkable Triangle Area Formula." *Mathematics Teacher* (Feb 1993) 161-163.
Pappas, Theoni. *The Joy of Mathematics.* San Carlos, CA: Wide World/Tetra, 1989.

20 알렉산드리아의 디오판토스
Bergamini, David (ed). *Mathematics: Life Science Library.* New York: Time-Life Books, 1972.
Boyer, Carl. *A History of Mathematics,* 2nd ed rev. Uta C. Merzbach. New York: John Wiley, 1991.
Ellis, Keith. *Number Power in Nature and in Everyday Life.* New York: St. Martin's Press, 1978.
Gaughan, Edward D. "An 'Almost' Diophantine Equation." *Mathematics Teacher* (May 1980) 374-376.
Hogben, Lancelot. *Mathematics for the Millions.* New York: W.W. Norton, 1967.
Kline, Morris. *Mathematics for the Nonmathematician.* Mineola, NY: Dover, 1967.
Pappas, Theoni. *The Joy of Mathematics.* San Carlos, CA: Wide World/Tetra, 1989.
Peressini, Anthony, and Donald Sherbert. *Topics in Modern Mathematics.* New York: Holt, Rinehart and Winston, 1971.

21 아프리카의 수 체계와 기호의 상징성
Gay, J., and M. Cole. *The New Mathematics in an Old Culture: A Study of Learning Among the Kpelle of Liberia.* New York: Holt, Rinehart and Winston, 1976.
Gerdes, Paulus. *Lusona: Geometrical Recreations of Africa.* Maputo, Mozambique: African Mathematical Union, 1991.
Nelson, David, et al. *Multicultural Mathematics.* New York: Oxford University Press, 1993.
Schimmel, Annemarie. *The Mystery of Numbers.* New York: Oxford University Press, 1993.
Schwartz, Richard H. *Mathematics and Global Survival.* Needhan, MA: Ginn, 1990.
Zaslavsky, Claudia. *Africa Counts: Number and Pattern in African Culture.* New York: Lawrence Hill Books, 1979.
——. *Multicultural Mathematics.* Portland, ME: J. Weston Walch, 1993.
——. "Multicultural Mathematics Education for the Middle Grades." *Arithmetic Teacher* (Feb 1991) 8-13.

22 『구장산술』
Dunham, William. *The Mathematical Universe: An Alphabetical Journey Through the Great Proofs, Problems, and Personalities.* New York: John Wiley, 1994.
Joseph, George Gheverghese. *The Crest of the Peacock: Non-European Roots of Mathematics.* London: J.B.Tauris, 1991.
Kline, Morris. *Mathematics: A Cultural Approach.* Reading, MA: Addison-Wesley, 1962.
Li, Yan, and Du Shiran. *Chinese Mathematics: A Concise History.* New York: Clarendon Press, 1987.
Needhan, M. *Science and Civilization in China,* Vol III. Cambridge, MA: Cambridge University Press, 1959.
Swetz, Frank. *The Sea Island Mathematical Manual: Surveying and Mathematics in Ancient China.* University Park, PA: Pennsylvania State University Press, 1992.
Temple, Robert. *The Genius of China.* New York: Simon and Schuster, 1986.

23 알렉산드리아의 히파티아
Alic, Margaret. *Hypatia's Heritage.* Boston: Beacon Press, 1986.
Bell, E.T *The Last Problem.* Washington, DC: Mathematical Association of America, 1990.
Carter, Jack. "Discrete Mathematics: Women in Mathematics." *California Mathematics Council ComMuniCator* (Mar 1993) 10-12.
Fabricant, Mona, and Sylvia Svitak. "Why Women Succeed in Mathematics." *Mathematics Teacher* (Feb 1990) 150-154.
Grinstein, Louise S., and Paul Campbell. *Women of Mathematics: A Bibliographic Sourcebook.* Westport, CT: Greenwood Press, 1987.
Kingsley, Charles. *Hypatia, or New Foes with an Old Face.* New York: E. P. Dutton, 1907.
Osen, Lynn. *Women in Mathematics.* Cambridge, MA: MIT Press, 1984.
Perl, Teri. *Women and Numbers: Lives of Women Mathematicians plus Discovery Activities.* San Carlos, CA: Wide World/Tetra, 1993.

24 0의 개념
Agostini, Granco. *Math and Logic Games.* New York: Harper and Row, 1980.
Bergamini, David (ed). *Mathematics: Life Science Library.* New York: Time-Life Books, 1972.
Boyd, James N. *Professor Bear's Mathematical World.* Salem, VA: Virginia Council of Teachers of Mathematics, 1987.
Boyer, Carl. *A History of Mathematics,* 2nd ed rev. Uta C. Merzbach. New York: John Wiley, 1991.
Contino, Mike. "The Question Box: Watch Out for Zero." *California Mathematics Council ComMuniCator* (June 1993) 22.
Johnson, Art. *Classical Math: History Topics for the Classroom.* Palo Alto, CA: Dale Seymour, 1994.
Pappas, Theoni. *More Joy of Mathematics.* San Carlos, CA: Wide World/Tetra, 1991.
Paulos, John Allen. *Innumeracy: Mathematical Illiteracy and Its Consequences.* New York: Hill and Wang, 1988.
Schimmel, Annemarie. *The Mystery of Numbers.* New York: Oxford University Press, 1993.

25 놀이 속의 수학: 막대 던지기 게임
Castillo, Toby T. *Apache Mathematics, Past and Present.* Whiteriver, AZ: Whiteriver Middle School Press, 1994.
Closs, M.P. (ed). *Native American Mathematics.* Austin: University of Texas Press, 1986.
Dobler, Sam. *From Recreation to Computation Around the World.* San Carlos, CA: Math Products Plus, 1980.
Goodwin, Grenville. *The Social Organization of the Western Apache.* Tuscon: University of Arizona Press, 1969.
Grunfeld, Frederic (ed). *Games of the World.* New York: Ballantine Books, 1977.

Joseph, George G. ***The Crest of the Peacock: Non-European Roots of Mathematics.*** **New York: Penguin Books, 1991.**
Zaslavsky, Claudia. "Bringing the World into the Math Class." *Curriculum Review* 24 (Jan/Feb 1985) 62-65.
——. ***Multicultural Mathematics.*** **Portland, ME: J. Weston Walch, 1993.**

26 중세의 수학자들

Alic, Margaret. ***Hypatia's Heritage.*** **Boston: Beacon Press, 1986.**
Calinger, Ronald (ed). *Classics of Mathematics.* Oak Park, IL: Moore Publishing, 1982.
Denson, Philinda Stern. "Mathematics History Time Line." *Mathematics Teacher* (Nov 1987) 640-642.
Johnson, Art. ***Classical Math: History Topics for the Classroom.*** **Palo Alto, CA: Dale Seymour, 1994.**
Joseph, George G. ***The Crest of the Peacock: Non-European Roots of Mathematics.*** **New York: Penguin Books, 1991.**
Li, Yan, and Du Shiran. ***Chinese Mathematics: A Concise History.*** **New York: Oxford University Press, 1987.**
Paulos, John Allen. ***Beyond Numeracy: Ruminations of a Numbers Man.*** **New York: Alfred A. Knopf, 1991.**
Swetz, Frank. ***Learning Activities from the History of Mathematics.*** **Portland, ME: J. Weston Walch, 1994.**
——. ***The Sea Island Mathematical Manual: Surveying and Mathematics in Ancient China.*** **University Prak, PA: Penn State University Press, 1992.**

27 이슬람 수학

Berggren, J. *Episodes in the Mathematics of Medieval Islam.* New York: Springer-Verlag, 1986.
Critchlow, K. *Islamic Patterns: An Analytical Approach.* London: Thames Hudson, 1984.
Joseph, George G. ***The Crest of the Peacock: Non-European Roots of Mathematics.*** **New York: Penguin Books, 1991.**
Lawlor, Roger. *Sacred Geometry: Philosophy and Practice.* New York: Thames and Hudson, 1989.
McLeish, John. *Number: The History of Numbers and How They shape Our Lives.* New York: Ballantine, 1991.
Nasr, S.H. *Science and Civilization in Islam.* Cambridge, MA: Harvard University Press, 1968.

28 인도의 수학자들: 아리아바타와 바스카라

Datta, B., and A.N. Singh. *History of Hindu Mathematics.* Bombay, India: Asia Publishing House, 1962.
Dunham, William. ***The Mathematical Universe: An Alphabetical Journey Through the Great Proofs, Problems, and Personalities.*** **New York: John Wiley, 1994.**
Katz, J. ***A History of Mathematics: An Introduction.*** **New York: HarperCollins College Publishers, 1993.**
Srinvasiengar, C.N. *The History of Ancient Indian Mathematics.* Calcutta, India: The World Press, 1967.
Swetz, Frank J. (ed). *From Five Fingers to Infinity: A Journey Through the History of Mathematics.* Chicago: Open Court Publishing, 1994.

29 음수의 긴 역사

Boyer, Carl. *A History of Mathematics,* 2nd ed rev. Uta C. Merzbach. New York: John Wiley, 1991.
Cajori, Florian. *A History of Mathematics.* New York: Chelsea Publishing, 1991.
Crowley, Mary L., and Kenneth Dunn. "On Multiplying Negative Numbers." *Mathematics Teacher* (Apr 1985) 252-256.
Groza, Vivian Shaw. *A Survey of Mathematics: Elementary Concepts and Their Historical Development.* New York: Holt, Rinehart and Winston, 1968.
Kline, Morris. ***Mathematics for the Nonmathematician.*** **Mineola, NY: Dover, 1967.**
——. *Why Johnny Can't Add: The Failure of the New Math.* Mineola, NY: Dover, 1967.
Smith, David. E. *History of Mathematics,* Vol 1. Mineola, NY: Dover, 1958.
Struik, Dirk J. ***A Concise History of Mathematics.*** **Mineola, NY: Dover, 1987.**

30 수학자 시인들

Eves, Howard, ***An Introduction to the History of Mathematics.*** **New York: Holt, Rinehart and Winston, 1990.**
Fitzgerald, Edward. *The Rubaiyat of Omar Khayyam.* Mineola, NY: Dover, 1990.
Johnson, Art. ***Classical Math: History Topics for the Classroom.*** **Palo Alto, CA: Dale Seymour, 1994.**
Kasir, Daoud S. *The Algebra of Omar Khayyam.* New York: Teachers College Press, 1931.
Lamb, Harold. *Omar Khayyam: A Life.* New York: Doubleday, 1936.
Longfellow, Henry Wadsworth. *Kavanagh: A Tale.* New Haven: College and University Press, 1965.
Mitchell, Charles. "Henry Wadsworth Longfellow, Poet Extraordinaire." *Mathematics Teacher* (May 1989) 378-379.
Swetz, Frank. ***Learning Activities from the History of Mathematics.*** **Portland, ME: J. Weston Walch, 1994.**

31 피보나치 수열

Boulger, William. "Pythagoras Meets Fibonacci." *Mathematics Teacher* (Apr 1989) 277-282.
Ellis, Keith, ***Number Power in Nature and in Everyday Life.*** **New York: St. Martin's Press, 1978.**
Garland, Trudi H. *Fascinating Fibonaccis: Mystery and Magic in Numbers.* Palo Alto, CA: Dale Seymour, 1987.
Gies, Joseph, and Francis Gies. *Leonardo of Pisa and the New Mathematics of the Middle Ages.* New York: Thomas Y. Crowell, 1969.
Hurd, Stephen. "Egyptian Fractions: Ahmes to Fibonacci to Today." *Mathematics Teacher* (Oct 1991) 561-568.
Jacobs, Harold. ***Mathematics: A Human Endeavor.*** **San Francisco: W.H. Freeman, 1987.**
Paulos, John Allen. ***Beyond Numeracy: Ruminations of a Numbers Man.*** **New York: Alfred A. Knopf, 1991.**
Schielack, Vincent P. "The Fibonacci Sequence and the Golden Ratio." *Mathematics Teacher* (May 1987) 357-358.
Varnadore, James. "Pascal's Triangle and Fibonacci Numbers."

Mathematics Teacher (Apr 1991) 314-316, 319.

32 풀리지 않는 잉카의 기록들

Alcoze, Thom, et al. *Multiculturalism in Mathematics, Science, and Technology: Reading and Activities.* Menlo Park, CA: Addison-Wesley, 1993.

Ascher, Marcia *Ethnomathematics: A Multicultural View of Mathematical Ideas.* Pacific Grove, CA: Brooks/Cole Publishing, 1991.

——, and Robert Ascher. *Code of the Quipu: A Study in Media, Mathematics, and Culture.* Ann Arbor, MI: The University of Michigan Press, 1981.

Bocher, Salomon. *Mathematics in Cultural History.* New York: Charles Scribner, 1973.

Closs, M.P. (ed). *Native American Mathematics.* Austin: University of Texas Press, 1986.

Nelson, David, et al. *Multicultural Mathematics.* New York: Oxford University Press, 1993.

33 슈티펠의 숫자 신비주의

Eves, Howard. *An Introduction to the History of Mathematics.* New York: Holt, Rinehart and Winston, 1990.

Friend, J. Newton. *Numbers: Fun and Facts.* New York: Charles Scribner, 1954.

Hogben, Lancelot. *Mathematics for the Millions.* New York: W.W. Norton, 1967.

Ifrah, Georges. *From One to Zero: A Universal History of Numbers.* New York: Viking Press, 1985.

Kline, Morris. *Mathematics: The Loss of Certainty.* New York: Oxford University Press, 1980.

Pappas, Theoni. *More Joy of Mathematics.* San Carlos, CA: Wide World/Tetra, 1991.

Schimmel, Annemarie. *The Mystery of Numbers.* New York: Oxford University Press, 1993.

34 황금비와 황금사각형

Garland, Trudi H. *Fascinating Fibonaccis: Mystery and Magic in Numbers.* Palo Alto, CA: Dale Seymour, 1987.

Herz-Fischler, Roger. *A Mathematical History of Division in Extreme and Mean Ration.* Waterloo, Ontario: Wilfrid Laurier University Press, 1987.

Lawlor, Roger. *Sacred Geometry: Philosophy and Practice.* New York: Thames and Hudson, 1989.

Linn, Charles. *The Golden Mean.* Garden City, NY: Doubleday, 1963.

Markowsky, George. "Misconceptions About the Golden Ratio." *The College Mathematics Journal* (Jan 1992) 2-19.

Pappas, Theoni. *Mathematics Appreciation.* San Carlos, CA: Wide World/Tetra, 1987.

Rigby, J.F. "Equilateral Triangles and the Golden Ratio." *The Mathematical Gazette 72* (1988) 27-30.

Runion, Garth E. *The Golden Section and Related Curiosa.* Glenview, IL: Scott Foresman, 1972.

35 시각적인 수학

Blackwell, William. *Geometry in Architecture.* Berkeley, CA: Key Curriculum Press, 1984.

Covarrubias, Miguel. *Indian Art of Mexico and Central America.* New York, NY: Alfred A. Knopf, 1957.

Edwards, Lois, and Kevin Lee. *TesselMania! Math Connection.* Berkeley, CA: Key Curriculum Press, 1995.

Gay, John, and Cole, Michael. *The New Mathematics and an Old Culture: A Study of Learning Among the Kpelle of Liberia.* New York: Holt, Rinehart and Winston, 1967.

Gurther, Edmund B. "Angela Perkins and the Computer as Palette." *International Review of African American Art* (Spring 1992).

Henderson, Linda D. *The Fourth-Dimension and Non-Euclidean Geometry in Modern Art.* Princeton, NJ: Princeton University Press, 1983.

Rucker, Rudy, and James Gleik. *Chaos: The Software.* Sausalito, CA: Autodisk, 1989.

36 카르다노와 타르탈리아의 논쟁

Bergamini, David (ed). *Mathematics: Life Science Library.* New York: Time-Life Books, 1972.

David, F.N. *Games, Gods, and Gambling.* New York: Hafner Publishing, 1962.

Eves, Howard. *An Introduction to the History of Mathematics.* New York: Holt, Rinehart and Winston, 1990.

Johnson, Art. *Classical Math: History Topics for the Classroom.* Palo Alto, CA: Dale Seymour, 1994.

Ore, Oystein. *Cardano: The Gambling Scholar.* Mineola, NY: Dover, 1965.

Swetz, Frank. *Learning Activities from the History of Mathematics.* Portland, ME: J. Weston Walch, 1994.

37 복소수의 탄생

Cajori, Florian. *A History of Mathematical Notations,* Vols 1 and 2. Chicago: Open Court Publishing, 1952.

Flegg, Graham. *Numbers: Their History and Meaning.* New York: Schocken Books, 1983.

——. *Numbers Through the Ages.* Dobbs Ferry, NY: Sheridan House, 1989.

Kline, Morris. *Mathematical Thought from Ancient to Modern Times.* New York: Oxford University Press, 1990.

Pólya, George. *Mathematical Discovery.* New York: John Wiley, 1962.

Sondheimer, Ernest, and Alan Rogerson. *Numbers and Infinity -- An Historical Account of Mathematical Concepts.* New York: Cambridge University Press, 1981.

38 파트타임 수학자: 비에트

Bergamini, David (ed). *Mathematics: Life Science Library.* New York: Time-Life Books, 1972.

Boyer, Carl. *A History of Mathematics,* 2nd ed rev. Uta C. Merzbach. New York: John Wiley, 1991.

Dunham, William. *Journey Through Genius: The Great Theorems of Mathematics.* Somerset, NJ: John Wiley, 1990.

Eves, Howard. *An Introduction th the History of Mathematics.* New York: Holt, Rinehart and Winston, 1990.

Hollingdale, Stuart. *Makers of Mathematics.* New York: Penguin Books, 1989.

Kline, Morris. *Mathematics for the Nonmathematician.* Mineola, NY: Dover, 1967.
——. *Mathematics: The Loss of Certainty.* New York: Oxford University Press, 1980.
swetz, Frank. *Learning Activities from the History of Mathematics.* Portland, ME: J. Weston Walch, 1994.

39 네이피어가 발명한 로그
Cajori, Florian. *A History of the Logarithmic Slide Rule and Allied Instruments.* New York: McGraw-Hill, 1909.
Daintith, John, and R.D. Nelson (eds). *Dictionary of Mathematics.* New York: Penguin Books, 1989.
Jacobs, Harold. *Mathematics: A Human Endeavor.* San Francisco: W. H. Freeman, 1987.
Kasner, Edward, and James R. Newman. *Mathematics and the Imagination.* Redmond, WA: Tempus Books, 1989.
Resnikoff, H.L., and R.O. Wells. *Mathematics in Civilization.* Mineola, NY: Dover, 1985.

40 1582년에 사라진 10일
Bergamini, David (ed). *Mathematics: Life Science Library.* New York: Time-Life Books, 1972.
Boyer, Carl. *A History of Mathematics,* 2nd ed rev. Uta C. Merzbach. New York: John Wiley, 1991.
Bushwich, N. *Understanding the Jewish Calendar.* Brooklyn, NY: Moznaim, 1989.
Eves, Howard. *An Introduction to the History of Mathematics.* New York: Holt, Rinehart and Winston, 1990.
Francis, Richard L. *Mathematical Look at the Calendar.* Arlington, MA: COMAP, 1988.
Pappas, Theoni. *More Joy of Mathematics.* San Carlos, CA: Wide World/Tetra, 1991.
Vogel, Malvina (ed). *The 2nd Big Book of Amazing Facts.* New York: Waldman Publishing, 1982.
Zaslavsky, Claudia. *Multicultural Mathematics.* Portland, ME: J. Weston Walch, 1993.

41 변화하는 우주: 프톨레마이오스, 코페르니쿠스, 케플러
Adamczeivski, Jan. *Nicholas Copernicus and His Epoch.* Philadelphia: Copernicus Society of America, 1973.
Davies, Paul. *The Edge of Infinity.* New York: Simon and Schuster, 1982.
Ekeland, Ivar. *Mathematics and the Unexpected.* Chicago: University of Chicago Press, 1988.
Ellis, Keith *Number Power in Nature and in Everyday Life.* New York: St. Martin's Press, 1978.
Hawking, Stephen. *A Brief History of Time.* New York: Bantam Books, 1988.
Koestler, Arthur. *The Watershed: A Life of Kepler.* New York: Doubleday, 1960.
Maor, Eli. *To Infinity and Beyond: A Cultural History of the Infinite.* Boston: Birkhauser Boston, 1987.
Resnikoff, H.L., and R.O. Wells. *Mathematics in Civilization.* Mineola, NY: Dover, 1985.

42 갈릴레오의 실험과 이론
Dunham, William. *Journey Through Gentius: The Great Theorems of Mathematics.* Somerset, NJ: John Wiley, 1990.
Drake, Stillman. *Discoveries and Opinions of Galileo.* Garden City, NY: Doubleday, 1957.
Drake, Stillman. *Galileo at Work: His Scientific Biography.* Chicago: University of Chicago, 1978.
Ferris, Timothy. *The Universe and Eye.* San Francisco: Chronicle Books, 1993.
Hollingdale, Stuart. *Makers of Mathematics.* New York: Penguin Books, 1989.
Ross, Hugh. *The Fingerprint of God.* Orange, CA: Promise Publishing, 1989.
Struik, Dirk J. *A Concise History of Mathematics.* Mineola, NY: Dover, 1987.

43 데카르트: 변화를 추구한 사람
Davis, Philip, and Reuben Hersh. *Descartes' Dream.* New York: Harcourt Brace Jovanovich, 1986.
Haldane, Elizabeth. *Descartes: His Life and Times.* New York: American Scholar Publications, 1966.
Martain, Jacques. *The Dream of Descartes.* New York: Philosophical Library, 1944.
Reimer, Luetta, and Wilbert Reimer. *Mathematicians Are People, Too,* Vol 2. Palo Alto, CA: Dale Seymour, 1994.
Smith, David E. *The Geometry of René Descartes.* Macia L. Latham (trans). Mineola, NY: Dover, 1954.
Struik, Dirk J. *A Source Book in Mathematics 1200-1800.* Princeton: Princeton University Press, 1969.
Swetz, Frank. *Learning Activities from the History of Mathematics.* Portland, ME: J. Weston Walch, 1994.
Tymoczko, Thomas. *Making Room for Mathematicians in the Philosophy of Mathematics.* Northampton, MA: Smith College, 1981.
Vrooman, J.R. *René Descartes: A Biography.* New York: Putnam, 1970.

44 파스칼의 유용한 삼각형
Bishop, Morris. *Pascal: The Life of a Genius.* New York: Reynal and Hitchcock, 1936.
Dunham, William. *Journey Through Genius: The Great Theorems of Mathematics.* Somerset, NJ: John Wiley, 1990.
Green, Thomas M., and Charles Hamberg. *Pascals Triangle.* Palo Alto, CA: Dale Seymour, 1986.
Hollingdale, Stuart. *Makers of Mathematics.* New York: Penguin Books, 1989.
Kline, Morris. *Mathematics in Western Culture.* New York: Oxford University Press, 1964.
Seymour, Dale. *Visual Patterns in Pascal's Triangle.* Palo Alto, CA: Dale Seymour, 1986.
Varnadore, James. "Pascal's Triangle and Fibonacci Numbers." *Mathematics Teacher* (Apr 1991) 314-316, 319.

45 페르마의 수수께끼
Bell, E.T. *The Last Problem.* Washington, DC: Mathematical Association of America, 1990.

Dembart, Lee. "Scientists Buzzing–Fermat's Last Theorem May Have Been Proved." *Los Angeles Times* (8 Mar 1988) 3, 23.
Edwards, Harold. *Fermat's Last Theorem.* New York: Springer-Verlag, 1977.
Hoffman, Paul. "Fermat Still Has Last Laugh." *Discover* (Jan 1989) 48 - 50.
Kolata, Gina. "Progress on Fermat's Famous Math Problem." *Science* (Mar 1987) 1572-1573.
Marks, Robert. *The Growth of Mathematics: From Counting to Calculus.* New York: Bantam Books, 1964.
Pappas, Theoni. More Joy of Mathematics. San Carlos, CA: Wide World/Tetra, 1991.
Shockley, James E. *Introduction to Number Theory.* New York: Holt, Rinehart and Winston, 1967.
Vanden Eynden, Charles. "Fermat's Last Theorem: 1637-1988." *Mathematics Teacher* (Nov 1989) 637-640.

46 도박에서 출발한 확률 연구

David, F.N. *Games, Gods and Gambling.* New York: Hafner, 1962.
Hald, Anders. *A History of Probability and Statistics and Their Applications Before 1750.* Somerset, NJ: John Wiley, 1990.
Lightner, James. "A Brief Look at the History of Probability and Statistics." *Mathematics Teacher* (Nov 1991) 623-630.
McGervey, John D. *Probabilities in Everyday Life.* New York: Ballantine Books, 1986.
Moore, David S. *Statistics: Concepts and Controversies.* New York: W.H. Freeman, 1991.
Paulos, John Allen. *Beyond Numeracy: Ruminations of a Numbers Man.* New York: Alfred A. Knopf, 1991.
Stigler, Stephen M. *History of Statistics: The Measurement of Uncertainty Before 1900.* Cambridge, MA: Harvard University Press, 1986.
Todhunter, Isaac. *A History of the Mathematical Theory of Probability, from the Time of Pascal to That of Laplace.* New York: Chelsea Publishing, 1949.

47 미적분학 논쟁

Christianson, Gale E. *In the Presence of the Creator: Isaac Newton and His Times.* New York: Cambridge University Press, 1984.
Edwards, Charles H. *The Historical Development of the Calculus.* New York: Springer-Verlag, 1979.
Eves, Howard. *Great Moments in Mathematics After 1650.* Washington, DC: Mathematical Association of America, 1982.
Gerdes, Paulus. *Marx Demystifies Calculus,* trans. Beatrice Lumpkin. Minneapolis, MN: Marxist Educational Press, 1985.
Goldberg, Dorothy. "In Celebration: Newton's *Principia,* 1687-1987." *Mathematics Teacher* (Dec 1987) 711-714.
Hall, A.R. *Philosophers at War: The Quarrel Between Newton and Leibniz.* Cambridge, MA: Cambridge University Press, 1980.
Hogben, Lancelot. *Mathematics for the Millions.* New York: W.W. Norton, 1967.
Kline, Morris. Mathematics: *The Loss of Certainty.* New York: Oxford University Press, 1980.
Schimmel, Judith. "A Celebration in Honor of Isaac Newton." *Mathematics Teacher* (Dec 1991) 727-730.

48 매문정: 문화의 가교

Joseph, George G. *The Crest of the Peacock: Non-European Roots of Mathematics.* New York: Penguin Books, 1991.
Li, Yan, and Du Shiran. *Chinese Mathematics: A Concise History.* New York: Oxford University Press, 1987.
Libbrecht, Ulrich. *Chinese Mathematics in the Thirteenth Century: The Shu-shu Chiu-Chang of Ch'in Chiu-shao.* Cambrideg, MA: MIT Press, 1973.
Mikami, Yoshio. *The Development of Mathematics in China and Japan.* New York: Chelsea Publishing, 1961.
Nelson, David, et al. *Multicultural Mathematics.* New York: Oxford University Press, 1993.
Temple, Robert. *The Genius of China.* New York: Simon and Schuster, 1986.

49 베르누이 일가

Bell, E.T. *Men of Mathematics.* New York: Simon and Schuster, 1986.
Bergamini, David (ed). *Mathematics: Life Science Library.* New York: Time-Life Books, 1972.
Daintith, John, and R.D. Nelson (eds). *Dictionary of Mathematics.* New York: Penguin Books, 1989.
Dunham, William. "The Bernoullis and the Harmonic Series." *The College Mathematics Journal* (Jan 1987) 18 - 23.
Eves, Howard. *An Introduction to the History of Mathematics.* New York: Holt, Rinehart and Winston, 1990.
Johnson, Art. *Classical Math: History Topics for the Classroom.* Palo Alto, CA: Dale Seymour, 1994.
Newman, James R. *The World of Mathematics,* Vol II. New York: Simon and Schuster, 1956.

50 아프리카 문양과 그래프

Ascher, Marcia. *Ethnomathematics: A Multicultural View of Mathematical Ideas.* Pacific Grove, CA: Brooks/Cole Publishing, 1991.
Crowe, Donald. *Symmetry, Rigid Motions, and Patterns.* Alington, MA: COMAP, 1989.
Gay, J., and M. Cole. *The New Mathematics in an Old Culture : A Study of Learning Among the Kpelle of Liberia.* New York: Holt, Rinehart and Winston, 1976.
Gerdes, Paulus. *Lusona: Geometrical Recreations of Africa.* Maputo, Mozambique: African Mathematical Union, 1991.
Nelson, David, et al. *Multicultural Mathematics.* New York: Oxford University Press, 1993.
Schwartz, Richard H. *Mathematics and Global Survival.* Needham, MA: Ginn, 1990.
Zaslavsky, Claudia. *Africa Counts: Number and Pattern in African Culture.* New York: Lawrence Hill Books, 1979.
——. *Multicultural Mathematics.* Portland, ME: J. Weston Walch, 1993.

51 까다로운 무한

Barrow, John D. *Pi in the sky: Counting, Thinking, and Being.* New York: Oxford University Press, 1992.
Dauben, Joseph W. *Georg Cantor: His Mathematics and Philosophy of the*

Infinite. Cambridge, MA: Harvard University Press, 1979.
Davies, Paul. *The Edge of Infinity*. New York: Simon and Schuster, 1982.
Francis, Richard L. "From None to Infinity." *College Mathematics Journal* (May 1986) 226-230.
Kanigel, Robert. *The Man Who Knew Infinity: A Life of the Genius Ramanujan*. New York: Macmillan Publishing, 1991.
Love, William P. "Infinity: The Twilight Zone of Mathematics." *Mathematics Teacher* (Apr 1989) 284-292.
Maor, Eli. *To Infinity and Beyond: A Cultural History of the Infinite*. Boston: Birkhauser Boston, 1987.
Pappas, Theoni. *More Joy of Mathematics*. San Carlos, CA: Wide World/Tetra, 1991.
Ziman, J. *Puzzles, Problems and Enigmas*. Cambridge, MA: Cambridge University Press, 1981.

52 오일러와 무리수 *e*
Dunham, William. *Journey Through Genius: The Great Theorems of Mathematics*. Somerset, NJ: John Wiley, 1990.
Hollingdale, Stuart. *Makers of Mathematics*. New York: Penguin Books, 1989.
Kasner, Edward, and James R. Newman. *Mathematics and the Imagination*. Redmond, WA: Tempus Books, 1989.
Pappas, Theoni. *More Joy of Mathematics*. San Carlos, CA: Wide World/Tetra, 1991.
Paulos, John Allen. *Beyond Numeracy: Ruminations of a Numbers Man*. New York: Alfred A. Knopf, 1991.
Smith, Sanderson. *An Introduction to Investment Mathematics*. Englewood, NJ: Frnaklin Publishing, 1968.

53 쾨니히스베르크에 있는 7개의 다리
Bell, E.T. *Men of Mathematics*. New York: Simon and Schuster, 1986.
Biggs, N.C., E.K. Lloyd, and R.J. Wilson. *Graph Theory 1736-1936*. New York: Clarendon Press, 1986.
Davies, Paul. *The Edge of Infinity*. New York: Simon and Schuster, 1982.
Jacobs, Harold. *Mathematics: A Human Endeavor*. San Francisco: W.H. Freeman, 1987.
Kasner, Edward, and James R. Newman. *Mathematics and the Imagination*. Redmond, WA: Tempus Books, 1989.
Moise, Edwin, and Floyd Downs. *Geometry*. Menlo Park, CA: Addison-Wesley, 1982.
Pappas, Theoni. *The Joy of Mathematics*. San Carlos, CA: Wide World/Tetra, 1989.
Sacco, William, et al. *Graph Theory : Euler's Rich Legacy*. Providence, RI: Janson Publications, 1987.

54 음악과 수학
Boulez, Piene, and Andrew Gerzso. "Computers in Music." *Scientific American* (Apr 1988) 44-51.
Dalton, LeRoy. *Algebra in the Real World*. Palo Alto, CA: Dale Seymour, 1983.
Gardner, Martin. *Fractal Music, Hypercards, and More*. New York: W.H. Freeman, 1992.
Garland, Trudi, and Charity Kahn. *Math and Music: Harmonic Connections*. Palo Alto, CA: Dale Seymour, 1994.
Holmes, Thomas B. *Electronic and Experimental Music* New York: Charles Scribner, 1985.
Howell, John. *Laurie Anderson*. New York: Thunder's Mouth Press, 1992.

55 마리아 아녜시: 언어학자, 수학자, 인문주의자
Alic, Margaret. *Hypatia's Heritage*. Boston: Beacon Press, 1986.
Carter, Jack. "Discrete Mathematics: Women in Mathematics." *California Mathematics Council ComMuniCator* (Mar 1993) 10-12.
Grinstein, Louise S., and Paul Campbell. *Women of Mathematics: A Bibliographic Sourcebook*. Westport, CT: Greenwood Press, 1987.
Osen, Lynn. *Women in Mathematics*. Cambridge, MA: MIT Press, 1984.
Perl, Teri. *Math Equals: Biographies of Women Mathematicians and Related Activities*. Menlo Park, CA: Addison-Wesley, 1978.
——. *Women and Numbers: Lives of Women Mathematicians plus Discovery Activities*. San Carlos, CA: Wide World/Tetra, 1993.

56 칸트: 직관주의자
Barker, Stephen F. *Philosophy of Mathematics*. Englewood Cliffs, NJ: Prentice-Hall, 1964.
Barrow, John D. *Pi in the sky: Counting, Thinking, and Being*. New York: Oxford University Press, 1992.
Bell, E.T. *The Magic of Numbers*. New York: McGraw-Hill, 1946.
Dummett, Michael. *Elements of Intuitionism*. New York: Clarendon Press, 1977.
Kline, Morris. *Mathematics: The Loss of Certainty*. New York: Oxford University Press, 1980.
Maor, Eli. *To Infinity and Beyond: A Cultural History of the Infinite*. Boston: Birkhauser Boston, 1987.
Marks, Robert. *The Growth of Mathematics: From Counting to Calculus*. New York: Bantam Books, 1964.
Ross, Hugh. *The Fingerprint of God*. Orange, CA: Promise Publishing, 1989.

57 벤저민 배네커: 문제 해결사
Bedini, Silvio. *Life of Benjamin Banneker*. New York: Charles Scribner, 1972.
Benjamin Banneker (poster). Burlington, NC: Cabisco Mathematics, Carolina Biological Supply, 1991.
Conley, Kevin. *Benjamin Banneker*. New York: Chelsea Publishing, 1989.
Johnson, Art. *Classical Math: History Topics for the Classroom*. Palo Alto, CA: Dale Seymour, 1994.
Newell, Virginia K., and Joella Gipson. *Black Mathematicians and Their Works*. Ardmore, PA: Dorrance, 1980.
Fauvel, John, and Paulus Gerdes. "African Slave and Calculating Prodigy: Bicentenary of the Death of Thomas Fuller." *Historia Mathematica* 17(2) (1990) 141-151.
Zaslavsky, Claudia. *Multicultural Mathematics*. Portland, ME: J. Weston Walch, 1993.

58 18세기 프랑스의 수학
Connelly, Owen (ed). *The Historical Dictionary of Napoleonic France, 1799-1815.* Westport, CT: Greenwood Press, 1985.
Courant, Richard, and Herbert Robins. *What Is Mathematics?* New York: Oxford University Press, 1948.
Coxeter, H.S.M., and Samuel L. Greitzer. *Geometry Revisited.* Washington, DC: Mathematical Association of America, 1967.
Gillespie, Charles C. "The Scientific Importance of Napolean's Egyptian Campaign." *Scientific American* (Sept 1994).
Herold, J. Cristopher. *Bonaparte in Egypt.* New York: Harper and Row, 1962.
Hollingdale, Stuart. *Makers of Mathematics.* New York: Penguin Books, 1989.
Jacobs, Harold. *Mathematics: A Human Endeavor.* San Francisco: W.H. Freeman, 1987.
Maynard, Jacquelyn. "Napoleon's Waterloo Wasn't Mathematics." *Mathematics Teacher* (Nov 1989) 648-653.

59 초기 북아메리카의 수학
Bolz, Diane M. "The Enduring Art of Navajo Weaving." *Smithsonian* (Aug 1994) 20.
Castillo, Toby T. *Apache Mathematics, Past and Present.* Whiteriver, AZ: Whiteriver Middle School Press, 1994.
Closs, M.P. (ed). *Native American Mathematics.* Austin: University of Texas Press, 1986.
Crowe, Donald. *Symmetry, Rigid Motions, and Patterns.* Arlington, MA: COMAP, 1989.
Ferguson, William, and Arthur Rohn. *Anasazi Ruins of the Southwest in Color.* Albuquerque, NM: The University of New Mexico Press, 1986.
Goodwin, Grenville. *The Social Organization of the Western Apache.* Tucson: University of Arizona Press, 1969.
Zaslavsky, Claudia. *Multicultural Mathematics.* Portland, ME: J. Weston Walch, 1993.

60 소피 제르맹: 용기 있는 수학자
Alice, Margaret. *Hypatia's Heritage.* Boston: Beacon Press, 1986.
Carter, Jack. "Discrete Mathematics: Women in Mathematics." *California Mathematics Council ComMuniCator* (Mar 1993) 10-12.
Edeen, J., S. Edeen, and V. Slachman. *Portraits for Classroom Bulletin Boards–Women Mathematicians.* Palo Alto, CA: Dale Seymour, 1990.
Grinstein, Louise S., and Paul Campbell. *Women of Mathematics: A Bibliographic Sourcebook.* Westport, CT: Greenwood Press, 1987.
Mozans, H.J. *Woman in Science.* Cambridge, MA: MIT Press, 1974.
Phillips, Patricia. *The Scientific Lady: A Social History of Women's Scientific Interests 1520-1918.* New York: St. Martin's Press, 1990.
Spender, Dale. *Women of Ideas and What Men Have Done To Them.* London: HarperCollins, 1990.
Swetz, Frank. *Learning Activities from the History of Mathematics.* Portland, ME: J. Weston Walch, 1994.

61 칼 프리드리히 가우스: 최고의 수학자
Bühler, W.K. *Gauss: A Biographical Study.* New York: Springer-Verlag, 1981.
Dunham, William. *Journey Through Genius: The Great Theorems of Mathematics.* Somerset, NJ: John Wiley, 1990.
Dunningham, G.W. *Carl Friedrich Gauss: Titan of Science.* new York: Hafner Publications, 1955.
Hooper, Alfred. *Makers of Mathematics.* New York: Vintage Books, 1948.
Kline, Morris. *Mathematics: An Introduction to Its Spirit and Use.* San Francisco: W.H. Freeman, 1979.
Kramer, Edna. *The Nature and Growth of Modern Mathematics.* Princeton, NJ: Princeton University Press, 1981.
Pappas, Theoni. *More Joy of Mathematics.* San Carlos, CA: Wide World/Tetra, 1991.
Schaaf, William L. *Carl Friedrich Gauss: Prince of Mathematics.* New York: Franklin Watts, 1964.
Wolfe, Harold. *Introduction to Non-Euclidean Geometry.* New York: Holt, Rinehart and Winston, 1945.

62 수학과 선거인단
Davis, Kenneth C. *Don't Know Much About History.* New York: Avon Books, 1990.
Paulos, John Allen. *Beyond Numeracy: Ruminations of a Numbers Man.* New York: Alfred A. Knopf, 1991.

63 평행선 공준
Cajori, Florian. *A History of Mathematics.* New York: Chelsea Publishing, 1991.
Fokio, Catherine. "Bring Non-Euclidean Geometry Down to Earth." *Mathematics Teacher* (Sept 1985) 430-431.
Gans, David. *An Introduction to Non-Euclidean Geometry.* New York: Academic Press, 1973.
Henderson, Linda D. *The Fourth-Dimension and Non-Euclidean Geometry in Modern Art.* Princeton, NJ: Princeton University Press 1983.
Lénárt, István. *Non-Euclidean Adventures on the Lénárt Sphere.* Berkeley, CA: Key Curriculum Press, 1996.
Lockwood, James R., and Garth E. Runion. *Deductive Systems: Finite and Non-Euclidean Geometries.* Reston, VA: National Council of Teachers of Mathematics, 1978.
Miller, Charles, and Vern E. Heeren. *Mathematical Ideas.* Oakland, NJ: Scott Foresman, 1982.
Rosenfeld, B.A. *A History of Non-Euclidean Geometry: Evolution of the Concept of a Geometric Space.* New York: Springer-Verlag, 1988.

64 완전수
Bezuszka, Stanley, and Margaret Kenney. *Number Treasury.* Palo Alto, CA: Dale Seymour, 1982.
——. Mary Farrey, and Margaret Kenney. *Contemporary Motivated Mathematics,* Book 3. Chestnut Hill, MA: Boston College Press, 1980.
Dunham, William. *The Mathematical Universe: An Alphabetical Journey Through the Great Proofs, Problems, and Personalities.* New York: John Wiley, 1994.
Ellis, Keith. *Number Power in Nature and in Everyday Life.* New York: St. Martin's Press, 1978.
Shoemaker, Richard W. *Perfect Numbers.* Reston, VA: National Council of Teachers of Mathematics, 1973.

65 메리 서머빌: 개척자

Alic, Margaret. *Hypatia' s Heritage.* Boston: Beacon Press, 1986.

Baum, Joan. *The Calculating Passion of Ada Byron.* Hamden, CT: Archon Books, 1987.

Goodsell, Willystine. *Pioneers of Women' s Education in the United States.* New York: McGraw Hill, 1931.

Gornick, Vivian. *Women in Science: Portraits from a World in Transition.* New York: Simon and Schuster, 1983.

Grinstein, Louise S., and Paul Campbell. *Women of Mathematics: A Bibliographic Sourcebook.* Westport, CT: Greenwood Press, 1987.

Johnson, Art. *Classical Math: History Topics for the Classroom.* Palo. Alto, CA: Dale Seymour, 1994.

Kenshaft, Patricia (ed). *Winning Women into Mathematics.* Washington, DC: Mathematical Association of America, 1991.

Perl, Teri. *Women and Numbers: Lives of Women Mathematicians Plus Discovery Activities.* San Carlos, CA: Wide World/Tetra, 1993.

Phillips, Patricia. *The Scientific Lady: A Social History of Women' s Scientific Interests 1520-1918.* New York: St. Martin' s Press, 1990.

66 1800년대의 수학자들

Burton, David. *The History of Mathematics: An Introduction.* Boston: Allyn and Bacon, 1985.

Dauben, J.W. (ed). *The History of Mathematics from Antiquity to the Present. A Selected Bibliography.* New York: Garland, 1985.

Dedron, P., and J. Itard. *Mathematics and Mathematicians,* Vols I and II. London: Transworld Publications, 1973.

Eves, Howard. *Great Moments in Mathematics After 1650.* Washington, DC: Mathematical Association of America, 1982.

Fauvel, John, and Jeremy Gray. *The History of Mathematics, A Readers.* Dobbs Ferry, NY: Sheridan House, 1987.

Vare, Ethlie Ann, and Greg Ptacek. *Mothers of Invention, from the Bra to the Bomb: Forgotten Women and Their Unforgettable Ideas.* New York: Morrow, 1988.

67 수학계를 흔들어 놓은 두 사람

Bochenski, I.M. *A History of Formal Logic.* South Bend, IN: Notre Dame University Press, 1961.

Hankins, T.L. *sir William Rowan Hamilton.* Baltimore: Johns Hopkins University Press, 1980.

Johnson, Art. *Classical Math: History Topics for the Classroom.* Palo Alto, CA: Dale Seymour, 1994.

MacHale, Desmond. *George Boole: His Life and Work.* Dublin, Ireland: Boole Press, 1985.

Papert, Seymour. *Mindstorms.* New York: Basic Books, 1980.

Resnikoff, H.L., and R.O. Wells. *Mathematics in Civilization.* Mineola, NY: Dover, 1985.

Swetz, Frank. *Learning Activities from the History of Mathematics.* Portland, ME: J. Weston Walch, 1994.

Wilder, Raymond. *The Evolution of Mathematical Concepts.* New York: John Wiley, 1968.

68 드 모르간: 자상한 교육자

Boyer, Carl. *A History of Mathematics,* 2nd ed rev. Uta C. Merzbach. New York: John Wiley, 1991.

Cundy, H. Martyn, and A.P. Rollette. *Mathematical Models.* London: Oxford University Press, 1974.

De Morgan, Augustus. *A Budget of Paradoxes.* D.E. Smith (ed). Chicago: Open Court Publishing, 1915.

Eves, Howard. *An Introduction to the History of Mathematics.* New York: Holt, Rinehart and Winston, 1990.

Hollingdale, Stuart. *Makers of Mathematics.* New York: Penguin Books, 1989.

Kline, Morris. *Mathematics: The Loss of Certainty.* New York: Oxford University Press, 1980.

Kolpas, Sidney J. "Augustus De morgan." *California Mathematics Council ComMuniCator* (June 1990) 24.

69 짧았던 갈루아의 일생

Bell, E.T. *Men of Mathematics.* New York: Simon and Schuster, 1986.

——. *The Development of Mathematics.* Mineola, NY: Dover, 1992.

Daintith, John, and R. D. Nelson (eds). *Dictionary of Mathematics.* New York: Penguin Books, 1989.

Edwards, H.M. *Galois Theory.* New York: Springer Publications, 1984.

Infeld, Leopold. *Whom the Gods Love: The Story of Evariste Galois.* Reston, VA: National Council of Teachers of Mathematics, 1978.

Johnson, Art. *Classical Math: History Topics for the Classroom.* Palo Alto, CA: Dale Seymour, 1994.

Peterson, Ivars. *Islands of Truth: A Mathematical Mystery Cruise.* New York: W.H. Freeman, 1990.

70 에이다 러블레이스: 최초의 컴퓨터 프로그래머

Alic, Margaret. *Hypatia' s Heritage.* Boston: Beacon Press, 1986.

Baum, Joan. *The Calculating Passion of Ada Byron.* Hamden, CT: Archeon Books, 1986.

Crowley, Mary L. "The 'Difference' in Babbage' s Difference Engine." *Mathematics Teacher* (May 1985) 366-372, 354.

Johnson, Art. *Classical Math: History Topics for the Classroom.* Palo Alto, CA: Dale Seymour, 1994.

Logdson, Tom. *Computers and Social Controversy.* Rockville, MD: Computer Science Press, 1980.

Pappas, Theoni. *More Joy of Mathematics.* San Carlos, CA: Wide World/Tetra, 1991.

Perl, Teri. *Women and Numbers: Lives of Women Mathematicians plus Discovery Activities.* San Carlos, CA: Wide World/Tetra, 1993.

Schiebinger, Linda. *The Mind Has No Sex? Women in the Origins of Modern Science.* Cambridge, MA: Harvard University Press, 1989.

Toole, Betty Alexandra. *Ada, the Enchantress of Numbers.* Mill Valley, CA: Strawberry Press, 1992.

71 피타고라스와 가필드 대통령

Bennett, Dan. *Pythagoras Plugged In: Proofs and Problems for The Geometer' s Sketchpad.* Berkeley, CA: Key Curriculum Press, 1995.

Jeffries, Ona Griffin. *In and Out of the White House.* New York: Wilfred Funk, 1960.

Kane, Joseph Nathan. *Facts About the Presidents.* New York: W.H. Wilson, 1974.

Kolpas, Sidney J. *The Pythagorean Theorem : Eight Classic Proofs.* Palo

Alto, CA: Dale Seymour, 1992.

Loomis, Elisha S. *The Pythagorean Proposition.* Washington, DC: National Council of Teachers of Mathematics, 1968.

Pappas, Theoni. *The Joy of Mathematics.* San Carlos, CA: Wide World/Tetra, 1989.

Swetz, Frank, and T.I. Kao. *Was Pythagoras Chinese? An Examination of Right Triangle Theory in Ancient China.* Reston, VA: National Council of Teachers of Mathematics, 1977.

72 루이스 캐럴: 환상 속의 수학자

Bergamini, David (ed). *Mathematics: Life Science Library.* New York: Time-Life Books, 1972.

Carroll, Lewis. *Pillow Problems and A Tangled Tale.* Mineola, NY: Dover, 1958.

Gardner, Martin. *More Annotated Alice.* New York: Random House, 1990.

Kelly, Richard. *Lewis Carroll.* Boston: G.K. Hall, 1977.

Pappas, Theoni. *More Joy of Mathematics.* San Carlos, CA: Wide World/Tetra, 1991.

73 3대 작도 불능 문제

Bold, Benjamin. *Famous Problems of Geometry.* Mineola, NY: Dover, 1969.

Eves, Howard. *An Introduction to the History of Mathematics.* New York: Holt, Rinehart and Winston, 1990.

Hobson, E.W. "Squaring the Circle." *A History of the Problem.* New York: Chelsea Publishing, 1953.

Jacobs, Harold. *Mathematics: A Human Endeavor.* San Francisco: W.H. Freeman, 1987.

Kostovskii, A.N. *Geometrical Constructions Using Compasses Only.* Halina Moss (trans). New York: Blaisdell Publishing, 1961.

Lamb, John F. "Trisecting and Angle--Almost." *Mathematics Teacher* (Mar 1988) 220-222.

Swetz, Frank. *Learning Activities from the History of Mathematics.* Portland, ME: J. Weston Walch, 1994.

——. "Using Problems from the History of Mathematics in Classroom Instruction." *Mathematics Teacher* (May 1989) 370-377.

Yates, R.C. *The Trisection Problem.* Ann Arbor, MI: Edwards Bros., 1947.

74 면이 하나밖에 없도록 꼬인 곡면

Bergamini, David (ed). *Mathematics : Life Science Library.* New York: Time-Life Books, 1972.

Cundy, H. Martyn, and A.P.Rollette. *Mathematical Models.* London: Oxford University Press, 1974.

Davies, Paul. *The Edge of Infinity.* New York: Simon and Schuster, 1982.

Fauvel, John, et al. *Möbius and His Band: Mathematics and Astronomy in Nineteenth-Century Germany.* New York: Oxford University Press, 1993.

Guillen, Michael. *Bridges to Infinity: The Human Side of Mathematics.* New York: St. Martin's Press, 1983.

Jacobs, Harold. *Mathematics: A Human Endeavor.* San Francisco: W.H. Freeman, 1987.

Pappas, Theoni. *The Magic of Mathematics.* San Carlos, CA: Wide World/Tetra, 1994.

75 무한집합의 크기를 정하다

Beckmann, Petr. *A History of π.* New York: St. Martin's Press, 1976.

Daintith, John, and R.D. Nelson (eds). *Dictionary of Mathematics.* New York: Penguin Books, 1989.

Dash, Joan. *The Triumph of Discovery.* Westwood, NJ: Silver Burdett and Ginn, 1991.

Dauben, Joseph. *Georg Cantor: His Mathematics and Philosophy of the Infinite.* Cambridge, MA: Harvard University Press, 1979.

Kanigel, Robert. *The Man Who Knew Infinity: A Life of the Genius Ramanujan.* New York: Macmillan, 1991.

Kline, Morris. *Mathematics: The Loss of Certainty.* New York: University Press, 1980.

Pappas, Theoni. *The Joy of Mathematics.* San Carlos, CA: Wide World/Tetra, 1989.

Resnikoff, H.L., and R.O. Wells. *Mathematics in Civilization.* Mineola, NY: Dover, 1985.

Rucker, Rudolf. *Infinity and the Mind.* New York: Bantam Books, 1982.

76 르네상스의 여인: 소피아 코발레프스카야

Alic, Margaret. *Hypatia's Heritage.* Boston: Beacon Press, 1986.

Greenes, Carole. *Sonya Kovalevsky.* Dedham, MA: Janson Publications, 1989.

Grinstein, Louise S., and Paul Campbell. *Women of Mathematics: A Bibliographic Sourcebook.* Westport, CT: Greenwood Press, 1987.

Kennedy, Donald. *Little Sparrow: A Portrait of Sophie Kovalesky.* Athens, OH: Ohio University Press, 1983.

Koblitz, Ann Hibner. *A Convergence of Lives: Sofia Kovalevskaia: Scientist, Write, Revolutionary.* New Brunswick, NY: Rutgers University Press, 1993.

Osen, Lynn. *Women in Mathematics.* Cambridge. MA: MIT Press 1974.

Perl, Teri. *Women and Numbers: Lives of Women Mathematicians plus Discovery Activities.* San Carlos, CA: Wide World/Tetra, 1993.

"Profiles and Contributions of Three Notable Women Mathematicians." *California Mathematics Council ComMuniCator* (Mar 1993) 38-39.

Swetz, Frank. *Learning Activities from the History of Mathematics.* Portland, ME: J. Weston Walch, 1994.

77 수학 사상의 학파들

Dummett, Michael. *Elements of Intuitionism.* New York: Clarendon Press, 1977.

Eves, Howard. *Great Moments in Mathematics After 1650.* Washington, DC: Mathematical Association of America, 1982

Guillen, Michael. *Bridges to Infinity: The Human Side of Mathematics.* New York: St. Martin's Press, 1983.

Hilbert, David. *The Foundations of Geometry.* Chicago: Open Court Publishing. 1902.

Kline, Morris *Mathematics: The Loss of Certainty.* New York: Oxford University Press, 1980

Paulos, John Allen. *Beyond Numeracy: Ruminations of a Numbers Man.* New York: Alfred A. Knopf, 1991.

Reid, George. *Hilbert.* New York: Springer-Verlag, 1970.

Smith, Sanderson. *Great Ideas for Teaching Math.* Portland, Me: J. Weston Walch, 1990.

78 그레이스 치점 영: 다재다능, 다작의 수학자
Bell, E.T. *The Last Problem.* Washington, DC: Mathematical Association of America, 1990.
Chenal-Ducey, Michelle. "Grace Chisholm Young." *California Mathematics Council ComMuniCator* (Mar 1993) 28-29.
Grattan-Guinness, I. "William Henry and Grace Chisholm Young: A Mathematical Union." *Annals of Science* 29 (1972) 105-186.
Grinstein, Louise S., and Paul Campbell. *Women of Mathematics: A Bibliographic Sourcebook.* Westport, CT: Greenwood Press, 1987.
Kline, Morris *Mathematical Thought from Ancient to Modern Times.* New York: Oxford University Press, 1990
Osen, Lynn. *Women in Mathematics.* Cambridge. MA: MIT Press 1984.
Perl, Teri. ***Math Equals: Biographies of Women Mathematicians and Related Activities.*** **Menlo Park, CA: Addison-Wesley, 1978.**

79 상상할 수 없는 여관
Davies, Paul. ***The Edge of Infinity.*** **New York: Simon and Schuster, 1982.**
Ellis, Keith. ***Number Power in Nature and in Everyday Life.*** **New York: St. Martin's Press, 1978.**
Guillen, Michael. ***Bridges to Infinity: The Human Side of Mathematics.*** **New York: St. Martin's Press, 1983.**
Kasner, Edward, and James R. Newman. *Mathematics and the Imagination.* Redmond, WA: Tempus Books, 1989.
Love, William P. "Infinity: The Twilight Zone of Mathematics." *Mathematics Teacher* (Apr 1989) 284-292.
Maor, Eli. ***To Infinity and Beyond: A Cultural History of the Infinite.*** **Boston: Birkhauser Boston, 1987.**
Rucker, Rudolf. *Infinity and the Mind.* New York: Bantam Books, 1982.

80 짤막한 π 이야기들
Beckmann, Petr. ***A History of π*** **New York: St. Martin's press, 1976.**
Castellanos, Dario. "The Ubiquitous π." *Mathematics Magazine* (Apr 1988) 67-98.
Davis, Philip, and Reuben Hersh. *The Mathematical Experience.* Boston: Birkhauser Boston, 1981.
Edgar, G.A. "Pi: Difficult or Easy?" *Mathematics Magazine* (June 1987) 141-150.
Edington, E. House Bill No. 246, Indiana State Legislature, 1897. *Proceedings of the Indiana Academy of Sciences* 45 (1935) 206-210.
Eves, Howard. ***An Introduction to the History of Mathematics.*** **New York: Holt, Rinehart and Winston, 1990.**
Lotspeich, Richard. "Archimedes' Pi-An introduction to Iteration." *Mathematics Teacher* (Dec 1988) 208-210.
Peterson, Ivars. *Islands of Truth: A Mathematical Mystery Cruise.* New York: W.H. Freeman, 1990.
Shilgalis, Thomas W. "Archimedes and Pi." *Mathematics Teacher* (Mar 1989) 204-206

81 에미 뇌터: 현대 수학의 개척자
Alic, Margaret. ***Hypatia's Heritage.*** **Boston: Beacon Press, 1986.**
Brewer, James, and Martha Smith. *Emmy Noether: A Tribute to Her Life and Work.* New York: Marcel Dekken, 1981.
Dick, Auguste. *Emmy Noether, 1882-1935.* Basel, Switzerland: Birkhauser Verlag, 1970.
Perl, Teri. ***Women and Numbers: Lives of Women Mathematicians plus Discovery Activities.*** **San Carlos, CA: Wide World/Tetra, 1993.**
Rosser, Sue. *Female Friendly Science.* New York, NY: Pergamon Press, 1990.

82 라마누잔의 공식들
Hardy, G.H.A. *A Mathematician's Apology.* Cambridge, MA: Cambridge University Press, 1992.
——. *Ramanujan.* New York: Chelsea Publications, 1959.
Kanigel, Robert. *The Man Who Knew Infinity: A Life of the Genius Romanujan.* New York: Macmillan, 1991.
Newman, James R. *The World of Mathematics,* Vol I. New York: Simon and Schuster, 1956.
Pappas, Theoni. ***More Joy of Mathematics.*** **San Carlos, CA: Wide World/Tetra, 1991.**
Peterson, Ivars. *Islands of Truth: A Mathematical Mystery Cruise.* New York: W.H. Freeman, 1990.
Stewart, Ian. "The Formula Man." *New Scientist* (Dec 1987) 24-28.
Swetz, Frank. ***Learning Activities from the History of Mathematics.*** **Portland, ME: J. Weston Walch, 1994.**

83 계수기와 계산기
Crowley, Mary L. "The 'Difference' in Babbage's Difference Engine." *Mathematics Teacher* (May 1985) 366-372, 354.
Goldstine, Herman. *The Computer from Pascal to Von Neumann.* Princeton: Princeton University Press, 1972.
Hyman, Anthony. *Charles Babbage, Pioneer of the Computer.* Princeton, NJ: Princeton University Press, 1982.
Papert, Seymour. *Mindstorms.* New York: Basic Books, 1980.
Pappas, Theoni. ***The Joy of Mathematics.*** **San Carlos, CA: Wide World/Tetra, 1989.**
Zaslavsky, Claudia. ***Multicultural Mathematics.*** **Portland, ME: J. Weston Walch, 1993.**
Zeintarn, M. *A History of Computing.* Framingham, MA: C.W. Communications, 1981.

84 컴퓨터의 발달
Dewdney, A.K. *The Armchair Universe: An Exploration of Computer Worlds.* New York: W. H. Freeman, 1988.
Engle, Arthur. *Exploring Mathematics with Your Computer.* Washington, DC: Mathematical Association of America, 1993
Kantrowitz, Barbara. "A Computer Cover Story." *Newsweek* (16 May 1994) 48.
Penrose, Roger. *The Emperor's New Mind.* New York: Oxford University Press, 1989.
Williams, Michael R. *A History of Computing Technology.* Englewood, NJ: Prentice Hall, 1993.

85 벌도 수학을 알아?
Ellis, Keith. *Number Power in Nature and in Everyday Life.* New York: St. Martin's Press, 1978.
Gardner, Martin. *The Scientific Book of Mathematical Puzzles and*

Diversions. New York: Simon and Schuster, 1959.
Kappraff, Jay. *Connections: The Geometric Bridge Between Art and Science.* New York: McGraw-Hill, 1991.
Pappas, Theoni. *The Magic of Mathematics.* San Carlos, CA: Wide World/Tetra, 1994.
Peterson, Ivars. *Islands of Truth: A Mathematical Mystery Cruise.* New York: W.H. Freeman, 1990.

86 폰 노이만: 경험적인 수학

Bergamini, David (ed). *Mathematics : Life Science Library.* New York: Time-Life Books, 1972.
Boyer, Carl. *A History of Mathematics.* 2nd ed rev. Uta C. Merzbach. New York: John Wiley, 1991.
Davis, Philip, and Reuben Hersh. *The Mathematical Experience.* Boston: Birkhauser Boston, 1981.
Goldstine, Herman. *The Computer from Pascal to Von Neumann.* Princeton: Princeton University Press, 1972.
Neumann, J. von. *The Computer and the Brain.* New Haven: Yale University Press, 1959.
Newman, James R. *The World of Mathematics,* Vol IV. New York: Simon and Schuster, 1956.
Paulos, John Allen. Beyond Numeracy: *Ruminations of a Numbers Man.* New York: Alfred A. Knopf, 1991.
Smith, Sanderson. *Great Ideas for Teaching Math.* Portland, ME: J. Weston Walch, 1990.

87 호기심쟁이 아인슈타인

Barnett, Lincoln. *The Universe and Dr. Einstein.* New York: Signet Science Library Books, 1964.
Hawking, Stephen. *A Brief History of Time.* New York: Bantam Books, 1988.
Hoffman, Banesh, *Albert Einstein : Creator and Rebel.* New York: Viking Press, 1972.
Hollingdale, Stuart, *Makers of Mathematics.* New York: Penguin Books, 1989.
Infeld, Leopold. *Albert Einstein: His Work and Its Influence on Our Lives.* New York: Charles Scribner, 1950.
Johnson, Art. *Classical Math: History Topics for the Classroom.* Palo Alto, CA: Dale Seymour, 1994
Kline, Morris. *Mathematics: The Loss of Certainty.* New York: Oxford University Press, 1980
Pappas, Theoni. *More Joy of Mathematics.* San Carlos, CA: Wide World/Tetra, 1991.
Ross, Hugh, *The Fingerprint of God.* Orange, CA: Promise Publishing. 1989.

88 항상 자신에 차 있었던 그레이스 머레이 호퍼

Dorf, Richard. *Computers and Man.* San Francisco: Boyd and Fraser, 1974.
Feigenbaum, Edward, and Pamela McCorduck. *The Fifth Generation.* Reading, MA: Addison-Wesley, 1983.
Graham, Neill. *The Mind Tool: Computers and Their Impact on Society.* St. Paul, MN: West Publishing, 1980.
Johnson, Art. *Classical Math: History Topics for the Classroom.* Palo Alto, CA: Dale Seymour, 1994
National Women's History Project. *Outstanding Women in Mathematics and Science.* Windsor, CA: National Women's History Project, 1991.
"Numbers Count…to Everyone." Poster highlighting the lives of Maria Goeppert Mayer, Cecilia Payne-Gaposchkin, Grace Murray Hopper, Maggie Lena Walker, and Mary Dolciani Halloran. Boston: Houghton Mifflin, 1987.

89 천싱선: 기하학의 선도자

Albers, Donald J., et al (eds). *More Mathematical People.* Boston: Harcourt Brace Jovanovich, 1990.
Chern, Shiing-shen. "What is Geometry?" *American Mathematical Monthly* 97, #8(Oct 1990) 679-86.
Li, Yan, and Du Shiran. *Chinese Mathematics: A Concise History.* New York: Oxford University Press, 1987.
McGraw-Hill Encyclopedia of Science and Technology 9th ed, Vol 9.
Mikami, Yoshio. *The Development of Mathematics in China and Japan.* New York: Chelsea Publishing, 1961.
Yau, Shing-Tung (ed). *Chern-A Great Geometer of the Twentieth Century.* Hong Kong: International Press, 1992

90 M.C. 에셔: 예술가이자 기하학자

Edwards, Lois, and Kevin Lee. *TesselMania! Math Connection.* Berkeley, CA: Key Curriculum Press, 1995.
Escher, M.C. Escher on Escher: *Exploring the Infinite.* New York: Harry N. Abrams, 1986.
——. *The Graphic Work of M.C. Escher.* New York: Ballantine Books, 1960.
Schattschneider, Doris. *Visions of Symmetry: Notebooks, Periodic Drawings, and Related Works of M.C. Escher.* New York: W.H. Freeman, 1990.
Serra, Michael. "Geometric Art" and "Transformations and Tessellations." *Discovering Geometry: An Inductive Approach.* Berkeley, CA: Key Curriculum Press, 1989.
Seymour, Dale, and Jill Britton. *Introduction to Tessellations.* Palo Alto, CA: Dale Seymour, 1989.

91 달나라 여행

Asimov, Issac. *Guide to Earth and Space.* New York: Ballantine Books, 1991.
Eddington, Sir Arthur. *The Expanding Universe.* Cambridge, MA: Cambridge University Press, 1933.
Ferris, Timothy. *The Universe and Eye.* San Francisco: Chronicle Books, 1993.
French, Bevan M. *The Moon Book.* New York: Penguin Books, 1977.
Kaufmann, William J. *Planets and Moons.* New York: W.H. Freeman, 1979.
Pearce, David. "Is the Public Ready to Pay the Price?" *London Times* (26 Sept 1990).

92 백분율과 통계: 우리에게 무엇을 말해 주는가?

Battista, Michael. "Mathematics in Baseball." *Mathematics Teacher* (Apr 1993) 336 342.
Dewdney, A.K. *200% of Nothing.* New York: John Wiley, 1993

Gross, Fred E., et al. *The Power of Numbers: A Teacher' s Guide to Mathematics in a Social Studies Context.* Cambridge, MA: Educators for Social Responsibility, 1993.
Huff, Darrell. *How to Lie with Statistics.* New York: W.W. Norton, 1982.
Kline, Morris. *Mathematics and the Physical World.* New York: Thomas Y. Crowell, 1959.
——. *Mathematics for the Nonmathematician.* Mineola, NY: Dover, 1967.
Lightner, James. "A Brief Look at the History of Probability and Statistics." *Mathematics Teacher* (Nov 1991) 623-630.
Moore, David S. *Statistics: Concepts and Controversies.* New York: W.H. Freeman, 1991.
Paulos, John Allen *Innumeracy: Mathematical Illiteracy and Its Consequences.* New York: Hill and Wang, 1988.
Smith, Sanderson. *Great Ideas for Teaching Math.* Portland, ME: J. Weston Walch, 1990.

93 져야 이길 수 있는 경기
Battista, Michael. "Mathematics in Baseball." *Mathematics Teacher* (Apr 1993) 336-342.
Boehm, David A. (ed). *Guinness Sports Record Book.* New York: Sterling Publications, 1990.
Hopkins, Nigel, et al. *Go Figure: The Numbers You Need for Everyday Life.* Detroit: Visible Ink Press, 1992.
Lineberry, W.P. (ed). *The Business of Sports.* New York: H.W. Wilson, 1973.
Smith, Sanderson. "It Could Have Happened! Sports Headline: Braves Must Lose Final Two Games to Qualify for Playoffs." *California Mathematics Council ComMuniCator* (Dec 1991).
Townsend, M.S. *Mathematics in Sport.* New York: John Wiley, 1984.

94 『우물 속의 목소리들』
Dash, Joan. *The Triumph of Discovery.* Westwood, NJ: Silver Burdett and Ginn, 1991.
McGrayne, S.B. *Nobel Prize Women in Science-Their Lives, Struggles, and Momentous Discoveries.* New York: Birch Lane Press, 1993.
National Women's History Project. *Outstanding Women in Mathematics and Science.* Windsor, CA: National Women's History Project, 1991.
Ogilvie, Marilyn Bailey. *Woman in Science.* Cambridge, MA: MIT Press, 1991.
Osen, Lynn. *Women in Mathematics.* Cambridge, MA: MIT Press, 1974.
Ouwehand, Terre. *Voices from the Well : Extraordinary Women of History, Myth, Literature, and Art.* San Luis Obispo, CA: Padre Productions, 1986.

95 수학에서의 성 평등
Chipman, S.F., L.R. Brush, and D.M. Wilson (eds). *Women in Mathematics: Balancing the Equation.* Hillsdale, NJ: Lawrence Erlbaum, 1985.
Downey, Diane, T. Slensnick, and J. Stenmark. *Math for Girls and Other Problem Solvers.* Berkeley, CA: EQUALS/Lawrence Hall of Science, 1981.
Fennema, Elizabeth, and G.C. Leder (eds). *Mathematics and Gender.* New York: Teachers College Press, 1990.
National Women's History Project. *Outstanding Women in Mathematics and Science.* Windsor, CA: National Women's History Project, 1991.
Perl, Teri. *Women and Numbers: Lives of Women Mathematicians plus Discovery Activities.* San Carlos, CA: Wide World/Tetra, 1993.

96 로차 피터와 반복
Morris, Edie, and Leon Harkleroad. "Rózsa Péter: Recursive Function Theory's Founding Mother." *The Mathematical Intelligencer* 12(1) (1990) 59-64.
Péter, Rózsa. *Playing with Infinity: Mathematical Explorations and Excursions.* Mineola, NY: Dover, 1961.
Poundstone, William. *The Recursive Universe.* New York: William Morrow, 1985.
Tamássy, István. "Interview with Rózsa Péter," trans Leon Harkleroad. *Modern Logic* 4(3) (1994) 277-280.
Watt, Molly and Daniel Watt. *Teaching with Logo.* Menlo Park, CA: Addison-Wesley, 1985.

97 13 공포증
Ellis, Keith. *Number Power in Nature and in Everyday Life.* New York: St. Martin's Press, 1978.
Friend, J. Newton. *Numbers: Fun and Facts.* New York: Charles Scribner, 1954.
Room, Adrian. *The Guinness Book of Numbers.* Middlesex, England: Guinness Publishing,1989.
Schimmel, Annemarie. *The Mystery of Numbers.* New York: Oxford University Press, 1993.
Sitomer, Mindel, and Harry Sitomer. *How Did Numbers Begin?* New York: Thomas Y. Crowell, 1980
Stokes, William T. *Notable Numbers.* Los Altos, CA: Stokes Publishing, 1986.

98 4색 문제
Appel, Kenneth, and Wolfgang Haken. "The Four Color Proof Suffices." *The Mathematical Intelligencer* 8, #1 (1986) 10-20.
Barnette, David. *Map-Coloring, Polyhedra, and the Four-Color Problem.* Washington, DC: Mathematical Association of America, 1983.
Bergamini, David (ed). *Mathematics: Life Science Library.* New York: Time-Life Books, 1972.
Hollingdale, Stuart, *Makers of Mathematics.* New York: Penguin Books, 1989.
Jacobs, Harold. *Mathematics: A Human Endeavor.* San Francisco: W.H. Freeman 1987.
Lénárt, István. *Non-Euclidean Adventures on the Lénárt Sphere.* Berkeley, CA: Key Curriculum Press, 1996.
Paulos, John Allen. Beyond *Numeracy: Ruminations of a Numbers Man.* New York: Alfred A. Knopf, 1991.
Peterson, Ivars. *Islands of Truth: A Mathematical Mystery Cruise.* New York: W.H. Freeman, 1990.
Saaty, T., and P. Kainen. *The Four Color Problem: Assaults and Conquests.* New York: McGraw-Hill, 1977.

99 확률론적 추론 문제

Campbell. Stephen K. *Flaws and Fallacies in Statistical Reasoning.* Englewood Cliffs, NJ: Prentice-Hall, 1974.

Ekeland, Ivar. *Mathematics and the Unexpected.* Chicago: University of Chicago Press, 1988.

Ellis, Keith. *Number Power in Nature and in Everyday Life.* New York: St. Martin's Press, 1978.

Huff, Darrell. *How to Lie with Statistics.* New York: W.W. Norton, 1982.

Kosko, Bart. *Fuzzy Thinking : The New Science of Fuzzy Logic.* New York: Hyperion, 1993.

Moore, David S. *Statistics: Concepts and Controversies.* New York: W.H. Freeman, 1991.

Paulos, John Allen *Innumeracy: Mathematical Illiteracy and Its Consequences.* New York: Hill and Wang, 1988.

100 민족 수학

Ascher, Marcia. *Ethnomathematics: A Multicultural View of Mathematical Ideas.* Pacific Grove, CA: Brooks/cole Publishing, 1991.

Closs, M.P. (ed). *Native American Mathematics.* Austin, TX: University of Texas Press, 1986.

Gerdes, Paulus. "How to Recognize Hidden Geometrical Thinking: A Contribution to the Development of Anthropological Mathematics." *For the Learning of Mathematics* 6 (2) (1986) 10-12, 17.

McDowell, Ruth. *Symmetry: A Design System for Quiltmakers.* Lafayette, CA: C and T Publishing, 1994.

Nunes, Terezinha, et al. *Street Mathematics and School Mathematics.* New York: Cambridge University Press, 1993.

Washburn, Dorothy K., and Donald W. Crowe. *Symmetries of Culture: Theory and Practice of Plan Pattern Analyses.* Seattle: University of Washington Press, 1988.

Zaslavsky, Claudia. *Africa Counts: Number and Pattern in African Culture.* New York: Lawrence Hill Books, 1979.

——. *Math Comes Alive: Activities from Many Cultures.* Portland, ME: J. Weston Walch, 1987.

101 환상적인 프랙탈

Barnsley, Michael. *Fractals Everywhere.* Boston: Academic Press, 1988.

Barton, Ray. "Chaos and Fractals." *Mathematics Teacher* (Oct 1990) 524-529.

Briggs, John. *Fractals: The Patterns of Chaos.* New York: Simon and Schuster, 1992.

Camp, Dane R. "A Fractal Excursion." *Mathematics Teacher* (Apr 1991) 265-275.

Cibes, Margaret. "The Sierpiński Triangle: Deterministic Versus Random Models." *Mathematics Teacher* (Nov 1990) 617-612.

Feder, Jens. *Fractals.* New York: Plenum Press, 1988.

Mandelbrot, Benoit B. *The Fractal Geometry of Nature.* New York: W.H. Freeman, 1983.

Peitgen, Heinz-Otto, Hartmut Jurgens, and Dietmar Saupe. *Fractals for the Classroom.* New York: Springer-Verlag, 1992.

102 리사 클라크 킹: 과학의 여인

Alic, Margarete. *Hypatia's Heritage.* Boston: Beacon Press, 1986.

Dash, Joan. *The Triumph of Discovery.* Westwood, NJ: Silver Burdett and Ginn, 1991.

Jackson, G. Black *Women-Makers of History-A Portrait.* Oakland, CA: GTR Printing, 1975.

McGrayne, S.B. *Nobel Prize Women in Science-Their Lives, Struggles, and Momentous Discoveries.* New York: Birch Lane Press, 1993.

Phillips, Patricia. *The Scientific Lady: A Social History of Women's Scientific Interests 1520-1918.* New York: St. Martin's Press, 1990.

Schiebinger, Londa. *The Mind Has No Sex?: Women in the Origins of Moderns Science.* Cambridge, MA: Harvard University Press, 1989.

103 해안선의 길이는 얼마나 될까?

Briggs, John. *Fractals: The Patterns of Chaos.* New York: Simon and Schuster, 1992.

Maor, Eli. *To Infinity and Beyond: A Cultural History of the Infinite.* Boston: Birkhauser Boston, 1987.

Pappas, Theoni. *More Joy of Mathematics.* San Carlos, CA: Wide World/Tetra, 1991.

Paulos, John Allen. Beyond Numeracy: *Ruminations of a Numbers Man.* New York: Alfred A. Knopf, 1991.

Peitgen, Heinz-Otto, Hartmut Jurgens, and Dietmar Saupe. *Chaos and Fractals: New Frontiers of Science.* New York: Springer-Verlag, 1992.

Peterson, Ivars. *The Mathematical Tourist: Snapshots of Modern Mathematics.* New York: W.H. Freeman, 1988.

Pickover, Clifford. *Computers, Pattern, Chaos and Beauty.* New York: St. Martin's Press, 1990.

104 에드나 파이사노: 통계학을 이용해 지역사회 돕기

Alcoze, Thom, et al. *Multiculturalism in Mathematics, Science, and Technology: Readings and Activities.* Menlo Park, CA: Addison-Wesley, 1993.

Alic, Margaret. *Hypatia's Heritage.* Boston: Beacon Press, 1986.

Castillo, Toby T. *Apache Mathematics, Past and Present.* Whitewater, AZ: Whitewater Middle School Press, 1994.

Closs, M.P (ed). *Native American Mathematics.* Austin, TX: University of Texas Press, 1986.

Moore, David S. *Statistics: Concepts and Controversies.* New York: W.H. Freeman, 1991.

Perl, Teri. *Women and Numbers: Lives of Women Mathematicians plus Discovery Activities.* San Carlos, CA: Wide World/Tetra, 1993.

105 에스칼란테: 「손들고 꼼짝 마」

Dreyfous, Tommy, and Theodore Eisenberg. "On the Aesthetics of Mathematical Though." *For the Learning of Mathematics* 6 (Feb 1986) 2-10.

Ferrina-Munday, Joan, and Darien Lauten. "Learning About Calculus Learning." *Mathematics Teacher* (Feb 1994) 115-121.

Hogben, Lancelot. *Mathematics for the Millions.* New York: W.W. Norton, 1967.

Underwood, Dudley (ed). *Readings for Calculus.* Washington, DC: Mathematical Association of America, 1992.

Winkel, Brian J. "Ant, Tunnels, and Calculus: An Exercise in

Mathematical Modeling." *Mathematics Teacher* (Apr 1994) 284-287.

106 쥬라기 공원의 혼돈

Crichton, Michael. *Jurassic Park.* New York: Ballantine Books, 1990.

Devaney, R.L. *Chaos, Fractals, and Dynamics.* Menlo Park, CA: Addison-Wesley, 1990.

Gleick, James. Chaos: *Making a New Science.* New York: Viking Penguin, 1987.

Naeye, Robert. "Chaos Squared." *Discover* (Mar 1994) 28.

Peitgen, Heinz-Otto, Hartmut Jurgens, and Dietmar Saupe. *Chaos and Fractals: New Frontiers of Science.* New York: Springer-Verlag, 1992.

——. *Fractals for the Classroom.* New York: Springer-Verlag, 1992.

Prigogine, Ilya, and I. Stenger. *Order Out of Chaos.* New York: Bantam Books, 1984.

Schroeder, Manfred. *Fractals, Chaos, Power Laws.* New York: W.H. Freeman, 1990.

107 혼돈과 프랙탈에 관련된 사람들

Briggs, John. *Fractals: The Patterns of Chaos.* New York: Simon and Schuster, 1992.

Devaney, R.L. *Chaos, Fractals, and Dynamics: Computer Experiments in Mathematics.* Menlo Park, CA: Addison-Wesley, 1989.

——. *Professor Devaney Explains the Fractal Geometry of the Mandelbrot set* (video). Berkeley, CA: Key Curriculum Press, 1996.

Dewdney, A.K. "Computer Recreations: A Tour of the Mandelbrot Set Aboard the Mandelbus." *Scientific American* (Feb 1989) 108-111.

Gleick, James. *Chaos: Making a New Science.* New York: Viking Penguin, 1987.

Hofstadter, Douglas R. "Strange Attractors: Mathematical Patterns Delicately Poised Between Order and Chaos." *Scientific American* (May 1992) 16-29.

Peterson, Ivars. *The Mathematical Tourist: Snapshots of Modern Mathematics.* New York: W.H. Freeman, 1988.

108 기하학적 도형과 정치

Greenhouse, Linda. "Court Accepts a Crucial Redistricting Case." *New York Times* (10 Dec 1994) 8.

Moore, David S. Statistics: *Concepts and Controversies.* New York: W.H. Freeman, 1991.

Tufte, Edward R. *The Visual Display of Quantitative Information.* Cheshire, CT: Graphics Press, 1983

Van Biema. David. "Snakes or Ladders." *Time* (12 July 1993) 30-31.

Witkowski, Joseph C. "Mathematical Modeling and the Presidential Election." *Mathematics Teacher* (Oct 1992) 520-521.

해답

주관적인 답을 요구하는 문제의 해답은 제외시켰습니다.

2. 원주율에 관한 옛 자료

1. 62,832 ÷ 20,000 = 3.1416
2. 둘레 = 30큐빗
   지름 = 10큐빗
3. 12,000갤런
   높이 = 9피트 1인치
4. 3.1605

3. 이집트와 아메리카의 피라미드

1. 2366cm, 41°

4. 중국의 수학

1.

2	7	6
9	5	1
4	3	8

3. 연못의 깊이는 3m 60cm이고, 대나무는 땅에서 약 149cm 높이에서 부러졌다.

5. 『린드 파피루스』와 세인트 아이브스의 수수께끼

1. 3.160493827…

6. 초기의 천문학

4. 1광년 = 빛이 1년 동안 움직이는 거리
   $= 9.46 \times 10^{15}$m
   = 9,460,000,000,000km

   별의 등급은 지구에서 보이는 별의 상대적 밝기를 말한다. 등급이 x인 별은

$x+1$인 별보다 2.51배 더 밝다.

1천문 단위(AU) = 지구에서 태양까지의 거리

$= 1.49 \times 10^{11}$m

$= 1.49 \times 10^{8}$km

지구에서 시리우스까지의 거리 $= 8.00 \times 10^{13}$km

9. 전설의 사나이 탈레스

2. a. 막대가 드리우는 그림자의 길이를 측정했다.
   b. 피라미드 밑변의 길이를 측정해서 2로 나누었다.
   c. $\triangle EBD \backsim \triangle BCA$
   d. $\overline{AC} = \frac{\overline{DB} \times \overline{CB}}{\overline{BE}}$

4. a. 90°
   b. 8가지가 가능하다: $(x, y) = (\pm 3, \pm 4)$ 또는 $(\pm 4, \pm 3)$

10. 그리스의 황금기

1. a. 15, 21
   b. 25, 36
2. 삼각수는 파스칼의 삼각형에서 세 번째 대각선에 나타나지만, 사각수의 경우는 특별한 규칙이 없다.

13. 제논의 역설

2. a. $x > 1111\frac{1}{9}$m
   b. $x > 1111\frac{1}{9}$m
   b. $x = 1111\frac{1}{9}$m

3. a. en배 더 빠르다.
   b. 5초
   c. $2D$(m)

14. 무수히 많은 소수

4. $f(1) = 43, f(2) = 47, f(3) = 53, f(4) = 61, f(5) = 71$
5. $n = 79$; $f(79) = 1601$은 소수이지만, $f(80) = 1681 = 41 \times 41$은 소수가 아니다.
6. 이 수열에서 처음 나타나는 합성수는 다음과 같다.
   $2 \times 3 \times 5 \times 7 \times 11 \times 13 + 1 = 30031 = 59 \times 509$

15. 유클리드의 『원론』

1. 선이 점들의 집합으로 정의되므로, 이렇게 정의하면 순환 모순의 논리에 빠진다.

3. a. 12

   b. 7

16. 아폴로니오스와 원뿔곡선

1. a. 점 P에서 준선까지의 거리=50, $\overline{PF}=50$

   b. 있다.

   c. 만족시킨다.

2. a. 20

19. 헤론과 브라마굽타의 공식

2. 사각형의 넓이=48

20. 알렉산드리아의 디오판토스

본문의 문제: 디오판토스는 84세에 죽었다.

2. a. 4, 7, 9, 11

   b. $\overline{AB}=100$, $\overline{AD}=35$, $\overline{AC}=28$, $\overline{BD}=75$, $\overline{DC}=21$

24. 0의 개념

2. 기울기가 0인 직선은 수평선이고, 기울기가 정의되지 않는 직선은 수직선이다.

25. 놀이 속의 수학: 막대 던지기 게임

1. c. p^3, $(1-p)^3$, $3p(1-p)^2$, $3p^2(1-p)$

26. 중세의 수학자들

3. ∠A=90°; ∠B=63°; ∠C=27°; a : b : c=1.12 : 1 : 0.51

27. 이슬람 수학

1. 다른 답을 말할 수도 있다: 한 가지 답은, 아들은 엄마의 2배를 상속받고, 엄마는 딸의 2배를 상속받는다. 즉, 아들은 유산의 $\frac{4}{7}$를, 엄마는 $\frac{2}{7}$를, 딸은 $\frac{1}{7}$을 받는다.

30. 수학자 시인들

5. 120송이

31. 피보나치 수열

본문의 문제: 377쌍(수열은 1, 1, 2, 3, 5, 8, 13, 21, 34, 55, 89, 144, 233, 377과 같다).

34. 황금비와 황금사각형

4. 3종류 20개

41. 변화하는 우주: 프톨레마이오스, 코페르니쿠스, 케플러

3. a. $\frac{15}{\pi}$cm = 4.777cm

   b. $\frac{15}{\pi}$cm = 4.777cm

c. 원의 크기에 상관없이 원 둘레의 길이가 30cm 늘어나면 반지름은 4.777cm가 늘어난다.

44. 파스칼의 유용한 삼각형

1. a. 3%

   b. 16%

   c. 31%

   d. 31%

   e. 16%

   f. 3%

5. 252가지

46. 도박에서 출발한 확률 연구

1. 67%

3. a. 16%

   b. 36%

   c. 48%

49. 베르누이 일가

4. 베르누이 수들은 $\frac{x}{e^x-1}$의 멱급수 전개식과 관계 있다.

52. 오일러와 무리수 *e*

1. a. 68,484,752원

   b. 73,401,760원

   c. 73,874,382원

d. 73,890,462원

2. $\frac{3}{(n+1)!} < 0.005$에서 $n=5$이다.

따라서, $1+1+\frac{1}{2!}+\frac{1}{3!}+\frac{1}{4!}+\frac{1}{5!}=2.7167$은 소수점 아래 둘째 자리까지 정확하다.

$\frac{3}{(n+1)!} < 0.005$에서 $n=8$이다.

따라서, $1+1+\frac{1}{2!}+\frac{1}{3!}+\frac{1}{4!}+\frac{1}{5!}+\frac{1}{6!}+\frac{1}{7!}+\frac{1}{8!}=2.7183$은 소수점 아래 셋째 자리까지 정확하다.

53. 쾨니히스베르크에 있는 7개의 다리

2. a. 4개, 가능하지 않다.

57. 벤저민 배네커: 문제 해결사

3. 황소 19마리, 암소 1마리, 양 80마리

61. 칼 프리드리히 가우스: 최고의 수학자

1. a. 5,000,050,000

   b. 210,559

   c. $\frac{n(n+1)}{2}$

62. 수학과 선거인단

3. a. 진수(18표)

   b. 다혜(37표)

   c. 인호(191점)

   d. 양희(인호에게 28 : 27, 진수에게 37 : 18, 다혜에게 33 : 22, 기백에게 36 : 19)

68. 드 모르간: 자상한 교육자

1. $x=43$

70. 에이다 러블레이스: 최초의 컴퓨터 프로그래머

2. a. $4=(100)_2$; $5=(101)_2$; $7=(111)_2$; $8=(1000)_2$; $9=(1001)_2$; $11=(1011)_2$; $12=(1100)_2$

   b. $(1011)_2=11$; $(10001)_2=17$; $(110110)_2=54$; $(1000000)_2=64$

81. 에미 뇌터: 현대 수학의 개척자

2. a. $z=11$

b. $y=3$

c. $x=7$

d. $w=12$

e. $t=3$

f. $s=9$

g. $r=5$

3. −10, 2; 7개, 13개

85. 벌도 수학을 알아?

3. a. 한 변이 3cm인 정사각형

b. 원

86. 폰 노이만: 경험적인 수학

1. 새가 날았던 전체 거리=637.5마일

3. 다른 문을 선택해야 한다. 그러면 상품을 탈 확률이 $\frac{2}{3}$가 된다.

88. 항상 자신에 차 있었던 그레이스 머레이 호퍼

3. a. 5.5096×10^{-16}초

b. 5.5096×10^{-4}초

c. 0.0055096초

92. 백분율과 통계: 우리에게 무엇을 말해 주는가?

1. a. 남학생 44%, 여학생 33%

d. 남학생 50%, 여학생 50%

f. 남학생 25%, 여학생 25%

93. 져야 이길 수 있는 경기

3. 57%

99. 확률론적 추론 문제

3. 문제 1: 모든 경우에 확률이 0.001로 같다.

문제 2: a. 0.001; b. 0.205; c. 0.246

106. 쥬라기 공원의 혼돈

1. a. 1.105115698

b. 2.716923932

c. 480,340,920.9

d. 2.5571013×10^{43}

찾아보기

샌더슨 스미스Sanderson Smith
애머스트대학에서 수학을 전공했다. 캘리포니아대학(샌타바버라 소재)과 뉴욕 주립대학에서 석사 학위를 받았고, 오클라호마 주립대학에서 수학교육학 박사 학위를 받았다. 현재는 케이트 학교의 수학 교사로 재직중이다. 저서로 *Stimulating Simulations*, *Great Ideas for Teaching Math* 등이 있다.

황선욱
서울대학교 수학교육과를 졸업하고, 동 대학원에서 석사 학위를, 미국 코네티컷 대학에서 박사 학위를 받았다. 계명대학교 수학과 부교수와 미국 코네티컷 대학 수학과 및 미시간 대학 수학교육과 연구교수를 역임했다. 현재는 숭실대학교 수학과 교수이자 창의성연구소장 및 한국수학교육학회 명예회장으로 활동하고 있다.

수학사 가볍게 읽기

1판 1쇄 펴냄 2016년 12월 25일

지은이 샌더슨 스미스
옮긴이 황선욱
펴낸이 김한준

펴낸곳 청문각®
출판등록 2007년 3월 18일(제 2007-000071호)
공급처 엘컴퍼니
주소 서울시 강남구 학동로23길 58 (우)06041
전화 02-549-2376
팩스 0504-496-8133
이메일 hansbook@gmail.com

ISBN 979-11-85408-08-8 93410

- 청문각은 엘컴퍼니의 과학기술도서 출판브랜드입니다(상표등록 제41-0342079호).

이 도서의 국립중앙도서관 출판예정도서목록(CIP)은 서지정보유통지원시스템 홈페이지(http://seoji.nl.go.kr)와 국가자료공동목록시스템(http://www.nl.go.kr/kolisnet)에서 이용하실 수 있습니다.(CIP제어번호: CIP2016026519)